基于解析及数值分析的不同模量弹性结构力学行为解答

姚文娟 著

清华大学出版社
北 京

内容简介

本书首先系统地讲述了复合荷载作用下、复杂应力状态下或温差作用下以及支座移动下不同模量杆件和结构(单梁、多跨连续梁、柱、挡土墙、静定及超静定框架)的强度问题的解析解和数值模型;然后讲述了不同模量压杆的非线性屈曲的解析解、半解析解和数值模型;最后讲述了不同模量地基梁及圆筒结构的温度应力的解析解、半解析解和数值模型。书中详细地阐述了解析方程的推导过程以及数值模型中控制方程和程序的编写,并匹配了相应的算例。

本书主要供固体力学、材料学、土木工程、机械制造、航空航天等领域的科研人员和高等院校相关专业的本科生、研究生使用。

图书在版编目(CIP)数据

基于解析及数值分析的不同模量弹性结构力学行为解答/姚文娟著.—北京:清华大学出版社,2020.12

ISBN 978-7-302-49645-8

Ⅰ.①基… Ⅱ.①姚… Ⅲ.①弹性模量-弹性结构-结构力学-问题解答 Ⅳ.①TU399-44

中国版本图书馆 CIP 数据核字(2018)第 034602 号

责任编辑:佟丽霞　刘远星
封面设计:常雪影
责任校对:赵丽敏
责任印制:刘海龙

出版发行:清华大学出版社
网　　址:http://www.tup.com.cn,http://www.wqbook.com
地　　址:北京清华大学学研大厦 A 座　**邮　　编**:100084
社 总 机:010-62770175　**邮　　购**:010-62786544
投稿与读者服务:010-62776969,c-service@tup.tsinghua.edu.cn
质量反馈:010-62772015,zhiliang@tup.tsinghua.edu.cn
印 装 者:北京鑫海金澳胶印有限公司
经　　销:全国新华书店
开　　本:185mm×260mm　**印　　张**:12.25　**字　　数**:301 千字
版　　次:2020 年 12 月第 1 版　**印　　次**:2020 年 12 月第 1 次印刷
定　　价:56.00 元

产品编号:073437-01

前言

材料为人类提供必要的生产和生活工具，是现代社会进步、技术发展的基石。随着科学技术的发展，对材料力学性质的研究提出了更高的要求，研制新型的材料以及挖掘材料自身的特性潜力，已成为新的研究动向。突破经典理论的局限，建立精确分析传统材料的新型计算方法及针对新型材料特性研究的全新理论，是实现材料科学革新的重要途径。

经典弹性理论认为材料具有相同的拉伸模量和压缩模量。然而，大量研究表明，许多工程材料都具有拉压弹性模量不同的性质，称为"不同模量材料"，如石墨、混凝土、金属合金、生物材料、橡胶、岩石、泡沫材料等。特别地，一些由碳纤维制成的新型复合材料的拉压弹性模量之比高达5倍。值得注意的是，人类最新发现的强度最高的材料石墨烯也具有拉压不同弹性模量的特性。

对此类材料组成的结构，拉、压性质的差异所引起的结构力学行为的变化已达到不容忽视的程度，若沿用经典弹性力学理论进行分析计算将会引起较大的误差，甚至无法满足工程的需要。因此，建立能够充分反映材料拉压机制相异的不同模量理论及计算方法，并将其应用于工程实践，对实现新型材料力学行为的准确探测及结构的精细化分析和设计，显得尤为必要。

虽然国内外杂志上发表过大量相关论文，而且也有一本专门阐述不同模量弹性理论的书，但至今为止还没有一本书讲述如何解答不同模量材料制备的杆件和结构的力学行为，特别是缺乏结构受到复合荷载处于复杂应力状态下的解析解答、试验及数值解答。因此，本书建立了不同模量杆件和结构解析解及数值模型并做了相关试验。

本书分为3篇，第1篇为复合荷载作用下、复杂应力状态下不同模量杆件和结构的解析解和数值模型；第2篇为不同模量压杆非线性屈曲的解析解、试验、半解析解和数值模型；第3篇为不同模量地基梁及圆筒的温度应力的解析解、半解析解和数值模型。书中详细阐述了解析方程的推导过程以及数值模型中控制方程和程序的编写。

本书是根据作者和作者指导的学生在最近12年间所完成的部分学术著作撰写的。

最后作者要感谢叶志明教授把我引入该研究领域，同时感谢我的学生马剑威和高金翎参加了部分撰写工作。

第1篇 不同模量结构复杂应力状态下的解析解和数值模型

第2篇 不同模量压杆非线性屈曲的解析解、试验及数值模型

第3篇 不同模量地基梁及圆筒的温度应力的解析解及数值模型

第 1 篇　不同模量结构复杂应力状态下的解析解和数值模型

概　述

材料是人类赖以生存和发展的物质基础。20 世纪 70 年代,人们把信息、材料和能源作为社会文明的支柱。80 年代,随着高技术群的兴起,又把新材料与信息技术、生物技术并列作为新技术革命的重要标志。现代社会,材料已成为国民经济建设、国防建设和人民生活的重要组成部分。随着科学技术的迅猛发展,对材料力学性质的研究提出了更高的要求,研制新型的材料以及挖掘材料自身特性的潜力,已成为一种新的研究趋向。

不同模量弹性问题就是在经典弹性理论基础上发展起来的,能更有效地发挥材料力学特性的一种弹性理论。经典的弹性力学理论假定材料的弹性模量与应力状态无关,即材料的拉伸弹性模量和压缩弹性模量是相等的。但是,实际上不论是天然的或是人工合成的材料都在不同程度上表现出拉、压不同的弹性性质[1]。工程中广泛应用的材料,如混凝土[2]、金属[3]、玻璃钢[4]、泡沫材料[5]、塑料[6]、陶瓷[7]、橡胶[8,9]、生物材料[10]以及岩石[11,12]都十分明显地具有拉压模量不同特性。特别是近年来发展起来的新型复合材料更是如此。它们在拉伸时的弹性模量 E_p 与压缩时的弹性模量 E_n 其比值 E_p/E_n 很大(见表 1-1 所列举的不同模量材料),例如一些由碳纤维制成的新型复合材料的拉压弹性模量之比高达 5[13]以上。

值得注意的是,人类最新发现的强度最高的材料[14]石墨烯也具有拉压不同弹性模量的特性,其压缩弹性模量大于拉伸弹性模量[15]。对于这些材料,其不同模量特性引发的力学性质差异已达到不容忽视的程度,若沿用经典弹性力学理论来进行分析计算将会引起较大的误差,甚至无法满足工程的需要。因此,引入拉压不同模量弹性理论和发展行之有效的计算方法,以及通过试验研究不同模量材料制成的结构或构件的力学行为显得十分必要,也是科技发展的迫切需要。

虽然国内外杂志上发表过大量相关论文,而且也有专门阐述不同模量弹性理论的书,但至今为止还没有一本书讲述如何解答不同模量材料制备的杆件和结构的力学行为,特别是结构受到复合荷载处于复杂应力状态下的解析解答、试验及数值解答尚缺乏。鉴于此,本书建立了不同模量杆件和结构解析解及数值模型并做了相关试验。

本书分为 3 篇,第 1 篇为复合荷载作用下复杂应力状态下不同模量杆件和结构的强度问题的解析解和数值模型; 第 2 篇为不同模量压杆的非线性屈曲的解析解、试验、半解析解和数值模型；第3篇为不同模量地基梁及圆筒结构的温度应力的解析解、半解析解和数值模型。书中详细地阐述了解析方程的推导过程以及数值模型中控制方程和程序的编写。

表 1-1 不同模量材料表

<table>
<tr><th colspan="2">材料类别</th><th>材料名称</th><th>拉伸弹性模量
$E_{\mathrm{p}}/(\mathrm{kg/mm^2})$</th><th>压缩弹性模量
$E_{\mathrm{n}}/(\mathrm{kg/mm^2})$</th><th>$E_{\mathrm{p}}/E_{\mathrm{n}}$</th></tr>
<tr><td rowspan="5">聚合物</td><td rowspan="3">$t=25$℃有机玻璃</td><td>苯二甲酸二酯含量0%</td><td>137.0</td><td>274.0</td><td>0.5</td></tr>
<tr><td>6.0%</td><td>137.0</td><td>238.0</td><td>0.58</td></tr>
<tr><td>10.0%</td><td>118.0</td><td>214.0</td><td>0.55</td></tr>
<tr><td rowspan="2">聚酯丙烯塑料</td><td>MⅡΦ−1</td><td>240.0</td><td>143.0</td><td>1.68</td></tr>
<tr><td>MⅡΦ−2</td><td>130.1</td><td>48.0</td><td>2.71</td></tr>
<tr><td rowspan="4">用纤维和颗粒增强的复合材料</td><td rowspan="2">$t=20$℃玻璃纤维加强</td><td>KC−30</td><td>536.0</td><td>115.0</td><td>4.66</td></tr>
<tr><td>AC−30</td><td>139.0</td><td>20.0</td><td>6.96</td></tr>
<tr><td rowspan="2">玻璃钢</td><td>玻璃—S
织状物—143</td><td>3100.0</td><td>1650.0</td><td>1.89</td></tr>
<tr><td>N—10</td><td>2000.0</td><td>700</td><td>2.86</td></tr>
<tr><td colspan="2" rowspan="3">硼塑料</td><td>试验方向 $\varphi=0°$</td><td>7070.0</td><td>12390.0</td><td>0.57</td></tr>
<tr><td>$\varphi=45°$</td><td>6160.0</td><td>9940.0</td><td>0.62</td></tr>
<tr><td>$\varphi=90°$</td><td>6670.0</td><td>9170.0</td><td>0.62</td></tr>
<tr><td colspan="2" rowspan="2">混凝土</td><td>AϕE−1</td><td>700</td><td>1750</td><td>0.4</td></tr>
<tr><td>小细粒</td><td>650</td><td>1820</td><td>0.36</td></tr>
</table>

不同模量弹性理论基础

拉压不同模量弹性理论[16]是由苏联学者 Ambartsumyan 根据连续弹性变形体力学原理建立起来的一种唯象理论，该理论为该领域内各类问题的分析研究奠定了理论基础。

2.1 基本概念

在绝对值相同的拉应力或压应力作用下，材料会发生绝对值不同的拉应变和压应变，材料在轴向应力作用下，应力、应变关系是双线性的，即材料具有不同的拉弹性模量 E_p 和压弹性模量 E_n，如图 2-1 所示。严格地说，σ-ε 的关系并非如此简单，在相同拉伸、压缩的两条明显直线之间，存在一小段带有连续切线的狭窄的非线性过渡段，但用此双线性模型已有足够的精确度。

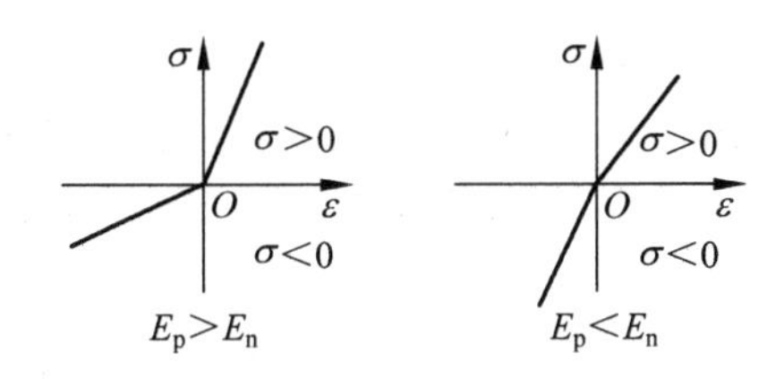

图 2-1　应力-应变关系图

该理论认为，弹性系数不仅与材料本身的性能有关，而且还取决于结构各点的位移与应力状态。即与结构的材料、形状、边界条件及外荷载有关，是诸多因素所致的非线性力学问题。

2.2 基本假设

这里假定研究的物体是固体、变形体和连续体，认为该物体是均匀的、各向同性的。材料没有最优方向，弹性性质在各方向是同样的。但同时由于主应力符号的不同而表现出不同的弹性性质，当一维拉伸时，研究材料任何方向有弹性模量 E_p，一维压缩时有弹性模量 E_n；当在不同的主应力方向上同时有拉伸和压缩时，弹性模量仍然分别为 E_p 和 E_n，而相应的泊松比 μ 保持不变。在主应力有相同符号(拉应力 $\sigma_i>0$，或压应力 $\sigma_i<0$，$i=1,2,3$)的点或区域上，弹性常数组归结为经典力学理论的弹性

常数组，但根据主应力的符号将有两组不同的弹性常数组。

还假定，研究材料在任意应力状态下，只发生弹性小变形并服从连续弹性介质的一般规律，即经典弹性力学的方程，且平衡方程、几何方程、变形连续性方程均保持不变。经典弹性力学与不同模量弹性理论的差别仅反映在应力-应变的物理方程，即本构关系中。

2.3 应力状态，主应力与正应力

在不同模量弹性体中，一点的应力状态可用直角坐标系下的正应力及剪应力表示为

$$[\sigma]=\begin{bmatrix}\sigma_x & \tau_{xy} & \tau_{xz}\\ \tau_{xy} & \sigma_y & \tau_{yz}\\ \tau_{xz} & \tau_{yz} & \sigma_z\end{bmatrix} \tag{2-1}$$

或

$$[\sigma]=(\sigma_x,\sigma_y,\sigma_z,\tau_{yz},\tau_{xz},\tau_{xy})^{\mathrm{T}} \tag{2-2}$$

应变状态为

$$[\varepsilon]=\begin{bmatrix}\varepsilon_x & \varepsilon_{xy} & \varepsilon_{xz}\\ \varepsilon_{xy} & \varepsilon_y & \varepsilon_{yz}\\ \varepsilon_{xz} & \varepsilon_{yz} & \varepsilon_z\end{bmatrix} \tag{2-3}$$

或

$$[\varepsilon]=(\varepsilon_x,\varepsilon_y,\varepsilon_z,\varepsilon_{yz},\varepsilon_{xz},\varepsilon_{xy})^{\mathrm{T}} \tag{2-4}$$

设α,β,γ为主方向，相应的主应力为$\sigma_\alpha,\sigma_\beta,\sigma_\gamma$，对应于初始的$x,y,z$坐标系，主方向的位置可用9个方向余弦$L_i,m_i,n_i(i=1,2,3)$来表示，并满足下列已知关系式：

$$\begin{cases}L_1^2+L_2^2+L_3^2=1, \quad m_1^2+m_2^2+m_3^2=1, \quad n_1^2+n_2^2+n_3^2=1\\ L_i^2+m_i^2+n_i^2=1 \quad (i=1,2,3)\\ L_iL_j+m_im_j+n_in_j=0 \quad (i\neq j,i,j=1,2,3)\end{cases} \tag{2-5}$$

该点的转动矩阵为

$$[L]=\begin{bmatrix}L_1 & m_1 & n_1\\ L_2 & m_2 & n_2\\ L_3 & m_3 & n_3\end{bmatrix} \tag{2-6}$$

则该类正应力与主应力的关系为

$$\begin{bmatrix}\sigma_\alpha & 0 & 0\\ 0 & \sigma_\beta & 0\\ 0 & 0 & \sigma_\gamma\end{bmatrix}=[L]\begin{bmatrix}\sigma_x & \tau_{xy} & \tau_{xz}\\ \tau_{xy} & \sigma_y & \tau_{yz}\\ \tau_{xz} & \tau_{yz} & \sigma_z\end{bmatrix}[L]^{\mathrm{T}} \tag{2-7}$$

即

$$[\sigma_\alpha]=[L][\sigma][L]^{\mathrm{T}} \tag{2-8}$$

展开上式有

$$\begin{bmatrix}\sigma_\alpha\\\sigma_\beta\\\sigma_\gamma\end{bmatrix}=\begin{bmatrix}L_1^2 & m_1^2 & n_1^2 & 2n_1L_1 & 2L_1m_1 & 2m_1n_1\\L_2^2 & m_2^2 & n_2^2 & 2n_2L_2 & 2L_2m_2 & 2m_2n_2\\L_3^2 & m_3^2 & n_3^2 & 2n_3L_3 & 2L_3m_3 & 2m_3n_3\end{bmatrix}\begin{bmatrix}\sigma_x\\\sigma_y\\\sigma_z\\\tau_{yz}\\\tau_{xz}\\\tau_{xy}\end{bmatrix} \tag{2-9}$$

反之有

$$\begin{bmatrix}\sigma_x & \tau_{xy} & \tau_{xz}\\\tau_{xy} & \sigma_y & \tau_{yz}\\\tau_{xz} & \tau_{yz} & \sigma_z\end{bmatrix}=[L]^{\mathrm{T}}\begin{bmatrix}\sigma_\alpha & 0 & 0\\0 & \sigma_\beta & 0\\0 & 0 & \sigma_\gamma\end{bmatrix}[L] \tag{2-10}$$

即

$$[\sigma]=[L]^{\mathrm{T}}[\sigma_\alpha][L] \tag{2-11}$$

展开上式有

$$\begin{bmatrix}\sigma_x\\\sigma_y\\\sigma_z\\\tau_{yz}\\\tau_{xz}\\\tau_{xy}\end{bmatrix}=\begin{bmatrix}L_1^2 & L_2^2 & L_3^2\\m_1^2 & m_2^2 & m_3^2\\n_1^2 & n_2^2 & n_3^2\\n_1m_1 & n_2m_2 & n_3m_3\\L_1n_1 & L_2n_2 & L_3n_3\\L_1m_1 & L_2m_2 & L_3m_3\end{bmatrix}\begin{bmatrix}\sigma_\alpha\\\sigma_\beta\\\sigma_\gamma\end{bmatrix} \tag{2-12}$$

同理，该点的正应变与主应变关系为

$$\begin{bmatrix}\varepsilon_\alpha & 0 & 0\\0 & \varepsilon_\beta & 0\\0 & 0 & \varepsilon_\gamma\end{bmatrix}=[L]\begin{bmatrix}\varepsilon_x & \varepsilon_{xy} & \varepsilon_{xz}\\\varepsilon_{xy} & \varepsilon_y & \varepsilon_{yz}\\\varepsilon_{xz} & \varepsilon_{yz} & \varepsilon_z\end{bmatrix}[L]^{\mathrm{T}} \tag{2-13}$$

即

$$[\varepsilon_\alpha]=[L][\varepsilon][L]^{\mathrm{T}} \tag{2-14}$$

展开上式有

$$\begin{bmatrix}\varepsilon_\alpha\\\varepsilon_\beta\\\varepsilon_\gamma\end{bmatrix}=\begin{bmatrix}L_1^2 & m_1^2 & n_1^2 & 2n_1L_1 & 2L_1m_1 & 2m_1n_1\\L_2^2 & m_2^2 & n_2^2 & 2n_2L_2 & 2L_2m_2 & 2m_2n_2\\L_3^2 & m_3^2 & n_3^2 & 2n_3L_3 & 2L_3m_3 & 2m_3n_3\end{bmatrix}\begin{bmatrix}\varepsilon_x\\\varepsilon_y\\\varepsilon_z\\\varepsilon_{yz}\\\varepsilon_{xz}\\\varepsilon_{xy}\end{bmatrix} \tag{2-15}$$

反之有

$$\begin{bmatrix}\varepsilon_x & \varepsilon_{xy} & \varepsilon_{xz}\\\varepsilon_{xy} & \varepsilon_y & \varepsilon_{yz}\\\varepsilon_{xz} & \varepsilon_{yz} & \varepsilon_z\end{bmatrix}=[L]^{\mathrm{T}}\begin{bmatrix}\varepsilon_\alpha & 0 & 0\\0 & \varepsilon_\beta & 0\\0 & 0 & \varepsilon_\gamma\end{bmatrix}[L] \tag{2-16}$$

即

$$[\varepsilon]=[L]^{\mathrm{T}}[\varepsilon_\alpha][L] \tag{2-17}$$

展开上式有

$$\begin{bmatrix}\varepsilon_x\\ \varepsilon_y\\ \varepsilon_z\\ \varepsilon_{yz}\\ \varepsilon_{xz}\\ \varepsilon_{xy}\end{bmatrix}=\begin{bmatrix}L_1^2 & L_2^2 & L_3^2\\ m_1^2 & m_2^2 & m_3^2\\ n_1^2 & n_2^2 & n_3^2\\ n_1m_1 & n_2m_2 & n_3m_3\\ L_1n_1 & L_2n_2 & L_3n_3\\ L_1m_1 & L_2m_2 & L_3m_3\end{bmatrix}\begin{bmatrix}\varepsilon_\alpha\\ \varepsilon_\beta\\ \varepsilon_\gamma\end{bmatrix} \tag{2-18}$$

2.4 平衡方程、几何方程、相容方程

2.4.1 直角坐标系下的平衡方程

$$\left.\begin{aligned}\frac{\partial\sigma_x}{\partial x}+\frac{\partial\tau_{xy}}{\partial y}+\frac{\partial\tau_{xz}}{\partial z}+f_x=0\\ \frac{\partial\tau_{yx}}{\partial x}+\frac{\partial\sigma_y}{\partial y}+\frac{\partial\tau_{yz}}{\partial z}+f_y=0\\ \frac{\partial\tau_{zx}}{\partial x}+\frac{\partial\tau_{zy}}{\partial y}+\frac{\partial\sigma_z}{\partial z}+f_z=0\end{aligned}\right\} \tag{2-19}$$

或

$$\begin{bmatrix}\frac{\partial}{\partial x} & 0 & 0 & 0 & \frac{\partial}{\partial z} & \frac{\partial}{\partial y}\\ 0 & \frac{\partial}{\partial y} & 0 & \frac{\partial}{\partial z} & 0 & \frac{\partial}{\partial x}\\ 0 & 0 & \frac{\partial}{\partial z} & \frac{\partial}{\partial y} & \frac{\partial}{\partial x} & 0\end{bmatrix}\begin{bmatrix}\sigma_x\\ \sigma_y\\ \sigma_z\\ \tau_{yz}\\ \tau_{xz}\\ \tau_{xy}\end{bmatrix}+\begin{bmatrix}f_x\\ f_y\\ f_z\end{bmatrix}=\begin{bmatrix}0\\ 0\\ 0\end{bmatrix} \tag{2-20}$$

即

$$[c][\sigma]+[f]=[0] \tag{2-21}$$

2.4.2 直角坐标下的几何方程

当只发生小位移和小变形时，若略去位移导数的高阶项和非线性项，则直角坐标系 x，y，z 下的几何方程为

$$\begin{cases}\varepsilon_x=\dfrac{\partial u}{\partial x}, & \gamma_{xy}=\dfrac{\partial u}{\partial y}+\dfrac{\partial v}{\partial x}\\ \varepsilon_y=\dfrac{\partial v}{\partial y}, & \gamma_{yz}=\dfrac{\partial v}{\partial z}+\dfrac{\partial w}{\partial y}\\ \varepsilon_z=\dfrac{\partial w}{\partial z}, & \gamma_{xz}=\dfrac{\partial u}{\partial z}+\dfrac{\partial w}{\partial x}\end{cases} \tag{2-22}$$

$$\begin{bmatrix}\varepsilon_x\\\varepsilon_y\\\varepsilon_z\\\gamma_{yz}\\\gamma_{xz}\\\gamma_{xy}\end{bmatrix}=\begin{bmatrix}\frac{\partial}{\partial x}&0&0\\0&\frac{\partial}{\partial y}&0\\0&0&\frac{\partial}{\partial z}\\0&\frac{\partial}{\partial z}&\frac{\partial}{\partial y}\\\frac{\partial}{\partial z}&0&\frac{\partial}{\partial x}\\\frac{\partial}{\partial y}&\frac{\partial}{\partial x}&0\end{bmatrix}\begin{bmatrix}u\\v\\w\end{bmatrix}\tag{2-23}$$

即

$$[\varepsilon]=[c]^{\mathrm{T}}[u]\tag{2-24}$$

当发生大位移和大变形时，保留位移导数的非线性项，则直角坐标系 x, y, z 下的几何方程为

$$\begin{cases}\varepsilon_x=\frac{\partial u}{\partial x}+\frac{1}{2}\left[\left(\frac{\partial u}{\partial x}\right)^2+\left(\frac{\partial v}{\partial x}\right)^2\right], & \gamma_{xy}=\frac{\partial v}{\partial x}+\frac{\partial u}{\partial y}+\frac{\partial u}{\partial x}\frac{\partial u}{\partial y}+\frac{\partial v}{\partial x}\frac{\partial v}{\partial y}\\\varepsilon_y=\frac{\partial v}{\partial y}+\frac{1}{2}\left[\left(\frac{\partial v}{\partial y}\right)^2+\left(\frac{\partial w}{\partial y}\right)^2\right], & \gamma_{yz}=\frac{\partial v}{\partial z}+\frac{\partial w}{\partial y}+\frac{\partial v}{\partial y}\frac{\partial v}{\partial z}+\frac{\partial w}{\partial y}\frac{\partial w}{\partial z}\\\varepsilon_z=\frac{\partial w}{\partial z}+\frac{1}{2}\left[\left(\frac{\partial w}{\partial z}\right)^2+\left(\frac{\partial u}{\partial z}\right)^2\right], & \gamma_{xz}=\frac{\partial u}{\partial z}+\frac{\partial w}{\partial x}+\frac{\partial w}{\partial z}\frac{\partial w}{\partial x}+\frac{\partial u}{\partial z}\frac{\partial u}{\partial x}\end{cases}\tag{2-25}$$

2.4.3 直角坐标系下的相容方程(变形协调方程)

(1) 应变分量应满足的变形协调方程为

$$\left.\begin{aligned}\frac{\partial^2\varepsilon_x}{\partial y^2}+\frac{\partial^2\varepsilon_y}{\partial x^2}&=\frac{\partial^2\varepsilon_{xy}}{\partial x\partial y}\\\frac{\partial^2\varepsilon_y}{\partial z^2}+\frac{\partial^2\varepsilon_z}{\partial y^2}&=\frac{\partial^2\varepsilon_{yz}}{\partial y\partial z}\\\frac{\partial^2\varepsilon_x}{\partial z^2}+\frac{\partial^2\varepsilon_z}{\partial x^2}&=\frac{\partial^2\varepsilon_{xz}}{\partial x\partial z}\end{aligned}\right\}\tag{2-26}$$

$$\left.\begin{aligned}2\frac{\partial^2\varepsilon_x}{\partial y\partial z}&=\frac{\partial}{\partial x}\left(-\frac{\partial\varepsilon_{yz}}{\partial x}+\frac{\partial\varepsilon_{zx}}{\partial y}+\frac{\partial\varepsilon_{xy}}{\partial z}\right)\\2\frac{\partial^2\varepsilon_y}{\partial x\partial z}&=\frac{\partial}{\partial y}\left(-\frac{\partial\varepsilon_{zx}}{\partial y}+\frac{\partial\varepsilon_{xy}}{\partial z}+\frac{\partial\varepsilon_{yz}}{\partial x}\right)\\2\frac{\partial^2\varepsilon_z}{\partial x\partial y}&=\frac{\partial}{\partial z}\left(-\frac{\partial\varepsilon_{xy}}{\partial z}+\frac{\partial\varepsilon_{yz}}{\partial x}+\frac{\partial\varepsilon_{zx}}{\partial y}\right)\end{aligned}\right\}\tag{2-27}$$

(2) 应力分量应满足的变形协调方程为

$$
\left.\begin{aligned}
&(1+\mu)\nabla^2\sigma_x+\frac{\partial^2 H}{\partial x^2}=\frac{\mu(1+\mu)}{1-\mu}\left(\frac{\partial f_x}{\partial x}+\frac{\partial f_y}{\partial y}+\frac{\partial f_z}{\partial z}\right)-2\frac{\partial f_x}{\partial x}\\
&(1+\mu)\nabla^2\sigma_y+\frac{\partial^2 H}{\partial y^2}=\frac{\mu(1+\mu)}{1-\mu}\left(\frac{\partial f_x}{\partial x}+\frac{\partial f_y}{\partial y}+\frac{\partial f_z}{\partial z}\right)-2\frac{\partial f_y}{\partial y}\\
&(1+\mu)\nabla^2\sigma_z+\frac{\partial^2 H}{\partial z^2}=\frac{\mu(1+\mu)}{1-\mu}\left(\frac{\partial f_x}{\partial x}+\frac{\partial f_y}{\partial y}+\frac{\partial f_z}{\partial z}\right)-2\frac{\partial f_z}{\partial z}\\
&\nabla^2\tau_{xy}+\frac{\partial^2 H}{\partial x\partial y}=-(1+\mu)\left(\frac{\partial f_x}{\partial x}+\frac{\partial f_y}{\partial y}\right)\\
&\nabla^2\tau_{yz}+\frac{\partial^2 H}{\partial y\partial z}=-(1+\mu)\left(\frac{\partial f_y}{\partial y}+\frac{\partial f_z}{\partial z}\right)\\
&\nabla^2\tau_{zx}+\frac{\partial^2 H}{\partial x\partial z}=-(1+\mu)\left(\frac{\partial f_x}{\partial x}+\frac{\partial f_z}{\partial z}\right)
\end{aligned}\right\}\tag{2-28}
$$

式中，$H=\sigma_x+\sigma_y+\sigma_z$，$\nabla^2=\frac{\partial^2}{\partial x^2}+\frac{\partial^2}{\partial y^2}+\frac{\partial^2}{\partial z^2}$。

2.5 物理方程(本构关系)

由前面的基本概念可知，不同模量的非线性反映在材料的本构关系中，而双线性的分段点又取决于拉压的分界点，因此对一点的应力状态至关重要。在此，用剪应力为0的主应力来反映一点的应力状态较为清晰，拉压不同的弹性模量根据主应力的符号来确定。当主应力大于零时(为拉)，弹性模量为拉模量 E_p；当主应力小于零(为压)，弹性模量为压模量 E_n。

对各类结构，特别是处于复杂应力下的结构，其各点将同时存在几个主应力，因为主应力的符号往往是不同的，而根据各主应力符号的组合，将有不同类型的弹性关系，因此，我们必须首先对主应力符号组作区域划分。

2.5.1 主应力组合区域

对任一处于复杂应力状态的结构，其主应力符号组合存在以下4种关系：

(1) $\sigma_\alpha>0$，$\sigma_\beta>0$，$\sigma_\gamma>0$，主应力均为拉应力。

(2) $\sigma_\alpha<0$，$\sigma_\beta<0$，$\sigma_\gamma<0$，主应力均为压应力。

(3) $\sigma_\alpha>0$，$\sigma_\beta<0$，$\sigma_\gamma>0$，一个主应力为压应力。

(4) $\sigma_\alpha<0$，$\sigma_\beta>0$，$\sigma_\gamma<0$，一个主应力为拉应力。

将以上四种情况归纳为两种类型的区域：

第一类区域，全部主应力符号相同(全拉区、全压区)。

第二类区域，一个主应力符号与另外两个主应力符号不同(不定区域)。

2.5.2 不同模量弹性理论的本构方程

1. 用正应力、正应变表示的本构关系

$$\begin{bmatrix}\sigma_x\\ \sigma_y\\ \sigma_z\\ \tau_{yz}\\ \tau_{xz}\\ \tau_{xy}\end{bmatrix}=\begin{bmatrix}D_{11} & D_{12} & D_{13} & D_{14} & D_{15} & D_{16}\\ D_{21} & D_{22} & D_{23} & D_{24} & D_{25} & D_{26}\\ D_{31} & D_{32} & D_{33} & D_{34} & D_{35} & D_{36}\\ D_{41} & D_{42} & D_{43} & D_{44} & D_{45} & D_{46}\\ D_{51} & D_{52} & D_{53} & D_{54} & D_{55} & D_{56}\\ D_{61} & D_{62} & D_{63} & D_{64} & D_{65} & D_{66}\end{bmatrix}\begin{bmatrix}\varepsilon_x\\ \varepsilon_y\\ \varepsilon_z\\ \varepsilon_{yz}\\ \varepsilon_{xz}\\ \varepsilon_{xy}\end{bmatrix} \tag{2-29}$$

即

$$[\sigma]=[D][\varepsilon] \tag{2-30}$$

2. 用主应力、主应变表示的本构关系

依据 2.3 节的公式推导可得到

$$\begin{bmatrix}\sigma_\alpha\\ \sigma_\beta\\ \sigma_\gamma\end{bmatrix}=\begin{bmatrix}d_{11} & d_{12} & d_{13}\\ d_{21} & d_{22} & d_{23}\\ d_{31} & d_{32} & d_{33}\end{bmatrix}\begin{bmatrix}\varepsilon_\alpha\\ \varepsilon_\beta\\ \varepsilon_\gamma\end{bmatrix} \tag{2-31}$$

即

$$[\sigma_\alpha]=[d][\varepsilon_\alpha] \tag{2-32}$$

3. 本构方程中不同模量的判定

1) 主应力判定法

对式(2-31)求逆,则可得到

$$\begin{bmatrix}\varepsilon_\alpha\\ \varepsilon_\beta\\ \varepsilon_\gamma\end{bmatrix}=\begin{bmatrix}a_{11} & a_{12} & a_{13}\\ a_{21} & a_{22} & a_{23}\\ a_{31} & a_{32} & a_{33}\end{bmatrix}\begin{bmatrix}\sigma_\alpha\\ \sigma_\beta\\ \sigma_\gamma\end{bmatrix} \tag{2-33}$$

即

$$[\varepsilon_\alpha]=[d]^{-1}[\sigma_\alpha]=[a][\sigma_\alpha] \tag{2-34}$$

根据主应力的正负,确定与之相乘的相应列的值:若 $\sigma_\alpha>0$,a_{ij} 取 a_{ij}^{p},反之 a_{ij} 取 a_{ij}^{n},σ_β,σ_γ 作同样处理。对 2.5.1 节中的四种情况可得到如下具体的本构方程。

(1) 在第一类区域(全拉区或全压区)。

当 $\sigma_\alpha>0$,$\sigma_\beta>0$,$\sigma_\gamma>0$ 时,有

$$[a]=\begin{bmatrix}\dfrac{1}{E_{\mathrm{p}}} & -\dfrac{\mu}{E_{\mathrm{p}}} & -\dfrac{\mu}{E_{\mathrm{p}}}\\ -\dfrac{\mu}{E_{\mathrm{p}}} & \dfrac{1}{E_{\mathrm{p}}} & -\dfrac{\mu}{E_{\mathrm{p}}}\\ -\dfrac{\mu}{E_{\mathrm{p}}} & -\dfrac{\mu}{E_{\mathrm{p}}} & \dfrac{1}{E_{\mathrm{p}}}\end{bmatrix} \tag{2-35}$$

当 $\sigma_\alpha<0,\sigma_\beta<0,\sigma_\gamma<0$ 时，有

$$[a]=\begin{bmatrix}\dfrac{1}{E_{\mathrm{n}}} & -\dfrac{\mu}{E_{\mathrm{n}}} & -\dfrac{\mu}{E_{\mathrm{n}}}\\ -\dfrac{\mu}{E_{\mathrm{n}}} & \dfrac{1}{E_{\mathrm{n}}} & -\dfrac{\mu}{E_{\mathrm{n}}}\\ -\dfrac{\mu}{E_{\mathrm{n}}} & -\dfrac{\mu}{E_{\mathrm{n}}} & \dfrac{1}{E_{\mathrm{n}}}\end{bmatrix} \tag{2-36}$$

在第一类区域内以柔性系数表示的弹性矩阵分别取$[a^{\mathrm{p}}]$或$[a^{\mathrm{n}}]$，与经典弹性理论相符。

(2) 在第二类区域。

当 $\sigma_\alpha>0,\sigma_\beta<0,\sigma_\gamma>0$ 时，有

$$[a]=\begin{bmatrix}\dfrac{1}{E_{\mathrm{p}}} & -\dfrac{\mu}{E_{\mathrm{n}}} & -\dfrac{\mu}{E_{\mathrm{p}}}\\ -\dfrac{\mu}{E_{\mathrm{p}}} & \dfrac{1}{E_{\mathrm{n}}} & -\dfrac{\mu}{E_{\mathrm{p}}}\\ -\dfrac{\mu}{E_{\mathrm{p}}} & -\dfrac{\mu}{E_{\mathrm{n}}} & \dfrac{1}{E_{\mathrm{p}}}\end{bmatrix} \tag{2-37}$$

当 $\sigma_\alpha<0,\sigma_\beta>0,\sigma_\gamma<0$ 时，有

$$[a]=\begin{bmatrix}\dfrac{1}{E_{\mathrm{n}}} & -\dfrac{\mu}{E_{\mathrm{p}}} & -\dfrac{\mu}{E_{\mathrm{n}}}\\ -\dfrac{\mu}{E_{\mathrm{n}}} & \dfrac{1}{E_{\mathrm{p}}} & -\dfrac{\mu}{E_{\mathrm{n}}}\\ -\dfrac{\mu}{E_{\mathrm{n}}} & -\dfrac{\mu}{E_{\mathrm{p}}} & \dfrac{1}{E_{\mathrm{n}}}\end{bmatrix} \tag{2-38}$$

2) 主应变判定法

对式(2-31)作以上同样处理，根据主应变的正负，确定与之相乘的相应列的项，若 $\varepsilon_\alpha>0$，d_{ij} 取 d_{ij}^{p}，反之 d_{ij} 取 d_{ij}^{n}，ε_β，ε_γ 作同样处理。可得到与2.5.1节中四种情况相对应的四组以刚度表示的弹性矩阵。

2.6 边值方程

2.6.1 力的边值方程

弹性体在边界上单位面积的内力为 T_x,T_y,T_z，在边界 S_σ 上单位面积作用的面积力为 $\overline{T_x},\overline{T_y},\overline{T_z}$，根据平衡应有

$$T_x=\overline{T_x},\quad T_y=\overline{T_y},\quad T_z=\overline{T_z} \tag{2-39}$$

设边界外法线为 N，方向余弦为 n_x,n_y,n_z，则在边界上的内力可由下式确定：

$$\begin{cases}T_x=n_x\sigma_x+n_y\tau_{xy}+n_z\tau_{xz}\\ T_y=n_x\tau_{xy}+n_y\sigma_y+n_z\tau_{yz}\\ T_z=n_x\tau_{xz}+n_y\tau_{yz}+n_z\sigma_z\end{cases} \tag{2-40}$$

或

$$[T]=[\overline{T}](\text{在 } S_\sigma \text{ 上}) \tag{2-41}$$

$$[T]=[n][\sigma] \tag{2-42}$$

其中

$$[n]=\begin{bmatrix} n_x & 0 & 0 & n_y & 0 & n_z \\ 0 & n_y & 0 & n_x & n_z & 0 \\ 0 & 0 & n_z & 0 & n_y & n_x \end{bmatrix}$$

2.6.2 几何边值方程

弹性体在 S_u 上的位移已知为$\bar{u}$，$\bar{v}$，$\bar{w}$，即有

$$u=\bar{u}, v=\bar{v}, w=\bar{w} \quad \text{或} \quad [u]=[\bar{u}](\text{在 } S_u \text{ 上}) \tag{2-43}$$

不同模量有限元方法

3.1 单元位移模式和插值函数

把三维连续弹性体划分成为离散的四面单元体，设四节点的编号为 i,j,m,p，则节点位移分量为

$$[d_i^e]=\begin{bmatrix}u_i\\v_i\\w_i\end{bmatrix}\quad(i,j,m,p)$$

节点位移分量列阵是

$$[d^e]=\begin{bmatrix}d_i\\d_j\\d_m\\d_p\end{bmatrix}=(u_i\quad v_i\quad w_i\quad u_j\quad v_j\quad w_j\quad u_m\quad v_m\quad w_m\quad u_p\quad v_p\quad w_p)^{\mathrm{T}}\tag{3-1}$$

设单位位移函数为

$$\begin{cases}u=\beta_1+\beta_2 x+\beta_3 y+\beta_4 z\\v=\beta_5+\beta_6 x+\beta_7 y+\beta_8 z\\w=\beta_9+\beta_{10} x+\beta_{11} y+\beta_{12} z\end{cases}\tag{3-2}$$

则单元体四结点的位移为

$$\begin{cases}u_K=\beta_1+\beta_2 x_K+\beta_3 y_K+\beta_4 z_K\\v_K=\beta_5+\beta_6 x_K+\beta_7 y_K+\beta_8 z_K\\w_K=\beta_9+\beta_{10} x_K+\beta_{11} y_K+\beta_{12} z_K\end{cases}\quad(K=i,j,m,p)\tag{3-3}$$

利用克莱姆法则可得到 $\beta_1\cdots\beta_{12}$，代回式(3-2)，整理后可得用单元体结点位移表示的单元位移模式：

$$
[u]=\begin{bmatrix}u\\v\\w\end{bmatrix}=\begin{bmatrix}N_i&0&0&N_j&0&0&N_m&0&0&N_p&0&0\\0&N_i&0&0&N_j&0&0&N_m&0&0&N_p&0\\0&0&N_i&0&0&N_j&0&0&N_m&0&0&N_p\end{bmatrix}\begin{bmatrix}u_i\\v_i\\w_i\\u_j\\v_j\\w_j\\u_m\\v_m\\w_m\\u_p\\v_p\\w_p\end{bmatrix}
\tag{3-4}
$$

即$[u]=[N][d^e]$。

式中，N_i, N_j, N_m, N_p 是插值多项式，即形状函数，其表达式为

$$
\begin{cases}
N_i(x,y,z)=\dfrac{1}{6v}(a_i+b_ix+c_iy+d_iz)\\
N_j(x,y,z)=-\dfrac{1}{6v}(a_j+b_jx+c_jy+d_jz)\\
N_m(x,y,z)=\dfrac{1}{6v}(a_m+b_mx+c_my+d_mz)\\
N_p(x,y,z)=-\dfrac{1}{6v}(a_p+b_px+c_py+d_pz)
\end{cases}
\tag{3-5}
$$

式中，

$$
v=\frac{1}{6}\begin{vmatrix}1&x_i&y_i&z_i\\1&x_j&y_j&z_j\\1&x_m&y_m&z_m\\1&x_p&y_p&z_p\end{vmatrix}
\tag{3-6}
$$

$$
a_i=\begin{vmatrix}x_j&y_j&z_j\\x_m&y_m&z_m\\x_p&y_p&z_p\end{vmatrix},\quad b_i=-\begin{vmatrix}1&y_j&z_j\\1&y_m&z_m\\1&y_p&z_p\end{vmatrix}
$$

$$
c_i=\begin{vmatrix}x_j&1&z_j\\x_m&1&z_m\\x_p&1&z_p\end{vmatrix},\quad d_i=-\begin{vmatrix}x_j&y_j&1\\x_m&y_m&1\\x_p&y_p&1\end{vmatrix}
\tag{3-7}
$$

为使四面体体积始终为正，节点的编号须遵循右手法则：从节点 p 看节点 i,j,m，呈逆时针进行。

3.2 应变矩阵、应力矩阵

3.2.1 应变矩阵

位移确定后，利用几何方程可求得用结点位移表示的应变为

$$[\varepsilon]=\begin{bmatrix}\varepsilon_x\\\varepsilon_y\\\varepsilon_z\\\varepsilon_{xy}\\\varepsilon_{yz}\\\varepsilon_{zx}\end{bmatrix}=\frac{1}{6v}\begin{bmatrix}b_i&0&0&-b_j&0&0&b_m&0&0&-b_p&0&0\\0&c_i&0&0&-c_j&0&0&c_m&0&0&-c_p&0\\0&0&d_i&0&0&-d_j&0&0&d_m&0&0&-d_p\\c_i&b_i&0&-c_j&b_j&0&c_m&b_m&0&-c_p&-b_p&0\\0&d_i&c_i&0&-d_j&-c_j&0&d_m&c_m&0&-d_p&-c_p\\d_i&0&b_i&-d_j&0&-b_j&d_m&0&b_m&-d_p&0&-b_p\end{bmatrix}\begin{bmatrix}u_i\\v_i\\w_i\\u_j\\v_j\\w_j\\u_m\\v_m\\w_m\\u_p\\v_p\\w_p\end{bmatrix}$$

即

$$[\varepsilon]=[B][d^e] \tag{3-8}$$

3.2.2 应力矩阵

以应变矩阵(3-8)代入物理方程可得应力矩阵。

由于$[B]$在单元内为常量，可见$[\varepsilon]$在单元内为常量，即四面体单体是常应变单元。其中$[B]$可写为矩阵形式

$$[B]=[B_i\quad -B_j\quad B_m\quad -B_p] \tag{3-9}$$

$$[\sigma]=\begin{bmatrix}\sigma_x\\\sigma_y\\\sigma_z\\\tau_{xy}\\\tau_{yz}\\\tau_{zx}\end{bmatrix}=[D]\begin{bmatrix}\varepsilon_x\\\varepsilon_y\\\varepsilon_z\\\varepsilon_{xy}\\\varepsilon_{yz}\\\varepsilon_{zx}\end{bmatrix}=[D][\varepsilon]=[D][B][d^e] \tag{3-10}$$

式(3-10)中，不同模量的弹性矩阵见式(2-1)～式(2-5)。

3.3 刚度矩阵

令单元刚度矩阵为$[K^e]$，有

$$[K^e]=\int_V[B]^{\mathrm{T}}[D][B]\mathrm{d}x\mathrm{d}y\mathrm{d}z=[B]^{\mathrm{T}}[D][B]V \tag{3-11}$$

将式(3-9)代入式(3-11)得

$$[K^e]=V\begin{bmatrix}[B_i]^T\\-[B_j]^T\\[B_m]^T\\-[B_p]^T\end{bmatrix}[D]\cdot[[B_i]\quad -[B_j]\quad [B_m]\quad -[B_p]]$$

把单元刚度矩阵表示成结点分块的形式，即

$$[K^e]=\begin{bmatrix}[K_{ii}^e] & -[K_{ij}^e] & [K_{im}^e] & -[K_{ip}^e]\\ -[K_{ji}^e] & [K_{jj}^e] & -[K_{jm}^e] & [K_{jp}^e]\\ [K_{mi}^e] & -[K_{mj}^e] & [K_{mm}] & -[K_{mp}]\\ -[K_{pi}^e] & [K_{pj}^e] & -[K_{pm}^e] & [K_{pp}]\end{bmatrix}$$

其中任意一块矩阵由下式计算：

$$[K_{\gamma s}^e]=[B_\gamma]^T[D][B_s]V=\begin{bmatrix}K_{\gamma s}^{11} & K_{\gamma s}^{12} & K_{\gamma s}^{13}\\ K_{\gamma s}^{21} & K_{\gamma s}^{22} & K_{\gamma s}^{23}\\ K_{\gamma s}^{31} & K_{\gamma s}^{32} & K_{\gamma s}^{33}\end{bmatrix}\quad (\gamma s=i,j,m,p)$$

结构刚度矩阵和结构结点载荷列阵是由单元刚度矩阵和等效结点荷载列阵集成而得，而集成是由单元结点转换矩阵$[G]$实现。

总刚度矩阵为

$$[K]=\sum_e([G]^T[K^e][G]) \tag{3-12}$$

总荷载列阵为

$$[\bar{P}]=\sum_e[G]^T[\bar{P}^e] \tag{3-13}$$

3.4 有限元格式

弹性体积的应变能为

$$U=\frac{1}{2}[\varepsilon]^T[D][\varepsilon] \tag{3-14}$$

单元的总势能泛函为

$$\pi^e=\frac{1}{2}\int_V[\varepsilon]^T[D][\varepsilon]\mathrm{d}V-\int_V[u]^T[f]\mathrm{d}V-\int_{S_\sigma}[u][T]\mathrm{d}S \tag{3-15}$$

其中，$[f]$为四面体的体积力；$[T]$为四面体单元的面积力；S_σ为承受表面力的单元边界。

对于离散模型系统，势能是单元势能总和，将位移模式及应变矩阵代入式(3-15)，得模型系统的势能总和为

$$\pi_p=\sum_e\left([d^e]^T\left(\int_V\frac{1}{2}[B]^T[D][B][d^e]\right)\right)\mathrm{d}V-\sum_e\left([d^e]^T\left(\int_V[N]^T[f]\mathrm{d}V\right)\right)-\sum_e\left([d^e]^T\left(\int_{S_\sigma}[N]^T[T]\mathrm{d}S\right)\right) \tag{3-16}$$

令单元位移

$$[d^e]=[G][d] \tag{3-17}$$

其中，$\int_V [N]^{\mathrm{T}}[f]\mathrm{d}V = [P_f^e]$，$\int_{S_\sigma} [N]^{\mathrm{T}}[T]\mathrm{d}V = [P_T^e]$。$[P^e] = [P_f^e] + [P_T^e]$ 为单元等效节点荷载列阵。则式(3-16) 变为

$$\pi_{\mathrm{p}} = [d]^{\mathrm{T}} \frac{1}{2} \sum_e ([G]^{\mathrm{T}} [K^e][G] - [d]^{\mathrm{T}} \sum_e ([G]^{\mathrm{T}} [P^e]))$$

将式(3-17)、式(3-12)、式(3-13)代入上式，则

$$\pi_{\mathrm{p}} = \frac{1}{2} [d]^{\mathrm{T}}[K][d] - [d]^{\mathrm{T}}[P] \tag{3-18}$$

由变分$\dfrac{\partial \pi_{\mathrm{p}}}{\partial [d]} = 0$，得有限元求解方程：

$$[K][d] = [P] \tag{3-19}$$

由于不同模量问题应力应变矩阵不对称，对式(3-18)求变分为

$$\frac{1}{2}([K]^{\mathrm{T}} + [K])[d] = [P] \tag{3-20}$$

不同模量弹性问题属于材料非线性问题，对静定结构，反映在本构关系为双线性，而对超静定结构，不仅反映在本构关系的双线性，而且内力计算为物理完全非线性。由于材料的双线性反映在原点(中性点)后的非线性，则问题的关键是拉压分界点(中性点)事先无法确定，因此需用迭代有限元模式。对每一次迭代过程，均需要对每一单元重新判定主应力符号，得到相应的弹性矩阵，这点是与经典弹性问题有限元的不同之处。

具体迭代计算步骤为：

(1) 假定材料为同一模量，以有限元计算每单元的应力、应变。

(2) 对应每单元计算主应力，并求主应力方向。

(3) 根据主应力方向，确定每个单元应有的本构关系，求出每一个的刚度矩阵并集成为总刚度矩阵。

(4) 以新的本构关系计算出各单元的应力应变。

(5) 如达到停机条件，输出最终结果，否则转到步骤(2)。

停机条件：循环第 k 次的各单元所对应的位移(应力)之差的最大值小于规定值。即

$$\delta = \frac{|\sigma_{j+1} - \sigma_j|}{\sigma_j} \leqslant \lambda\%$$

式中，λ 为一确定的小数。

不同模量弯压柱的解析解

4.1 单向弯压柱

本章用不同模量弹性理论导出复合荷载作用下弯压柱的解析解，建立了中性轴、应力、应变、位移的计算公式，并对具体实例进行解析解与有限元数值解计算，进行分析对比。最后对不同模量计算结果与经典力学同模量计算结果进行分析研究，得出两种理论计算结果上的差异。

4.1.1 本章假定及结构模型

本章对不同模量弯压柱采用平面假定，设柱在弯矩及轴力共同作用下，横截面在变形后仍为平面，且与柱轴线正交。在选用不同模量 E_p 和 E_n 时，取决于正应力 σ_x 的符号，σ_x^p 对应 E_p，σ_x^n 对应 E_n。

对一个实际结构，在弯矩和轴力作用下，可能全截面受拉或全截面受压(该类问题可直接取用 E_p、E_n)；也可能部分受压、部分受拉，即同一截面有拉有压，后者较复杂。首先需解决的问题是拉压的分界线即中性轴位置，然后再根据中性轴位置求出拉区及压区正应力公式。

下端固定的柱，边长为 b，h，柱高为 H。作用有轴向压力 N，沿截面高度 h 方向作用弯矩 M，并计入自重的作用，如图 4-1 所示。由于自重沿 x 方向变化，使 yOz 截面的中性轴均沿 x 轴变化，$h_{中}=f(x)$，则取流动的坐标系统(每增加 Δx，坐标流动一次)，流动后的 yOz 平面内的每一截面，坐标轴均通过中性轴。

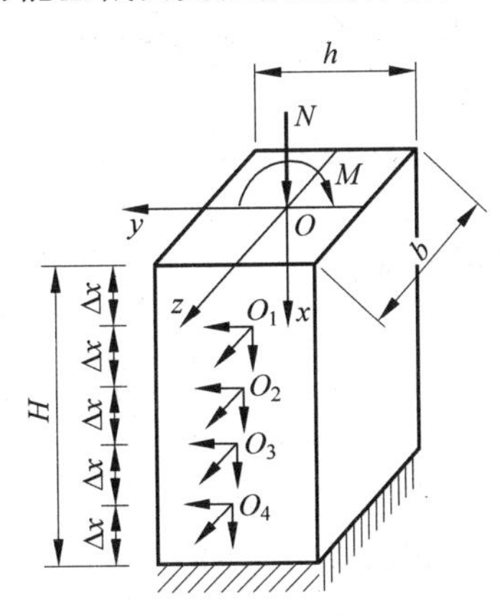

图 4-1 单向弯压柱模型

4.1.2 中性轴及正应力公式推导

1. 弯矩作用

在 M 作用下，固端产生反力 M，由平截面假定可知，柱变形后横截面仍为平面，且与柱截面正交，横截面只作相对转动。此时，左侧各纵向纤维伸长，右侧纵向纤维缩短，而在连续的变化之间必有一层中性层，中性层与横截面的交线为中性轴。

从柱中取一长为 dx 的微段，微段两端截面间的相对转角为 $d\theta$，中性层曲面半径为 ρ，如图 4-2 所示，则在截面上距坐标为 y 的任一点的正应变为

$$\varepsilon_x = \frac{(\rho + y)d\theta - \rho d\theta}{\rho d\theta} = \frac{y}{\rho} \tag{4-1}$$

根据不同模量在中性点折线（双线性）的特点，可从中性点分段后分别用胡克定律，即有

$$\begin{cases} \text{受拉区的正应力为：} \sigma_x^{p} = E_p \varepsilon_x = E_p \dfrac{y}{\rho} \\ \text{受压区的正应力为：} \sigma_x^{n} = E_n \varepsilon_x = E_n \dfrac{y}{\rho} \end{cases} \tag{4-2}$$

式中，E_p，E_n 分别为拉、压弹性模量。

如图 4-3 所示，设截面受拉区高度为 h_m，取微元体以上为隔离体，由平衡条件及圣维南原理有

$$\int_{h_m-h}^{0} E_n \frac{y}{\rho} b\,dy + \int_{0}^{h_m} E_p \frac{y}{\rho} b\,dy = 0, \quad \int_{h_m-h}^{0} E_n \frac{y}{\rho} yb\,dy + \int_{0}^{h_m} E_p \frac{y}{\rho} yb\,dy = M$$

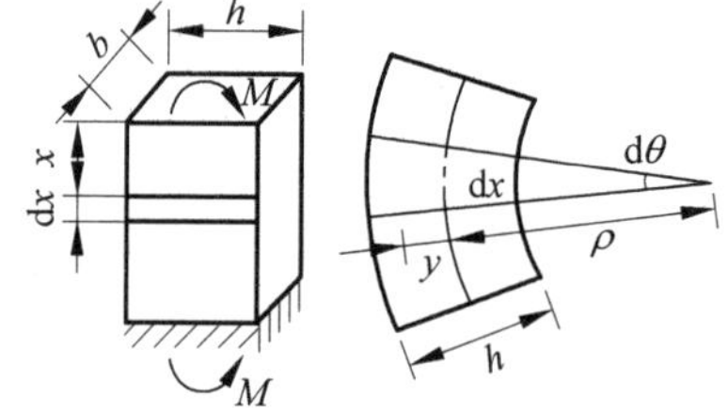

图 4-2 柱的微元段示意图

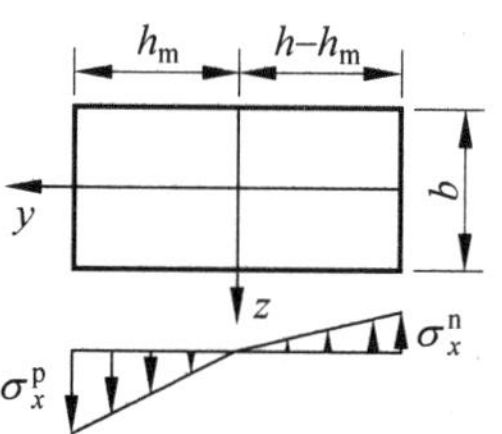

图 4-3 柱截面示意图

积分上式并解之得

$$h_m = \frac{h\sqrt{E_n}}{\sqrt{E_p} + \sqrt{E_n}} \tag{4-3}$$

$$\frac{1}{\rho} = \frac{3M}{[E_p h_m^{\ 3} + E_n (h - h_m)^3]} \tag{4-4}$$

将式(4-3)、式(4-4)代入式(4-2)得

$$\begin{cases} \sigma_x^{p} = \dfrac{3M(\sqrt{E_p} + \sqrt{E_n})^2}{bh^3 E_n} y \\ \sigma_x^{n} = \dfrac{3M(\sqrt{E_p} + \sqrt{E_n})^2}{bh^3 E_p} y \end{cases} \tag{4-5}$$

式(4-3)、式(4-5)即为柱在纯弯曲作用下不同模量受拉区高度（中性轴）的计算公式及正应力计算公式。当 $E_p = E_n = E$ 时，式(4-3)及式(4-5)完全退回经典力学同模量纯弯曲计算公式。

2. 考虑弯曲及轴压力共同作用

1）中性轴

如图 4-4 所示，在 M，N 共同作用下，杆件产生弯压变形，其变形形态与纯弯形态一致，

只是由于 N 的加入使中性轴由纯弯时的 $\frac{h}{2}$ 处向拉(压)区移动了 δ 距离。此时,杆件变形仍遵循平截面假定,变形前为平面的横截面变形后仍为平面,且仍与梁轴正交,只是横截面作相对转动。

从杆件中取一微段 dx,中性层曲率半径为 s,则 $dx=sd\theta$,截面上距坐标为 y 的任一点的正应变为

$$\varepsilon_x=\frac{(s+y)d\theta-sd\theta}{sd\theta}=\frac{y}{s} \tag{4-6}$$

根据不同模量为双线性的特点,则拉、压区分别依据物理方程推导可得任一截面任一点的正应力为

$$\sigma_x^{p'}=E_p\frac{y}{s},\quad \sigma_x^{n'}=E_n\frac{y}{s} \tag{4-7}$$

式中,$\sigma_x^{p'}$,$\sigma_x^{n'}$ 分别为拉区及压区的 x 向正应力。

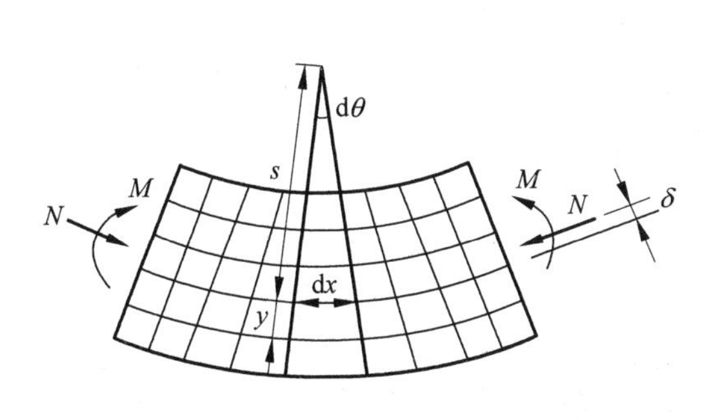

图 4-4 变形后的柱

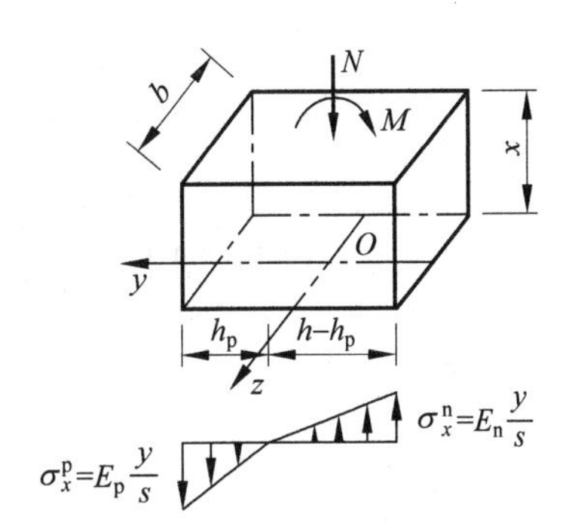

图 4-5 柱中微元体

设在 M,N 共同作用下,中性轴高度为 h_p,如图 4-5 取微元体以上为隔离体,由平衡条件及圣维南原理有

$$\int_{h_p-h}^{0}E_n\frac{y}{s}b\,dy+\int_{0}^{h_p}E_p\frac{y}{s}b\,dy+N=0$$

$$\int_{h_p-h}^{0}E_n\frac{y}{s}by\,dy+\int_{0}^{h_p}E_p\frac{y}{s}by\,dy-M=0$$

对上两式积分,并化简得

$$2N(E_n-E_p)h_p^3+3[M(E_n-E_p)-2NE_nh]h_p^2+6E_nh(Nh-M)h_p+E_nh^2(3M-2Nh)=0 \tag{4-8}$$

解上式有

$$h_p=-\frac{B}{3A}+\frac{(1-i\sqrt{3})J}{3\times2^{2/3}\times A\times\sqrt[3]{F+\sqrt{4J^3+F^2}}}+\frac{(1+i\sqrt{3})\sqrt[3]{F+\sqrt{4J^3+F^2}}}{6\times2^{1/3}\times A} \tag{4-9}$$

其中,$A=2N(E_n-E_p)$,$B=3[M(E_n-E_p)-2NE_nh]$,$C=6E_nh(Nh-M)$

$D=E_nh^2(3M-2Nh)$,$J=-B^2+3AC$,$F=-2B^2+9ABC-27A^2D$

式(4-8)及式(4-9)即为不同模量理论弯压柱的受拉区高度计算公式。

令 $E_p=E_n=E$,$N=0$,由式(4-8)可得 $h_p=h/2$,公式退回到经典力学同模量中性轴

公式。

2）正应力公式推导

由于整个推导过程其中性轴与坐标轴重合，即 h_m 代表纯弯下截面坐标原点至拉区边缘之距，由于轴力 N 的加入，中性轴（坐标轴）又向拉区移动了一长度 δ，即 M,N 共同作用下后受拉区高度 $h_p=h_m-\delta$，因此坐标轴（中性轴）中已反映了 N 对应力的作用。由此分析可得以下结论：M,N 作用下的正应力计算公式可沿用纯弯曲的计算公式，两者形式一致，不同之处仅在于坐标值 y 的不同。即由式(4-5)有

$$\begin{cases} \sigma_x^{p} = \dfrac{3M(\sqrt{E_p}+\sqrt{E_n})^2}{bh^3E_n}y' \\ \sigma_x^{n} = \dfrac{3M(\sqrt{E_p}+\sqrt{E_n})^2}{bh^3E_p}y' \end{cases} \tag{4-10}$$

式(4-10)即为不同模量理论弯压柱的正应力计算公式，其中 y' 已计入了 M 及 N 对应力的共同响应。

4.1.3　弯压柱计入重力的解析解

在任一截面上，重力 $G=bhx\gamma$（γ 为柱材料的容重）。

在 M,N,G 共同作用下，同 4.1.2 节推导可得

$$h_p=-\frac{B}{3A}+\frac{(1-i\sqrt{3})J}{3\cdot 2^{\frac{2}{3}}\cdot A\cdot\sqrt[3]{Q+\sqrt{4J^3+Q^2}}}+\frac{(1+i\sqrt{3})\sqrt[3]{Q+\sqrt{4J^3+Q^2}}}{6\cdot 2^{\frac{1}{3}}\cdot A} \tag{4-11}$$

其中，$A=2(E_n-E_p)(N+bh\gamma x)$，$B=3M(E_n-E_p)-6E_nh(N+bh\gamma x)$

$C=6E_nh(Nh+bh^2\gamma x-M)$，$D=E_nh^2[3M-2h(N+bh\gamma x)]$

$J=-B^2+3AC$，$Q=-2B^3+9ABC-27A^2D$

式(4-11)即为不同模量理论弯压柱计入重力作用下的中性轴受拉区高度计算公式。

从式(4-11)可看出，受拉区高度为 x 的函数（沿柱高而变化），与这里所假设的模型坐标一致。

4.1.4　位移计算公式推导

由几何方程及物理方程可得

$$\varepsilon_x=\frac{\partial u}{\partial x}=\frac{1}{E}(\sigma_x-\mu\sigma_y),\quad \varepsilon_y=\frac{\partial v}{\partial y}=\frac{1}{E}(\sigma_y-\mu\sigma_x),\quad \gamma_{xy}=\frac{\partial v}{\partial x}+\frac{\partial u}{\partial y}=\frac{2(1+\mu)}{E}\tau_{xy} \tag{4-12}$$

将式(4-9)及 $\sigma_y=\tau_{xy}=0$ 代入式(4-12)（并令 $y'=y$）可得

$$\frac{\partial u}{\partial x}=\frac{3M(\sqrt{E_p}+\sqrt{E_n})^2}{bh^3E_pE_n}y,\quad \frac{\partial u}{\partial y}=-\frac{3\mu M(\sqrt{E_p}+\sqrt{E_n})^2}{bh^3E_pE_n}y,\quad \frac{\partial v}{\partial x}+\frac{\partial u}{\partial y}=0 \tag{4-13}$$

对式(4-13)中的前两式积分得

$$u=\frac{3M(\sqrt{E_p}+\sqrt{E_n})^2}{bh^3E_pE_n}xy+f_1(y),\quad v=-\frac{3\mu M(\sqrt{E_p}+\sqrt{E_n})^2}{2bh^3E_pE_n}y^2+f_2(x) \tag{4-14}$$

对式(4-14)求微分后代入式(4-13)的第三式有

$$-\frac{\mathrm{d}f_1(y)}{\mathrm{d}y}=\frac{\mathrm{d}f_2(x)}{\mathrm{d}x}+\frac{3M(\sqrt{E_p}+\sqrt{E_n})^2}{bh^3E_pE_n}x$$

方程两边分别为 y 及 x 的函数，只有一种可能，两边有同一常数 c，即有

$$-\frac{\mathrm{d}f_1(y)}{\mathrm{d}y}=c,\quad \frac{\mathrm{d}f_2(x)}{\mathrm{d}x}+\frac{3M(\sqrt{E_p}+\sqrt{E_n})^2}{bh^3E_pE_n}x=c$$

积分上式得

$$f_1(y)=-cy+a,\quad f_2(x)=-\frac{3M(\sqrt{E_p}+\sqrt{E_n})^2}{2bh^3E_pE_n}x^2+cx+b$$

代入式(4-14)得

$$\begin{cases}u=\dfrac{3M(\sqrt{E_p}+\sqrt{E_n})^2}{bh^3E_pE_n}xy-cy+a\\[2ex] v=-\dfrac{3\mu M(\sqrt{E_p}+\sqrt{E_n})^2}{bh^3E_pE_n}y^2-\dfrac{3M(\sqrt{E_p}+\sqrt{E_n})^2}{bh^3E_pE_n}x^2+cx+b\end{cases}\tag{4-15}$$

由柱固定端的边值知

$$u\bigg|_{\substack{x=H\\y=0}}=0,\quad v\bigg|_{\substack{x=H\\y=0}}=0,\quad \theta=\frac{\partial v}{\partial x}\bigg|_{\substack{x=H\\y=0}}=0$$

可解之，得系数为

$$a=0,\quad b=-\frac{3M(\sqrt{E_p}+\sqrt{E_n})^2}{2bh^3E_pE_n}H^2,\quad c=\frac{3M(\sqrt{E_p}+\sqrt{E_n})^2}{bh^3E_pE_n}H$$

代入式(4-15)得位移表达式：

$$\begin{aligned}u&=\frac{3M(\sqrt{E_p}+\sqrt{E_n})^2}{bh^3E_pE_n}(x-H)y\\ v&=-\frac{3M(\sqrt{E_p}+\sqrt{E_n})^2}{2bh^3E_pE_n}[(H-x)^2+\mu y^2]\end{aligned}\tag{4-16}$$

式(4-16)即为不同模量理论弯压柱的位移计算式。

4.2　双向弯压柱

4.2.1　结构模型

如图 4-6 所示，下端固定的柱，边长为 b,h，柱高为 H，作用有轴向压力 N 及自重 G，沿截面高度 h 方向作用有弯矩 M_z，沿截面宽度方向作用有弯矩 M_y，为双向弯压柱结构。

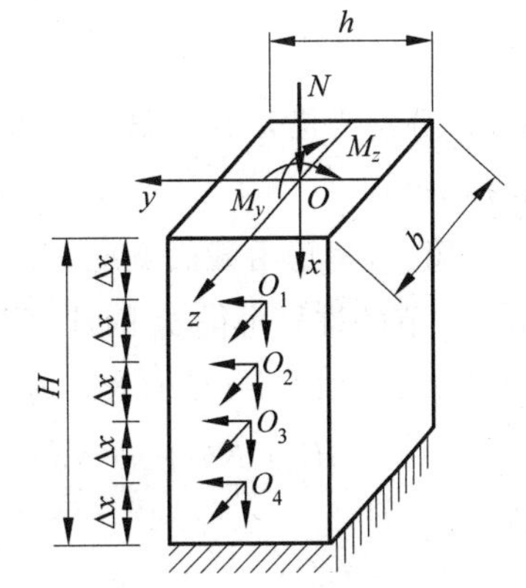

图 4-6　双向弯压柱模型

由于自重沿 x 向变化，使 yOz 截面的中性轴均沿 x 轴变化，$h_中=f(x)$，则取流动的坐标系统（每增加 Δx，坐标流动一次），流动后的 yOz 平面内每一截面，坐标轴均通过中性轴。

4.2.2 中性轴、正应力公式推导

1. 单向弯压中性轴及正应力

由于 M_z,M_y 相互垂直,故可分别考虑单方向弯压作用。

第一,考虑沿截面高度 h 方向的单向弯压,设截面的受拉区高度为 h_p,如图 4-7 所示,参照 4.1.2 节,则受拉区高度的计算公式为

$$\begin{aligned}&2(E_n-E_p)(N+bh\gamma x)h_p^3+[3M(E_n-E_p)-\\&6E_nh(N+bh\gamma x)]h_p^2+6E_nh(Nh+bh^2\gamma x-M)h_p+\\&E_nh^2[3M-2h(N+bh\gamma x)]=0\end{aligned}\tag{4-17}$$

式(4-17)中的 h_p,A,B,C,D,J,Q 见式(4-11)。

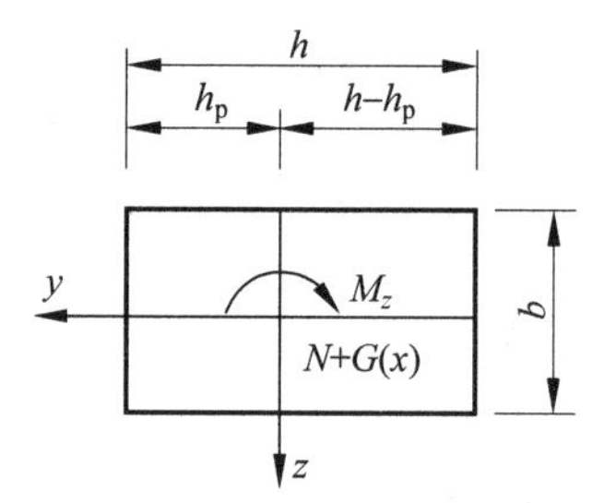

图 4-7 柱截面示意图 1

对式(4-17),当不计重力作用时,公式可简化为

$$\begin{aligned}&6(E_n-E_p)Nh_p^3+3h_p^2[(E_n-E_p)(2M_z-Nh)-4E_nhN]-\\&12E_nh(Nh-M_z)h_p+2E_nh^2(3M_z-2Nh)=0\end{aligned}\tag{4-18}$$

参照 4.1.2 节,柱任一截面任一点沿 x 方向的正应力为

$$\begin{aligned}&\sigma_x^p=\frac{3M_z(\sqrt{E_p}+\sqrt{E_n})^2}{bh^3E_n}y\quad(0\leqslant y\leqslant h_p)\\&\sigma_x^n=\frac{3M_z(\sqrt{E_p}+\sqrt{E_n})^2}{bh^3E_p}y\quad(h_p<y\leqslant h)\end{aligned}\tag{4-19}$$

σ_x^p,σ_x^n 分别为沿 h 方向单向弯压外荷作用下,柱截面拉区(h_p 区)及压区(h-h_p 区)任一点的正应力。

第二,考虑沿截面宽度 b 方向的单向弯压,设截面的受拉区高度为 b_p,如图 4-8 所示,同 4.1.2 节的推导可得 b_p 的计算公式为

$$\begin{aligned}&2(E_n-E_p)(N+bh\gamma x)b_p^3+[3M(E_n-E_p)-6E_nb(N+bh\gamma x)]b_p^2+\\&6E_nb(Nb+hb^2\gamma x-M)b_p+E_nb^2[3M-2b(N+bh\gamma x)]=0\end{aligned}\tag{4-20}$$

或

$$b_p=-\frac{B}{3A}+\frac{(1-\mathrm{i}\sqrt{3})J}{3\times2^{2/3}\times A\times\sqrt[3]{Q+\sqrt{4J^3+Q^2}}}+\frac{(1+\mathrm{i}\sqrt{3})\sqrt[3]{Q+\sqrt{4J^3+Q^2}}}{6\times2^{1/3}\times A}\tag{4-21}$$

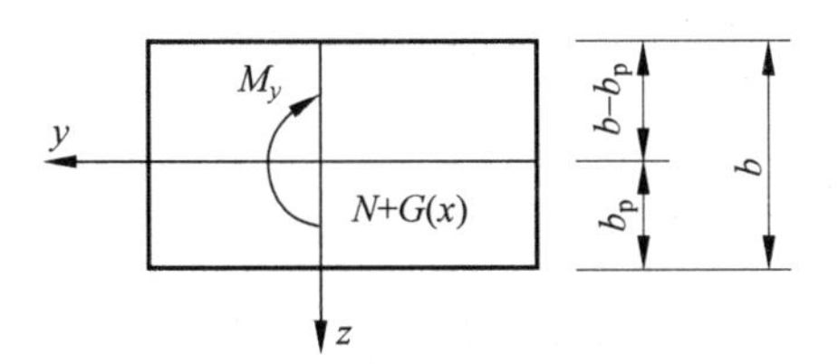

图 4-8 柱截面示意图 2

其中，$A=2(E_n-E_p)(N+bh\gamma x)$，$B=3M(E_n-E_p)-6E_nb(N+bh\gamma x)$

$C=6E_nb(Nb+hb^2\gamma x-M)$，$D=E_nb^2[3M-2b(N+bh\gamma x)]$

$J=-B^2+3AC$，$Q=-2B^3+9ABC-27A^2D$

对式(4-20)，当不计重力作用时，公式可简化为

$$2N(E_n-E_p)b_p^3+3[M(E_n-E_p)-2NE_nb]b_p^2+6E_nb(Nb-M)b_p+E_nb^2(3M-2Nb)=0 \tag{4-22}$$

同 4.1.2 节的推导可得柱任一截面任一点沿 x 方向的正应力为

$$\sigma'^{p}_{x}=\frac{3M_y(\sqrt{E_p}+\sqrt{E_n})^2}{hb^3E_n}z \quad (0\leqslant z\leqslant b_p)$$

$$\sigma'^{n}_{x}=\frac{3M_y(\sqrt{E_p}+\sqrt{E_n})^2}{hb^3E_p}z \quad (b_p<z\leqslant b) \tag{4-23}$$

σ_x^p，σ_x^n 分别为沿 b 方向单向弯压外荷作用下，柱任一截面拉区（b_p 区）及压区（$b-b_p$ 区）任一点的正应力。

2. 双向弯压中性轴及正应力

1）正应力

在 M_z，M_y 共同作用下的双向弯压柱，根据 4.1 节中所得的中性轴可把柱截面分为四个区域，如图 4-9 所示。

Ⅰ区：由 M_z 及 M_y 均产生拉应力，即

$$\sigma_{x\,\mathrm{I}}=\sigma_{Mz}^{p}+\sigma_{My}^{p}$$

Ⅱ 区：由 M_z 及 M_y 均产生压应力，即

$$\sigma_{x\,\mathrm{II}}=-\sigma_{Mz}^{n}-\sigma_{My}^{n}$$

Ⅲ 区：M_z 产生拉应力，M_y 产生压应力，则 $\sigma_{x\,\mathrm{III}}=\sigma_{Mz}^{p}-\sigma_{My}^{n}$。

Ⅳ 区：M_z 产生压应力，M_y 产生拉应力，则 $\sigma_{x\,\mathrm{IV}}=-\sigma_{Mz}^{n}+\sigma_{My}^{p}$。

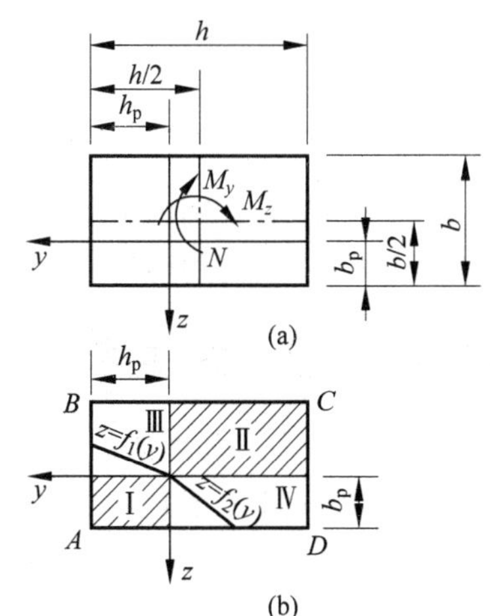

图 4-9 柱截面示意图 3

根据以上分析，可得四个区域的正应力计算公式为

$$\sigma_{x\,\mathrm{I}}=\frac{3M_z(\sqrt{E_p}+\sqrt{E_n})^2}{bh^3E_n}y+\frac{3M_y(\sqrt{E_p}+\sqrt{E_n})^2}{hb^3E_n}z$$

$$=\frac{3(\sqrt{E_p}+\sqrt{E_n})^2}{bhE_n}\left(\frac{M_z}{h^2}y+\frac{M_y}{b^2}z\right) \quad (0\leqslant y\leqslant h_p,0\leqslant z\leqslant b_p) \tag{4-24a}$$

$$\sigma_{x\text{II}} = -\frac{3M_z(\sqrt{E_p}+\sqrt{E_n})^2}{bh^3E_p}y - \frac{3M_y(\sqrt{E_p}+\sqrt{E_n})^2}{hb^3E_p}z$$

$$= -\frac{3(\sqrt{E_p}+\sqrt{E_n})^2}{bhE_p}\left(\frac{M_z}{h^2}y + \frac{M_y}{b^2}z\right) \quad (h_p < y \leqslant h, b_p < z \leqslant b) \tag{4-24b}$$

$$\sigma_{x\text{III}} = \frac{3M_z(\sqrt{E_p}+\sqrt{E_n})^2}{bh^3E_n}y - \frac{3M_y(\sqrt{E_p}+\sqrt{E_n})^2}{hb^3E_p}z$$

$$= \frac{3(\sqrt{E_p}+\sqrt{E_n})^2}{bh}\left(\frac{M_z}{h^2E_n}y - \frac{M_y}{b^2E_p}z\right) \quad (0 \leqslant y \leqslant h_p, b_p < z \leqslant b) \tag{4-24c}$$

$$\sigma_{x\text{IV}} = -\frac{3M_z(\sqrt{E_p}+\sqrt{E_n})^2}{bh^3E_p}y + \frac{3M_y(\sqrt{E_p}+\sqrt{E_n})^2}{hb^3E_n}z$$

$$= \frac{3(\sqrt{E_p}+\sqrt{E_n})^2}{bh}\left(-\frac{M_z}{h^2E_p}y + \frac{M_y}{b^2E_n}z\right) \quad (h_p < y \leqslant h, 0 \leqslant z \leqslant b_p) \tag{4-24d}$$

2）中性轴

如图 4-9(b)所示，在Ⅲ、Ⅳ不定区域中令 $\sigma_x = 0$（拉应力＝压应力），可得到拉压的分界——中性轴。

Ⅲ 区：$\dfrac{3(\sqrt{E_p}+\sqrt{E_n})^2}{bh}\left(\dfrac{M_z}{h^2E_n}y - \dfrac{M_y}{b^2E_p}z\right) = 0$

$$z = f_1(y) = \frac{b^2}{h^2}\cdot\frac{M_z}{M_y}\cdot\frac{E_p}{E_n}\cdot y \quad (0 \leqslant y \leqslant h_p) \tag{4-25a}$$

Ⅳ 区：$\dfrac{3(\sqrt{E_p}+\sqrt{E_n})^2}{bh}\left(-\dfrac{M_z}{h^2E_p}y + \dfrac{M_y}{b^2E_n}z\right) = 0$

$$z = f_2(y) = \frac{b^2}{h^2}\cdot\frac{M_z}{M_y}\cdot\frac{E_n}{E_p}\cdot y \quad (h_p < y \leqslant h) \tag{4-25b}$$

式(4-25a)、式(4-25b)即为双向弯压柱中性轴方程，由以上两方程可得到任一截面的中性轴为两斜线，两斜线的转折点为截面的坐标原点，如图 4-9(b)所示。

4.2.3　位移公式推导

在沿截面高度 h 方向的单向弯压外荷作用下，柱内发生 x 方向及 y 方向的位移，其表达式为（详见 4.1.4 节）

$$\begin{cases} u_{Mz} = \dfrac{3M_z(\sqrt{E_p}+\sqrt{E_n})^2}{bh^3E_pE_n}(x-H)y \\ v = -\dfrac{3M_z(\sqrt{E_p}+\sqrt{E_n})^2}{2bh^3E_pE_n}[(H-x)^2 + \mu y^2] \end{cases} \tag{4-26}$$

在沿截面宽度 b 方向的单向弯压作用下，柱内发生 x 及 z 方向的位移，同理可得位移表达式为

$$\begin{cases} u_{My} = \dfrac{3M_y(\sqrt{E_p}+\sqrt{E_n})^2}{hb^3E_pE_n}(x-H)z \\ w = -\dfrac{3M_y(\sqrt{E_p}+\sqrt{E_n})^2}{2hb^3E_pE_n}[(H-x)^2 + \mu z^2] \end{cases} \tag{4-27}$$

由于 y 向的位移 v 仅由 h 方向的单向弯压引起，而 z 向位移 w 仅由 b 方向的单向弯压引起，故式(4-26)及式(4-27)中的第二式 v,w 表达式即为双向弯压的位移公式。

对于 x 向的位移 u 则由 h,b 双向弯压引起，对此可按四个区域计算其位移：

$$\text{Ⅰ 区：} u_{\text{Ⅰ}}=\frac{3M_z(\sqrt{E_p}+\sqrt{E_n})^2}{bh^3E_pE_n}(x-H)y+\frac{3M_y(\sqrt{E_p}+\sqrt{E_n})^2}{bh^3E_pE_n}(x-H)z$$

$$\text{Ⅱ 区：} u_{\text{Ⅱ}}=\frac{3M_z(\sqrt{E_p}+\sqrt{E_n})^2}{bh^3E_pE_n}(H-x)y+\frac{3M_y(\sqrt{E_p}+\sqrt{E_n})^2}{bh^3E_pE_n}(H-x)z$$

$$\text{Ⅲ 区：} u_{\text{Ⅲ}}=\frac{3M_z(\sqrt{E_p}+\sqrt{E_n})^2}{bh^3E_pE_n}(x-H)y-\frac{3M_y(\sqrt{E_p}+\sqrt{E_n})^2}{bh^3E_pE_n}(x-H)z$$

$$\text{Ⅳ 区：} u_{\text{Ⅳ}}=\frac{3M_z(\sqrt{E_p}+\sqrt{E_n})^2}{bh^3E_pE_n}(H-x)y+\frac{3M_y(\sqrt{E_p}+\sqrt{E_n})^2}{bh^3E_pE_n}(x-H)z$$

最后可得双向弯压柱位移表达式为

$$\begin{cases}\dfrac{3(\sqrt{E_p}+\sqrt{E_n})^2}{bhE_pE_n}(x-H)\left(\dfrac{M_z}{h^2}y+\dfrac{M_y}{b^2}z\right) & (0\leqslant y\leqslant h_p,0\leqslant z\leqslant b_p)\\ -\dfrac{3(\sqrt{E_p}+\sqrt{E_n})^2}{bhE_pE_n}(x-H)\left(\dfrac{M_z}{h^2}y+\dfrac{M_y}{b^2}z\right) & (h_p<y\leqslant h,b_p<z\leqslant b)\\ \dfrac{3(\sqrt{E_p}+\sqrt{E_n})^2}{bhE_pE_n}(x-H)\left(\dfrac{M_z}{h^2}y-\dfrac{M_y}{b^2}z\right) & (0\leqslant y\leqslant h_p,b_p<z\leqslant b)\\ -\dfrac{3(\sqrt{E_p}+\sqrt{E_n})^2}{bhE_pE_n}(x-H)\left(\dfrac{M_z}{h^2}y-\dfrac{M_y}{b^2}z\right) & (h_p<y\leqslant h,0\leqslant z\leqslant b_p)\\ v=-\dfrac{3M_z(\sqrt{E_p}+\sqrt{E_n})^2}{2bh^3E_pE_n}[(H-x)^2+\mu y^2] & \\ w=-\dfrac{3M_y(\sqrt{E_p}+\sqrt{E_n})^2}{2bh^3E_pE_n}[(H-x)^2+\mu z^2] & \end{cases} \tag{4-28}$$

4.2.4 算例及结果分析

1. 实例计算

模型如图 4-1 所示，柱高 $H=4.5\text{m}$，$b\times h=0.4\text{m}\times 0.6\text{m}$，$N=320\text{kN}$，$M=264\text{kN}\cdot\text{m}$，柱材料容重 $\gamma=25\text{kN/m}^3$，弹性模量分为四种情况考虑：情况Ⅰ，压模量 $E_n=2.1\times 10^7\text{kN/m}^2$ 保持不变；情况Ⅱ，截面的平均模量 $E=2.1\times 10^7\text{kN/m}^2$ 保持不变；情况Ⅲ，截面的平均模量提高到 $E=2.8\times 10^7\text{kN/m}^2$ 保持不变；情况Ⅳ，压模量 $E_n=2.8\times 10^7\text{kN/m}^2$ 保持不变，但改变轴力为 $N=210\text{kNm}$，取 $E_p/E_n=2.0,1.6,1.3,1.0,1/1.3,1/1.6,1/2.0$。用经典力学相同模量理论、本节介绍的不同模量理论及有限元数值解法分别计算。计算结果见表 4-1～表 4-4 及图 4-10～图 4-41(仅列出部分计算结果)。

表 4-1 情况Ⅱ不同模量弯压柱截面中性轴、应力、位移(解析解)

E_p/E_n	截面距上端/m	中性轴受拉区高度/m	σ_{max}^{p}/(kN/m²)	σ_{max}^{n}/(kN/m²)	$\bar{\sigma}_p$/(kN/m²)	$\bar{\sigma}_n$/(kN/m²)	$\sigma_{中}$/(kN/m²)	u_{max}^{p}/m	u_{max}^{n}/m	h/m
1	0.0	0.262	9606.67	−12393.33	4803.34	−6196.67	−1393	-2.05×10^{-3}	2.65×10^{-3}	-17.69×10^{-3}
	1.0	0.261	9570.00	−12430.00	4785.00	−6215.0	1430	-1.59×10^{-3}	2.07×10^{-3}	-11.0×10^{-3}
	2.0	0.260	9533.33	−12406.67	4766.67	−6203.34	1466.67	-1.12×10^{-3}	1.48×10^{-3}	-5.46×10^{-3}
	3.0	0.259	9496.67	−12503.33	4748.34	−6251.67	1503.33	-0.60×10^{-3}	0.9×10^{-3}	-1.95×10^{-3}
	4.0	0.258	9460.00	−12540.00	4730.00	−6270.0	1540	-0.21×10^{-3}	-0.3×10^{-3}	-0.22×10^{-3}
1/1.3	0.0	0.277	8944.29	−13563.36	4472.14	−6781.68	−965.81	-2.2×10^{-3}	-2.6×10^{-3}	-17.87×10^{-3}
	1.0	0.276	8911.99	−13605.36	4456.00	−6802.68	−1007.80	-1.7×10^{-3}	-2.01×10^{-3}	-10.81×10^{-3}
	2.0	0.275	8879.71	−13647.34	4439.85	−6823.67	−1049.80	-1.2×10^{-3}	-1.42×10^{-3}	-5.51×10^{-3}
	3.0	0.274	8847.41	−13689.34	4423.71	−6844.67	−1091.79	-0.7×10^{-3}	-0.83×10^{-3}	-1.99×10^{-3}
	4.0	0.273	8815.13	−13731.33	4407.56	−6865.67	−1133.78	-0.2×10^{-3}	-0.24×10^{-3}	-0.22×10^{-3}
1/1.6	0.0	0.289	8496.32	−14618.62	4248.16	−7309.31	−517.06	-2.4×10^{-3}	-2.5×10^{-3}	-18.32×10^{-3}
	1.0	0.288	8466.92	−14665.62	4233.46	−7332.81	−564.06	-1.8×10^{-3}	-2.0×10^{-3}	-11.11×10^{-3}
	2.0	0.287	8437.52	−14712.63	4218.76	−7356.31	−611.07	-1.3×10^{-3}	-1.4×10^{-3}	-5.66×10^{-3}
	3.0	0.286	8408.13	−14759.63	4204.06	−7379.82	−658.07	-0.8×10^{-3}	-0.83×10^{-3}	-2.04×10^{-3}
	4.0	0.285	8378.72	−14806.64	4189.36	−7403.32	−705.08	-0.3×10^{-3}	-0.31×10^{-3}	-0.23×10^{-3}
1/2	0.0	0.302	8067.67	−15921.64	4033.84	−7960.82	−801.42	-2.6×10^{-3}	-2.6×10^{-3}	-19.32×10^{-3}
	1.0	0.300	8014.25	−16028.5	4007.12	−8014.25	0	-2.0×10^{-3}	-2.0×10^{-3}	-11.69×10^{-3}
	2.0	0.299	7987.53	−16081.92	3993.77	−8040.96	−534.28	-1.4×10^{-3}	-1.6×10^{-3}	-5.96×10^{-3}
	3.0	0.298	7960.82	−16135.35	3980.41	−8067.67	−1068.57	-0.9×10^{-3}	-0.9×10^{-3}	-2.15×10^{-3}
	4.0	0.297	7934.11	−16188.78	3967.05	−8094.39	−1602.85	-0.3×10^{-3}	-0.3×10^{-3}	-0.24×10^{-3}

表 4-2　情况Ⅰ不同模量弯压柱截面中性轴、应力、位移(有限元数值解)

弹性模量/(kN/m²)	截面距上端/m	中性轴受拉区高度/m	$\sigma_{x\max}^{p}$ /(kN/m²)	$\sigma_{x\max}^{n}$ /(kN/m²)	$\bar{\sigma}_{p}$ /(kN/m²)	$\bar{\sigma}_{n}$ /(kN/m²)	$\sigma_{中}$ /(kN/m²)	$u_{左}$/m	$u_{右}$/m	$v_{左}$/m
$E_n=2.1\times10^7$ $E=E_n=E_p$	0.5	0.262	9224.13	−11869.21	4610.11	−5933.12	−1780.61	-1.78×10^{-3}	2.31×10^{-3}	-13.8×10^{-3}
	1.0	0.262	9209.25	−11888.57	4604.12	−5943.35	−1835.82	-1.57×10^{-3}	2.05×10^{-3}	-10.5×10^{-3}
	2.0	0.261	9170.44	−11944.83	9583.94	−5971.83	−1894.57	-1.10×10^{-3}	1.42×10^{-3}	-5.22×10^{-3}
	3.0	0.259	9118.78	−11986.25	4558.33	−5992.41	−2008.91	-0.61×10^{-3}	0.86×10^{-3}	-0.9×10^{-3}
$E_n=2.1\times10^7$ $E_p=E_n/1.3$	0.5	0.276	8469.65	−12891.67	4234.10	−6443.99	−1080.95	-2.10×10^{-3}	2.78×10^{-3}	-18.5×10^{-3}
	1.0	0.275	8451.23	−12972.34	4225.19	−6485.37	−1135.71	-1.88×10^{-3}	2.18×10^{-3}	-11.8×10^{-3}
	2.0	0.273	8397.41	−13098.18	4198.01	−6148.89	−1246.04	-1.29×10^{-3}	1.49×10^{-3}	-6.0×10^{-3}
	3.0	0.271	8338.22	−13189.76	4169.12	−6594.10	−1360.33	-7.2×10^{-3}	0.94×10^{-3}	-2.18×10^{-3}
$E_n=2.1\times10^7$ $E_p=E_n/1.6$	0.5	0.290	8139.33	−13935.37	4068.93	−6962.31	−534.90	-2.98×10^{-3}	3.09×10^{-3}	-17.8×10^{-3}
	1.0	0.289	8116.56	−13959.37	4057.87	−6978.75	−587.45	-2.35×10^{-3}	2.57×10^{-3}	-14.6×10^{-3}
	2.0	0.287	8085.32	−14115.46	4040.71	−7056.84	−640.46	-1.67×10^{-3}	1.88×10^{-3}	-7.38×10^{-3}
	3.0	0.285	8037.43	−14250.34	4017.15	−7124.29	−749.45	-1.01×10^{-3}	1.12×10^{-3}	-0.74×10^{-3}
$E_n=2.1\times10^7$ $E_p=E_n/2.0$	0.5	0.303	7802.10	−15252.79	3900.06	−7624.95	−51.45	-3.86×10^{-3}	3.92×10^{-3}	-19.6×10^{-3}
	1.0	0.302	7779.33	−15313.42	3888.92	−7655.82	0	-3.09×10^{-3}	3.08×10^{-3}	-17.9×10^{-3}
	2.0	0.301	7736.25	−15371.55	3867.75	−7683.94	−51.67	-2.18×10^{-3}	2.22×10^{-3}	-9.14×10^{-3}
	3.0	0.300	7702.49	−15426.32	3851.00	−7712.11	−103.88	-1.31×10^{-3}	1.34×10^{-3}	-3.29×10^{-3}

表 4-3 情况Ⅰ经典力学同模量弯压柱截面中性轴、应力、位移(解析解)

E_p/E_n	截面距上端/m	中性轴受拉区高度/m	σ^p_{max}/(kN/m²)	σ^n_{max}/(kN/m²)	$\bar{\sigma}_p$/(kN/m²)	$\bar{\sigma}_n$/(kN/m²)	$\sigma_中$/(kN/m²)	u^p_{max}/m	u^n_{max}/m	v/m
1	0.0	0.264	9667.0	−12333	4833.5	−6166.5	−1333	-2.06×10^{-3}	-2.66×10^{-3}	-17.7×10^{-3}
	1.0	0.263	9642.0	−12358	4821	−6179.0	−1358	-2.08×10^{-3}	-2.08×10^{-3}	-11.0×10^{-3}
	2.0	0.262	9617.0	−12383	4808.5	−6191.5	−1383	-1.49×10^{-3}	-1.49×10^{-3}	-5.47×10^{-3}
	3.0	0.261	9592.0	−12408	4976	−6204.0	−1408	-0.90×10^{-3}	-0.90×10^{-3}	-1.96×10^{-3}

表 4-4 情况Ⅰ不同模量弯压柱截面中性轴、应力、位移(解析解)

弹性模量/(kN/m²)	截面距上端/m	中性轴受拉区高度/m	σ^p_{xmax}/(kN/m²)	σ^n_{xmax}/(kN/m²)	$\bar{\sigma}_p$/(kN/m²)	$\bar{\sigma}_n$/(kN/m²)	$\sigma_中$/(kN/m²)	$u_左$/m	$u_右$/m	$v_左$/m
$E_n=2.1\times10^7$ $E=E_n=E_p$	0.0	0.262	9606.67	−12393.33	4803.34	−6196.67	−1797.51	-2.05×10^{-3}	2.65×10^{-3}	-17.6×10^{-3}
	1.0	0.261	9570.00	−12430.00	4785.0	−6215.0	−1912.30	-1.5×10^{-3}	2.07×10^{-3}	-11.0×10^{-3}
	2.0	0.260	9533.33	−12466.67	4766.67	−6233.04	−1973.14	-1.12×10^{-3}	1.48×10^{-3}	-5.46×10^{-3}
	3.0	0.259	9496.67	−12503.33	4748.34	−6251.67	−2092.0	-0.66×10^{-3}	0.897×10^{-3}	-1.95×10^{-3}
$E_n=2.1\times10^7$ $E_p=E_n/1.3$	0.0	0.277	8945.2	−13563.1	4472.7	−6781.55	−1126.18	-2.4×10^{-3}	2.9×10^{-3}	-20.1×10^{-3}
	1.0	0.276	8912.9	−13605.09	4456.45	−6802.55	−1183.05	-1.92×10^{-3}	2.26×10^{-3}	-12.2×10^{-3}
	2.0	0.274	8848.32	−13689.07	4428.16	−6844.54	−1298.96	-1.36×10^{-3}	1.63×10^{-3}	-6.2×10^{-3}
	3.0	0.272	8783.73	−13773.06	4391.87	−6886.53	−1417.82	-1.8×10^{-3}	1.97×10^{-3}	-2.24×10^{-3}
$E_n=2.1\times10^7$ $E_p=E_n/1.6$	0.0	0.289	8486.43	−14639.8	4243.22	−7319.95	−557.19	-3.2×10^{-3}	3.44×10^{-3}	-25.0×10^{-3}
	1.0	0.288	8457.07	−14686.89	4228.54	−7343.45	−611.95	-22.48×10^{-3}	2.69×10^{-3}	-15.1×10^{-3}
	2.0	0.287	8427.71	−14733.97	4213.86	−7366.99	−667.39	-1.77×10^{-3}	1.92×10^{-3}	-7.69×10^{-3}
	3.0	0.285	8368.97	−14828.11	7418.06	−7414.06	−780.42	-1.05×10^{-3}	1.16×10^{-3}	-7.7×10^{-3}
$E_n=2.1\times10^7$ $E_p=E_n/2.0$	0.0	0.302	8067.48	−15921.24	4033.74	−7960.62	53.43	-4.17×10^{-3}	4.2×10^{-3}	-31.1×10^{-3}
	1.0	0.300	8014.05	−16028.1	4007.03	−8014.05	0	-3.22×10^{-3}	3.22×10^{-3}	-18.8×10^{-3}
	2.0	0.299	7987.33	−16081.53	3993.665	−8040.77	−53.78	-2.29×10^{-3}	2.31×10^{-3}	-9.59×10^{-3}
	3.0	0.298	7960.62	−16134.96	3980.31	−8067.48	−108.29	-1.37×10^{-3}	1.39×10^{-3}	-3.45×10^{-3}

情况Ⅰ 固定 $E_n=2.1\times10^7\,\mathrm{kN/m^2}$ 解析解

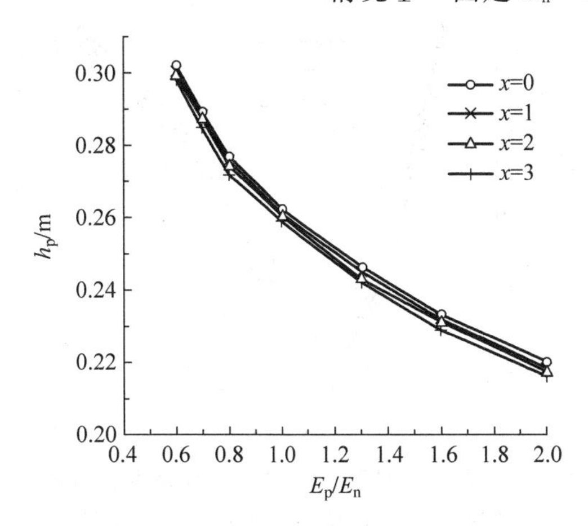

图 4-10 单向弯压柱中性轴随 E_p/E_n 的变化

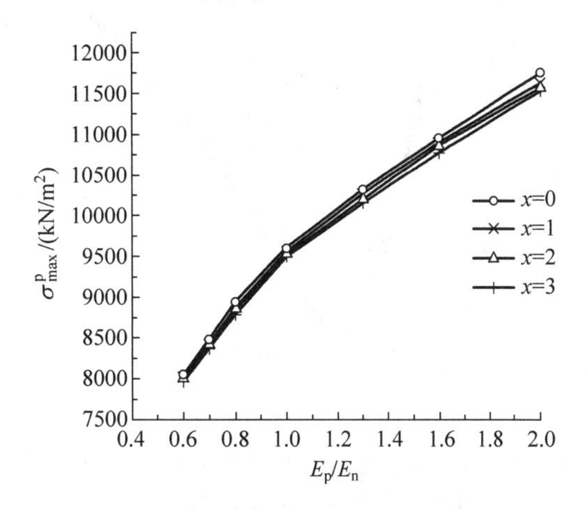

图 4-11 单向弯压柱最大正应力(拉)随 E_p/E_n 的变化

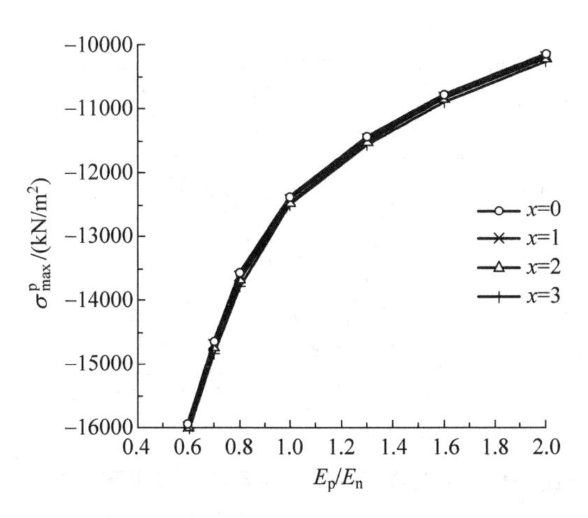

图 4-12 单向弯压柱最大正应力(压)随 E_p/E_n 的变化

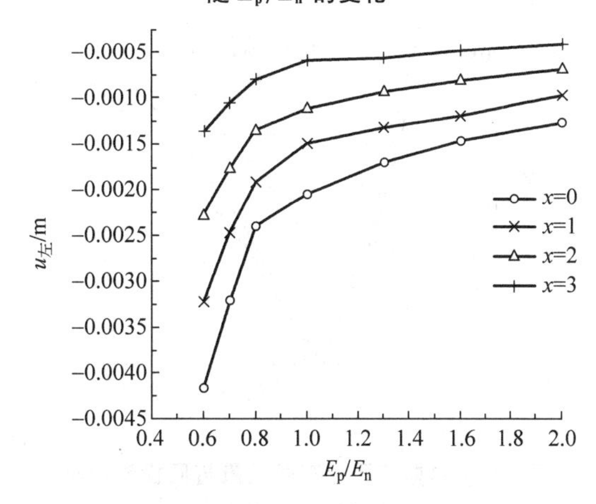

图 4-13 单向弯压柱左边缘最大位移随 E_p/E_n 的变化

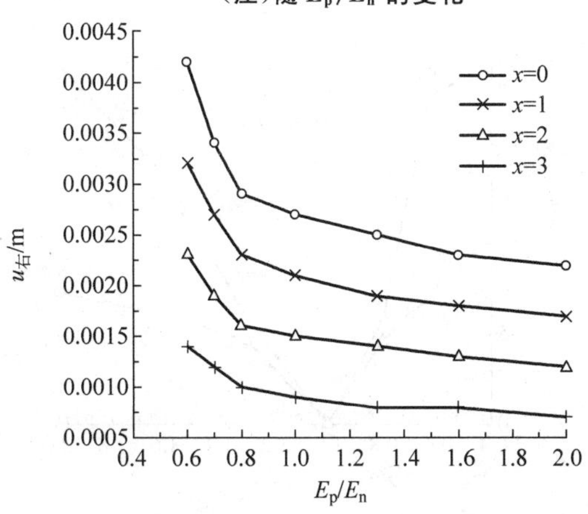

图 4-14 单向弯压柱右边缘最大位移随 E_p/E_n 的变化

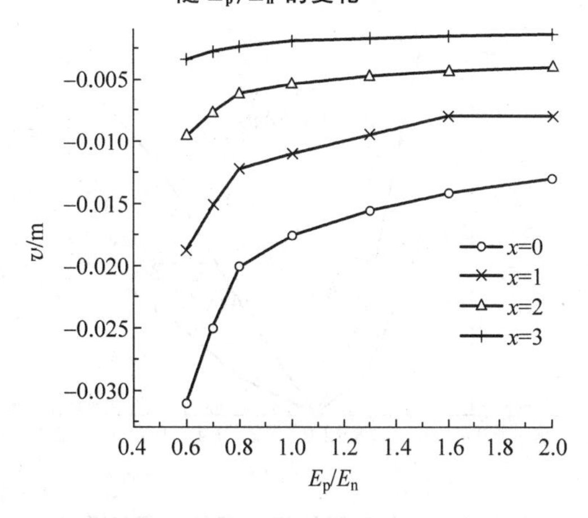

图 4-15 单向弯压柱中性轴处 y 方向位移随 E_p/E_n 的变化

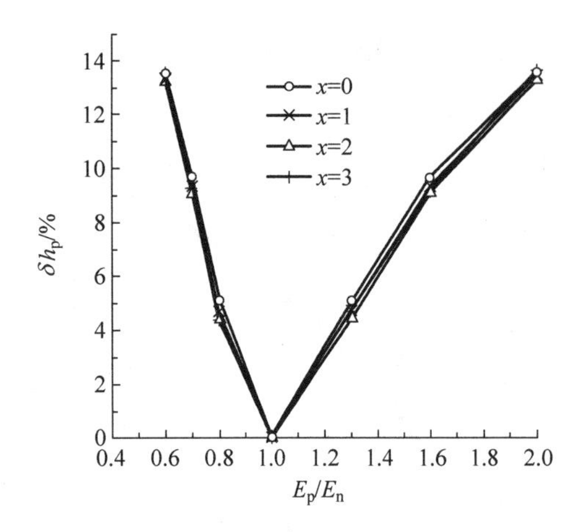

图 4-16 单向弯压柱不同模量与同模量两种方法计算中性轴误差随 E_p/E_n 的变化

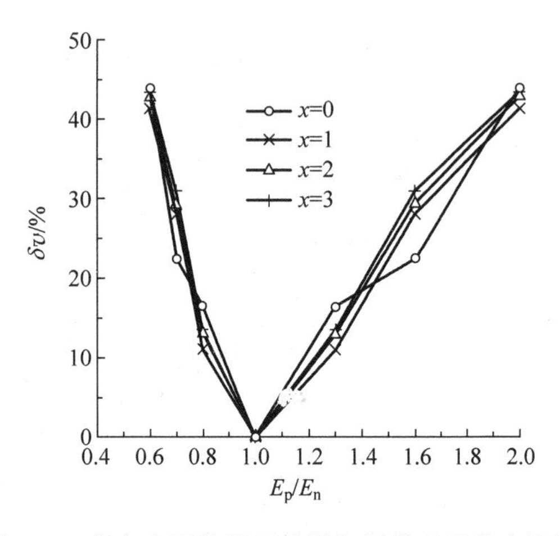

图 4-17 单向弯压柱不同模量与同模量两种方法计算截面沿 y 向位移差随 E_p/E_n 的变化

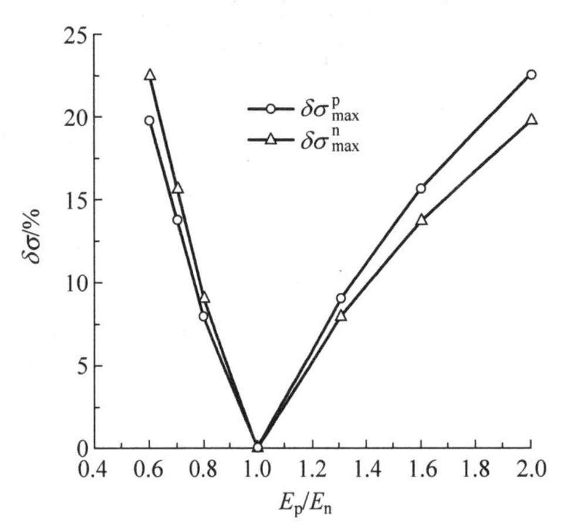

图 4-18 单向弯压柱不同模量与同模量两种方法计算 $x=0$ 截面最大正应力误差随 E_p/E_n 的变化

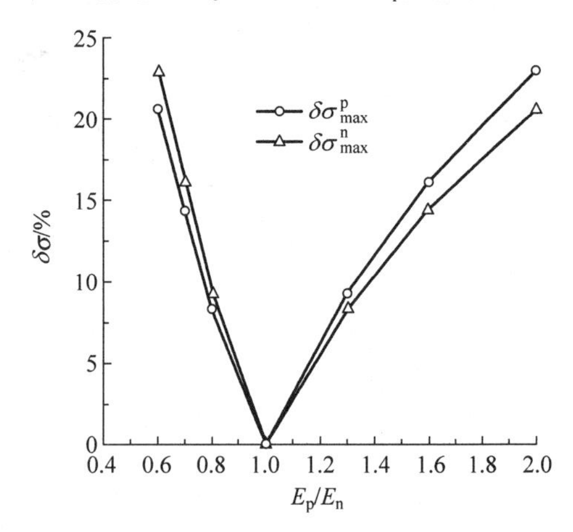

图 4-19 单向弯压柱不同模量与同模量两种方法计算 $x=2$ 截面最大正应力误差随 E_p/E_n 的变化

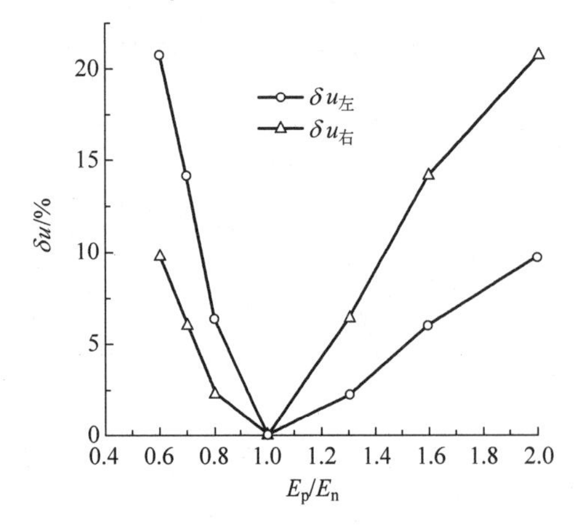

图 4-20 单向弯压柱不同模量与同模量两种方法计算 $x=0$ 截面沿 x 向位移误差随 E_p/E_n 的变化

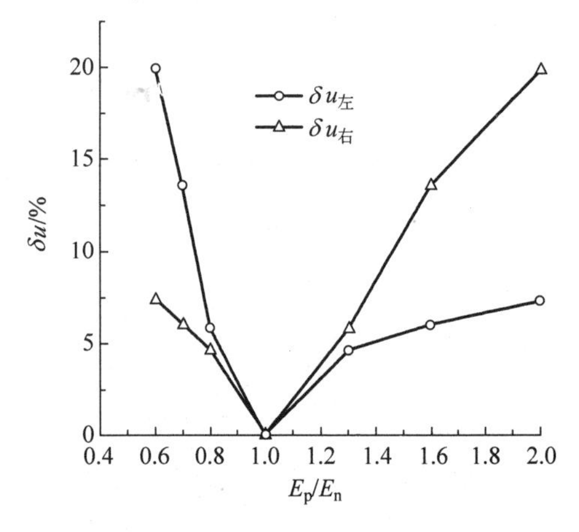

图 4-21 单向弯压柱不同模量与同模量两种方法计算 $x=2$ 截面沿 x 向位移误差随 E_p/E_n 的变化

情况Ⅱ 固定平均模量 $E=2.1\times10^{7}\,\mathrm{kN/m^2}$ 解析解

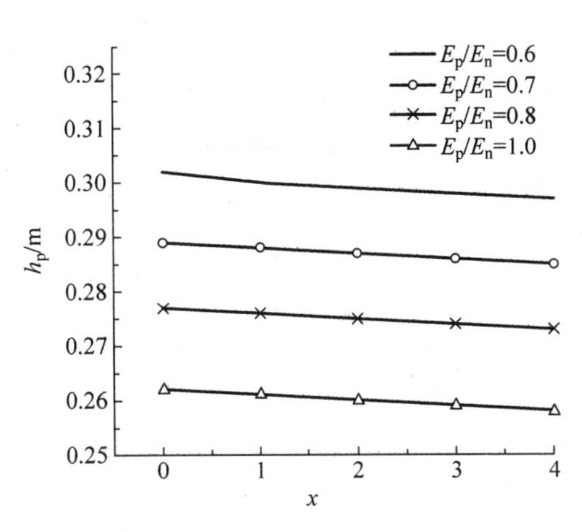

图 4-22 单向弯压柱各种 E_p/E_n 值的中性轴响应图

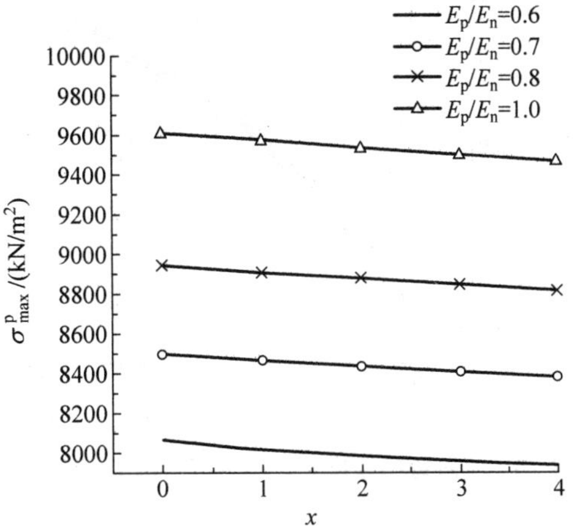

图 4-23 单向弯压柱各种 E_p/E_n 值的最大正应力(拉)响应图

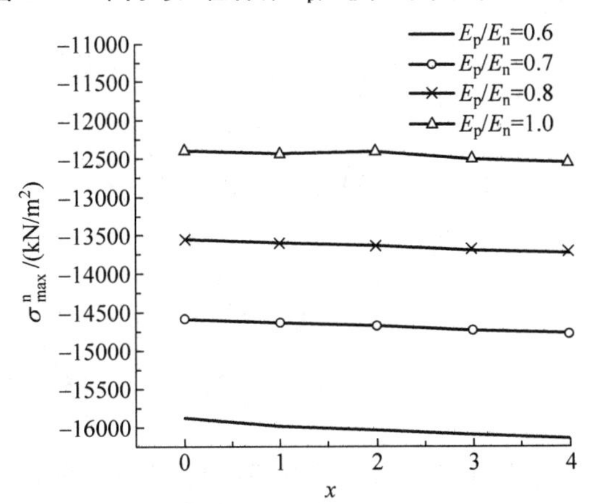

图 4-24 单向弯压柱各种 E_p/E_n 值的最大正应力(压)响应图

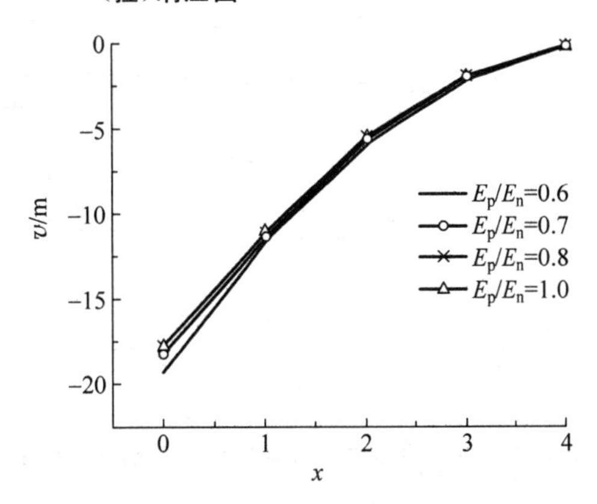

图 4-25 单向弯压柱各种 E_p/E_n 值的中性轴处 y 方向位移响应图

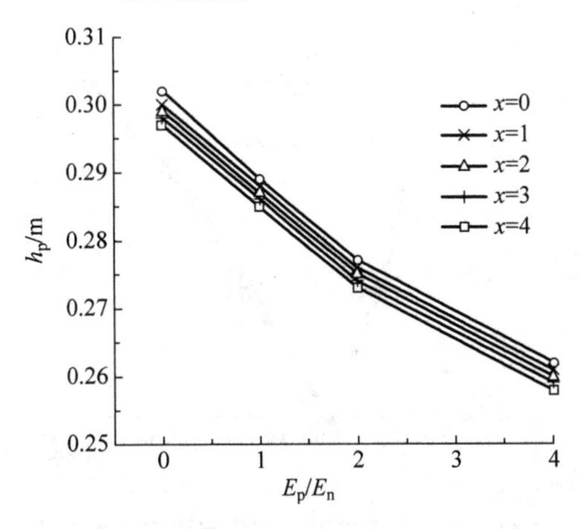

图 4-26 单向弯压柱中性轴随 E_p/E_n 的变化

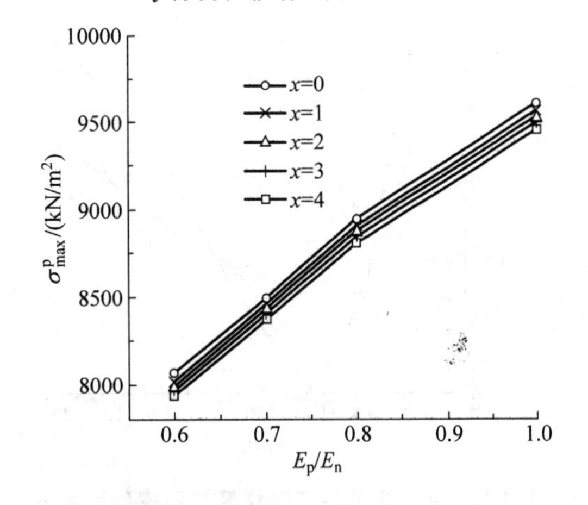

图 4-27 单向弯压柱最大正应力(拉)随 E_p/E_n 的变化

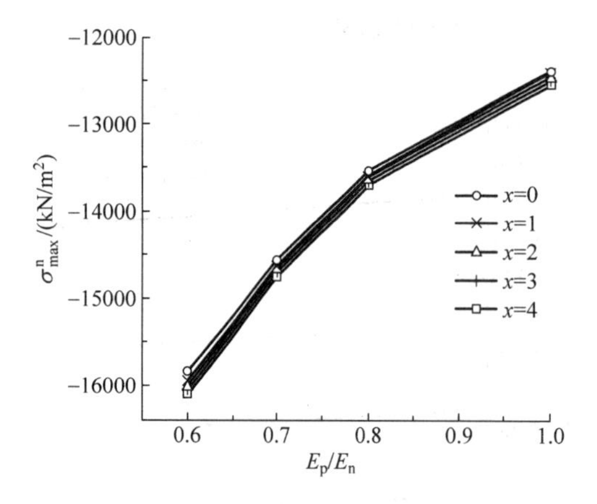

图 4-28 单向弯压柱最大正应力(压)随 E_p/E_n 的变化

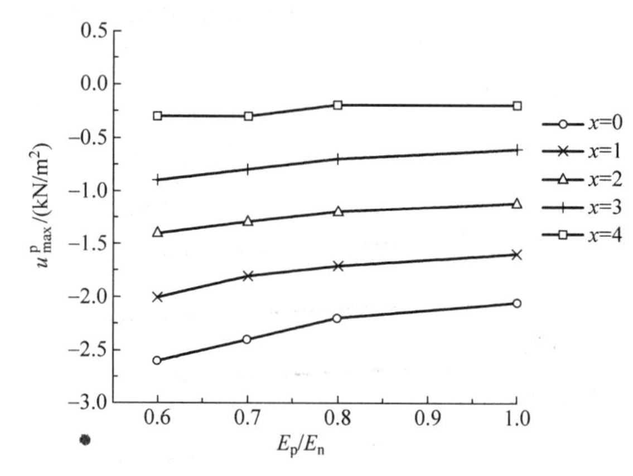

图 4-29 单向弯压柱左边缘最大位移随 E_p/E_n 的变化

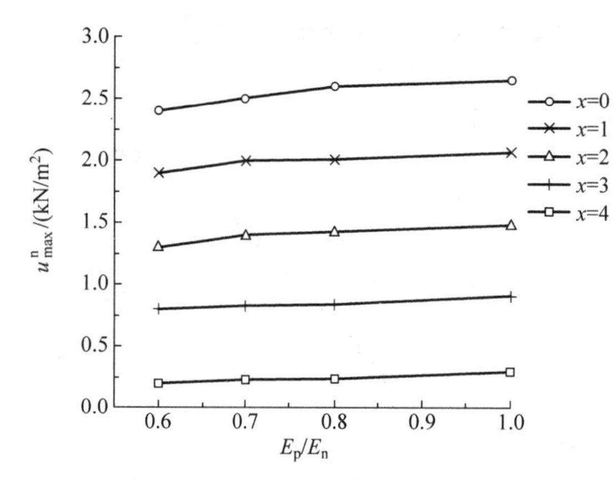

图 4-30 单向弯压柱右边缘最大位移随 E_p/E_n 的变化

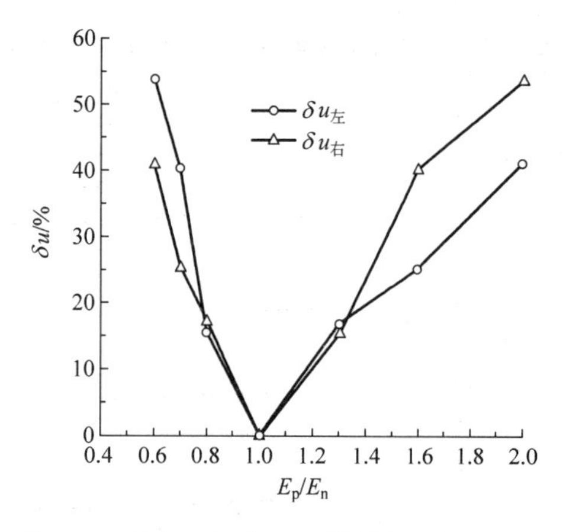

图 4-31 单向弯压柱不同模量与同模量两种方法计算 $x=0$ 截面沿 x 向位移误差随 E_p/E_n 的变化

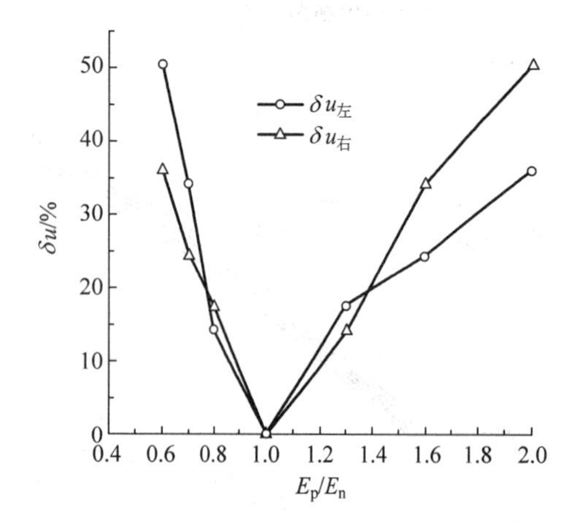

图 4-32 单向弯压柱不同模量与同模量两种方法计算 $x=2$ 截面沿 x 向位移误差随 E_p/E_n 的变化

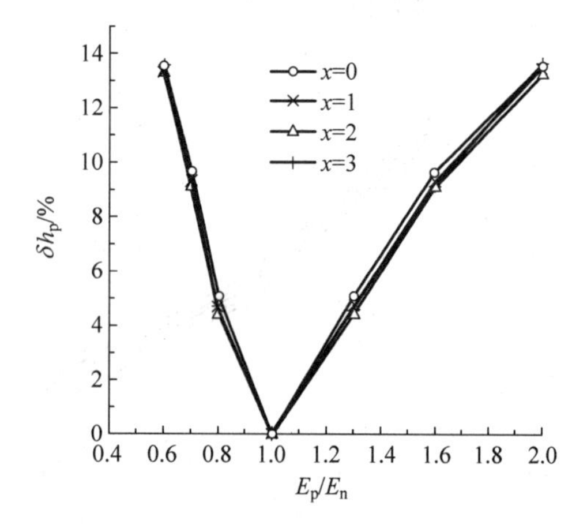

图 4-33 单向弯压柱不同模量与同模量两种方法计算中性轴误差随 E_p/E_n 的变化

情况Ⅰ固定 $E_n = 2.1\times10^7\,\mathrm{kN/m^2}$ 有限元数值解

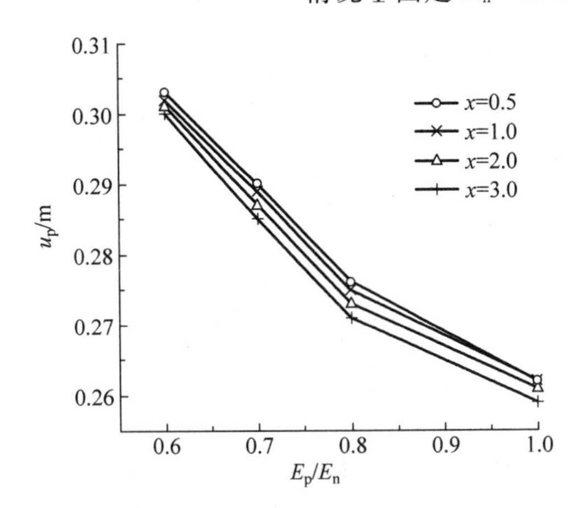

图 4-34 单向弯压柱中性轴随 E_p/E_n 的变化

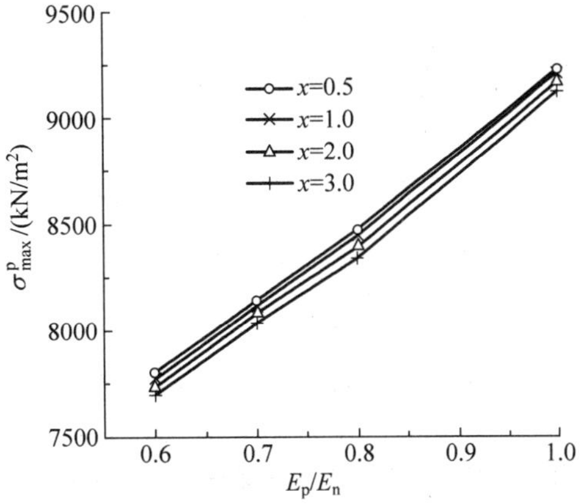

图 4-35 单向弯压柱最大正应力(拉)随 E_p/E_n 的变化

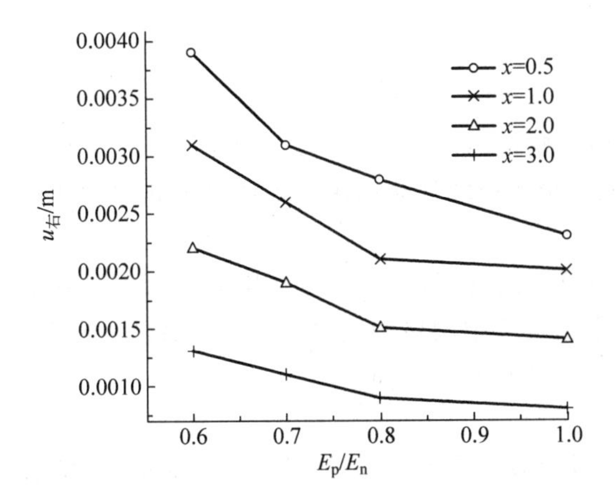

图 4-36 单向弯压柱右边缘最大位移随 E_p/E_n 的变化

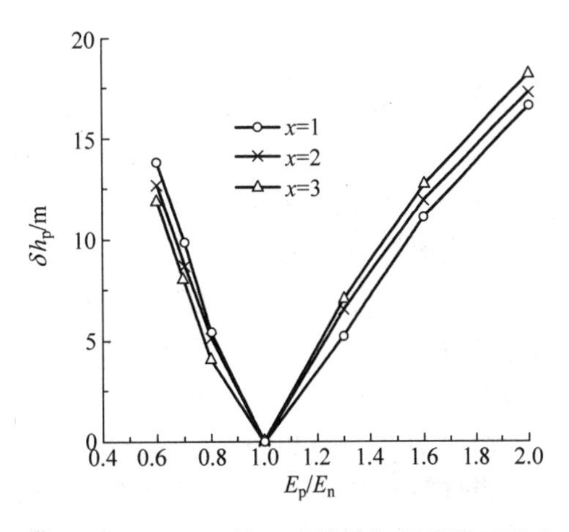

图 4-37 单向弯压柱不同模量与同模量两种方法计算中性轴误差随 E_p/E_n 的变化

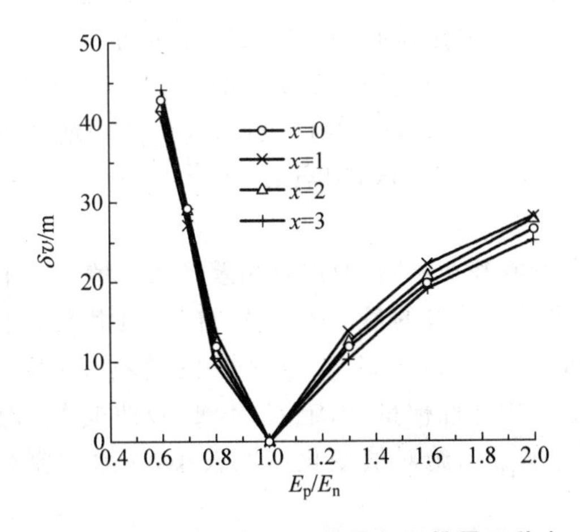

图 4-38 单向弯压柱不同模量与同模量两种方法计算截面沿 y 向位移误差随 E_p/E_n 的变化

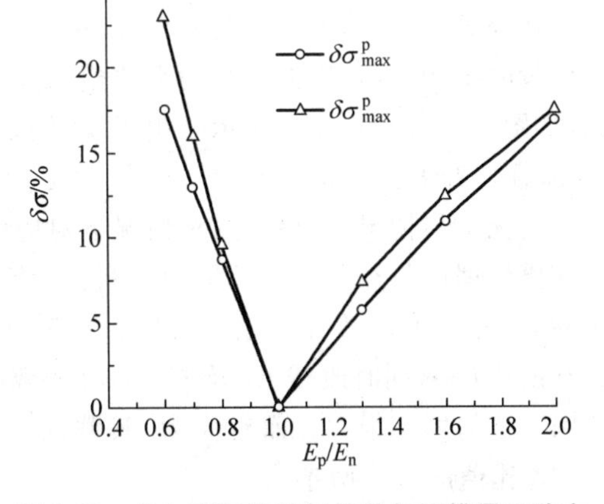

图 4-39 单向弯压柱不同模量与同模量两种方法计算 $x=2$ 截面最大正应力误差随 E_p/E_n 的变化

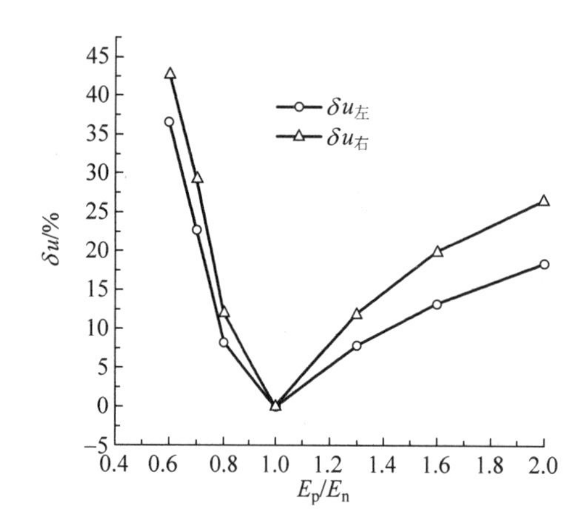

图4-40 单向弯压柱不同模量与同模量两种方法计算 $x=0$ 截面沿 x 向位移误差随 E_p/E_n 的变化

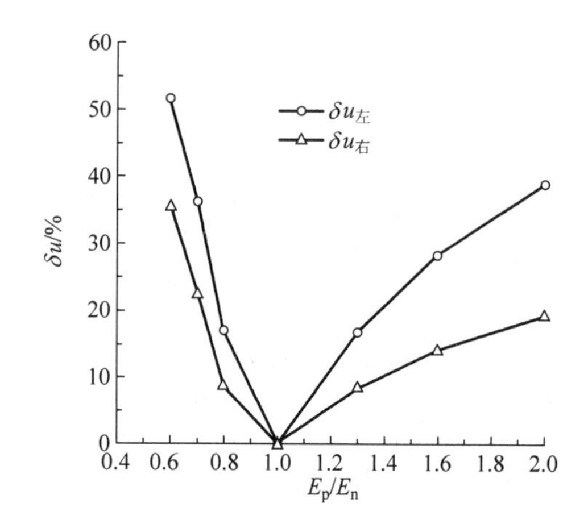

图4-41 单向弯压柱不同模量与同模量两种方法计算 $x=2$ 截面沿 x 向位移误差随 E_p/E_n 的变化

2. 结果分析

1) 三种方法误差分析

用本节所推求的不同模量理论公式计算相同模量问题，与经典力学的相同模量解析解相比，两者之间的误差为 0.0%～0.07%，不同模量解析解计算结果可退回到经典力学相同模量理论解析解计算结果。

用本节求得的不同模量理论公式计算不同模量问题，与不同模量有限元数值解两者最大误差为 1.22%～4.6%，该误差源于有限元数值计算中网格的划分、迭代以及终端值产生的诸多综合因素的误差。情况Ⅰ～Ⅱ中最大误差为 2.5%～4.6%。

2) 不同模量与相同模量的差异

当材料的拉压弹性模量改变时，柱的中性轴呈现有规律的变化，如图 4-10 所示，随着 E_p 的增加，受拉区高度减少，反之则增加。

柱的正应力随着拉压模量比值的改变而变化，即 σ_x^p 随 E_p/E_n 的减小而减小，σ_x^n 随 E_p/E_n 的减小而增大，如图 4-11 及图 4-12 所示，这一结果与刚度调整内力的规律完全吻合。

在经典力学中，材料弹性模量 E 对应力不产生影响，但位移随 E 的增大而减小。对不同模量的结构，位移不但随截面平均模量变化，而且反映在不同的拉压点，其位移的增减不同，如图 4-13 及图 4-14 所示。由于 $u_{左}$ 位于拉区，$u_{右}$ 位于压区，则当 $E_p/E_n<1$，$u_{左}-u_{右}=\varepsilon>0$，且随着 E_p/E_n 的减小，E_p 减小，则 ε 随之增大。

情况Ⅰ与情况Ⅱ对比，两种情况下对应的应力值基本相同，但位移相差增大。情况Ⅱ中不同模量理论与经典力学模量理论两种计算方法计算结果的最大差异为 21%，但情况Ⅰ中两种计算方法计算结果差异最大达 53%，说明固定截面的平均弹性模量不变（$E=1/2(E_p+E_n)$，同时改变 E_p 及 E_n）与改变截面的平均弹性模量（固定 E_n 不变，仅改变 E_p）对结构位移的影响很大。而对应力，其截面的平均模量的绝对值变化影响较小，应力主要对 E_p/E_n 比值的变化敏感。

解析解计算结果与有限元计算结果在各种 E_p/E_n 的比值下其应力分布、位移分布均相同，而且不同模量理论与经典力学同模量理论计算结果的差异也基本相同。

不同模量静定梁的解析解

本章得出一个重要结论：对于复杂应力状态下的不同模量弹性弯曲梁，其中性轴位置与剪应力无关，因此用正应力作为判据而得到解析解，从而使以往用主应力判定中性点的多次循环计算方法得以改进。同时把解析解的结果与经典力学同模量理论，以及有限元数值解进行了比较。结果表明：解析解很好地反映了拉压不同模量对梁的应力、位移所产生的效应。

5.1 中性轴判定定理及证明

定理：受到外力后，处于二向应力状态下的结构，如果主应力均由正应力 σ_x 及剪应力 τ_{yx} 所构成，并且 $\sigma_1>0$，$\sigma_2<0$，当且仅当 $\sigma_x=0$ 时，$|\sigma_1|=|\sigma_2|$。

当 $\sigma_1>0$，$\sigma_2<0$ 时，显然 $|\sigma_1|=|\sigma_2|$ 即是结构的中性点（不拉不压点），由 $|\sigma_1|=|\sigma_2|$ 点连续构成的线（面）即为结构的中性轴（面）。

推论：由 $\sigma_x=0$ 可以唯一确定该结构的中性轴，则中性轴的位置与 τ_{yx} 无关（τ_{xy} 对中性轴的位置无贡献）。

证法 1：取一微元体，边长为 dx，dy，dz 均为 1，如图 5-1 所示，在纯剪状态下，有主应力 σ_1 及 σ_2，由剪应力互等定理可得 $|\sigma_1|\equiv|\sigma_2|$，即纯剪状态下的微元为不拉不压的中性点。因此剪应力对弹性体内各点均形成中性点，即剪应力对拉压的分界层（中性轴）的位置无贡献。

证法 2：由弹性力学可得主应力计算公式为

$$\sigma_1=\frac{\sigma_x+\sigma_y}{2}+\sqrt{\left(\frac{\sigma_x-\sigma_y}{2}\right)^2+\tau_{xy}^2}$$

$$\sigma_2=\frac{\sigma_x+\sigma_y}{2}-\sqrt{\left(\frac{\sigma_x-\sigma_y}{2}\right)^2+\tau_{xy}^2}$$

对横力作用下的弯曲梁，当跨度大于 5 倍的截面高时，可不计 σ_y 的作用。对上式令 $\sigma_y=0$，当 $\sigma_1>0$，$\sigma_2<0$ 时，则由上式有

$$|\sigma_1|-|\sigma_2|=\frac{\sigma_x}{2}+\sqrt{\frac{\sigma_x^2}{4}+\tau_{xy}^2}-\left(-\frac{\sigma_x}{2}+\sqrt{\frac{\sigma_x^2}{4}+\tau_{xy}^2}\right)$$

$$=\sigma_x$$

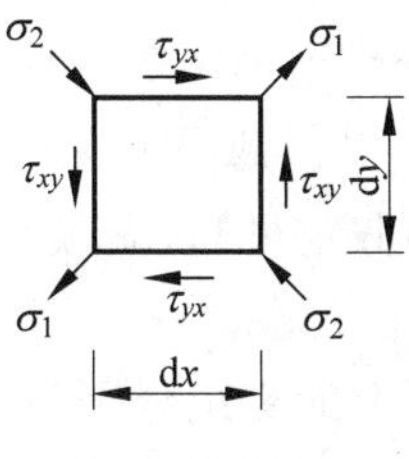

图 5-1　纯剪微元体

当 $\sigma_x=0$ 时，有 $|\sigma_1|-|\sigma_2|=0$，$|\sigma_1|=|\sigma_2|$，可由 $\sigma_x=0$

唯一确定中性轴位置,而不计剪应力作用,|主拉应力|=|主压应力|。

5.2 结构模型

取工程中最常用的矩形截面梁,其具有一个纵向对称面,且外力(横力)作用在该对称面内,如图 5-2 所示。根据以上定理,中性轴与 τ 无关,则仅计 σ_x 的作用推求中性轴。

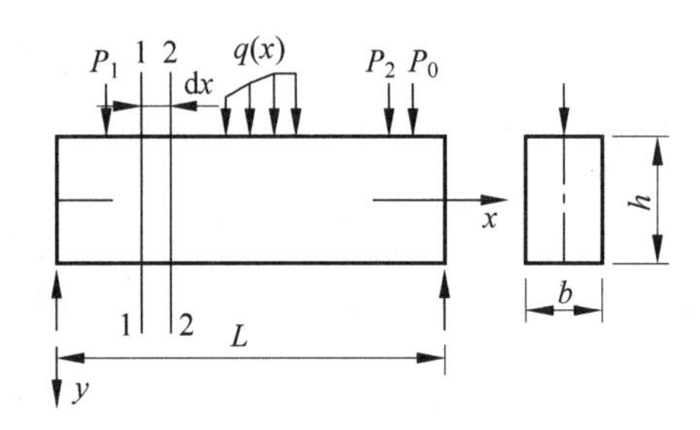

图 5-2 结构模型

5.3 中性轴及正应力计算公式

实验已证明,对于横力弯曲梁,当跨度大于 5 倍截面的高度,正应力变化规律与纯弯曲时基本相同,即梁符合平面假定以及 σ_y 可忽略不计。而工程实际中的梁,其 $L\gg 5h$,可直接用纯弯曲的中性轴及正应力计算公式,参见文献[13]。

$$\begin{cases} h_{\mathrm{p}}=\dfrac{h\sqrt{E_{\mathrm{n}}}}{\sqrt{E_{\mathrm{p}}}+\sqrt{E_{\mathrm{n}}}} & (5\text{-}1) \\ \sigma_x^{\mathrm{p}}=\dfrac{3M\left(\sqrt{E_{\mathrm{p}}}+\sqrt{E_{\mathrm{n}}}\right)^2}{bh^3E_{\mathrm{n}}}y, \quad \sigma_x^{\mathrm{n}}=\dfrac{3M\left(\sqrt{E_{\mathrm{p}}}+\sqrt{E_{\mathrm{n}}}\right)^2}{bh^3E_{\mathrm{p}}}y & (5\text{-}2) \end{cases}$$

式(5-1)及式(5-2)即为不同模量理论横力弯曲梁的受拉区高度及正应力计算公式。其中,$M=M(x)$,$M(x)$为 x 及外荷载的函数。

5.4 剪应力计算公式推导

用相距 dx 的横截面 1—1 和 2—2 从梁中切取一微段,该微段的内力及应力特征如图 5-3(a)所示。在横截面上纵坐标为 y 处,再用一个纵向截面 c—d 将该微段的下部切出,如图 5-3(b)所示。设横截面上 y 处的剪应力为 $\tau(y)$,则由剪力互等定理及剪应力沿截面宽度相同均匀分布的假定可知,纵截面 c—d 上的剪应力为

$$\tau'=-\tau(y) \tag{a}$$

截面 1—1 及 2—2 上的弯矩分别为 M 和 $M+\mathrm{d}M$ 或 $M+Q\mathrm{d}x$。设微段下部横截面 $c11c$ 和 $d22d$ 的面积均为 A,在这两个截面上由弯曲正应力所构成的法向合力分别为 N_1 及 N_2。如图 5-3(c)所示,由式(5-2)可得

$$N_1=\int_A \sigma_x^{\mathrm{p}}\mathrm{d}A=\int_A \frac{3M(\sqrt{E_{\mathrm{p}}}+\sqrt{E_{\mathrm{n}}})^2}{bh^3E_{\mathrm{n}}}y^*\mathrm{d}A=\frac{3M(\sqrt{E_{\mathrm{p}}}+\sqrt{E_{\mathrm{n}}})^2}{bh^3E_{\mathrm{n}}}\int_A y^*\mathrm{d}A \quad \text{(b)}$$

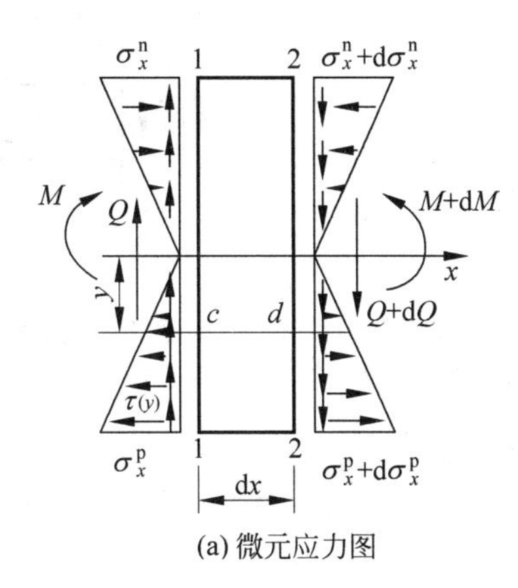

(a) 微元应力图

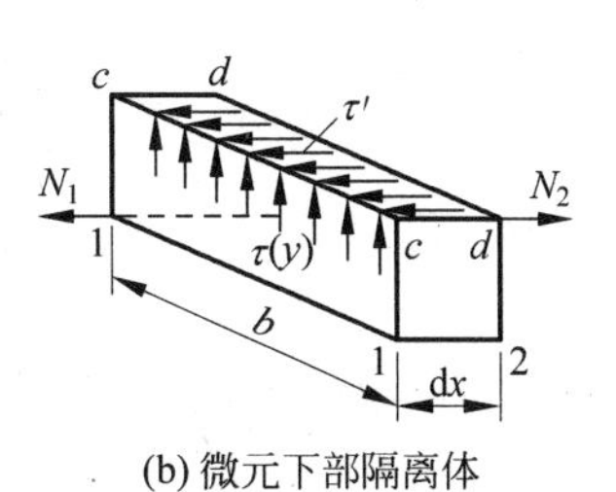

(b) 微元下部隔离体

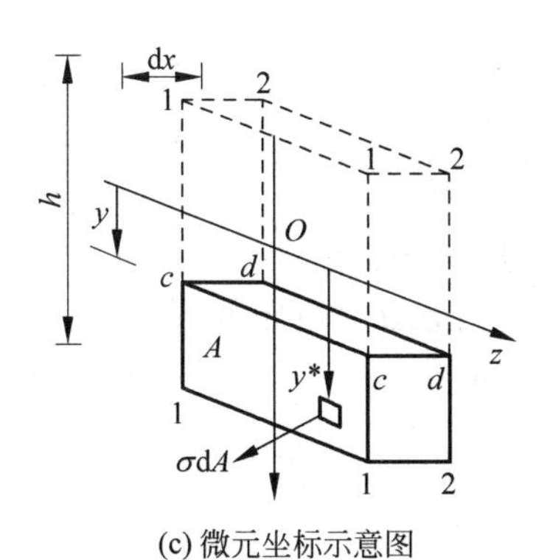

(c) 微元坐标示意图

图 5-3 微元体示意图

同理

$$N_2=\int_A \frac{3(\sqrt{E_{\mathrm{p}}}+\sqrt{E_{\mathrm{n}}})^2}{bh^3E_{\mathrm{n}}}(M+\mathrm{d}M)y^*\mathrm{d}A=\frac{3(\sqrt{E_{\mathrm{p}}}+\sqrt{E_{\mathrm{n}}})^2}{bh^3E_{\mathrm{n}}}(M+\mathrm{d}M)\int_A y^*\mathrm{d}A \quad \text{(c)}$$

由微段下部的法向平衡方程 $\sum X=0$ 并代入式(a)得

$$\tau' b\,\mathrm{d}x=\tau^{\mathrm{p}}(y)b\,\mathrm{d}x=N_2-N_1$$

将式(b)、式(c)代入上式得

$$\frac{3\,(\sqrt{E_{\mathrm{p}}}+\sqrt{E_{\mathrm{n}}})^2}{bh^3E_{\mathrm{n}}}\left[(M+\mathrm{d}M)\int_A y^*\mathrm{d}A-M\int_A y^*\mathrm{d}A\right]=\tau^{\mathrm{p}}(y)b\mathrm{d}x$$

将 $Q=\dfrac{\mathrm{d}M}{\mathrm{d}x}$代入上式，得受拉区剪应力为

$$\tau^{\mathrm{p}}(y)=\frac{3\,(\sqrt{E_{\mathrm{p}}}+\sqrt{E_{\mathrm{n}}})^2}{b^2h^3E_{\mathrm{n}}}Q\int_A y^*\mathrm{d}A \quad (5\text{-}3\mathrm{a})$$

同理，取以上微元体分析推导可得受压区剪应力为

$$\tau^{\mathrm{n}}(y)=\frac{3\,(\sqrt{E_{\mathrm{p}}}+\sqrt{E_{\mathrm{n}}})^2}{b^2h^3E_{\mathrm{p}}}Q\int_{A'} y^{*\prime}\mathrm{d}A \quad (5\text{-}3\mathrm{b})$$

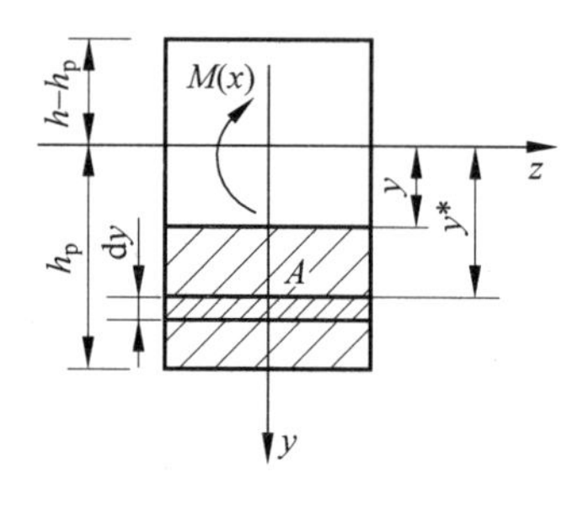

图 5-4 截面静矩示意图

式中，$\int_A y^* \mathrm{d}A$，$\int_{A'} y^{*\prime} \mathrm{d}A$ 分别为拉、压区距中性轴为 y 以外的横截面对中性轴的静矩，如图 5-4 所示。

受拉区静矩

$$\int_A y^* \mathrm{d}A = \int_y^{h_p} y^* b \mathrm{d}y^* = \frac{b}{2}(h_p^2 - y^2) \tag{d}$$

受压区静矩

$$\int_{A'} y^{*\prime} \mathrm{d}A = \int_y^{h-h_p} y^* b \mathrm{d}y^* = \frac{b}{2}[(h-h_p)^2 - y^2] \tag{e}$$

将式(5-1)、式(d)、式(e)代入式(5-3a)及式(5-3b)得拉区剪应力为

$$\begin{aligned}\tau^p &= \frac{3(\sqrt{E_p}+\sqrt{E_n})^2}{b^2h^3E_n} \cdot \frac{b}{2} \cdot \left[\frac{h^2E_n}{(\sqrt{E_p}+\sqrt{E_n})^2} - y^2\right]Q \\ &= \frac{3Q}{2bh}\left[1 - \frac{(\sqrt{E_p}+\sqrt{E_n})^2}{E_nh^2}y^2\right]\end{aligned} \tag{5-4a}$$

同理可推得压区剪应力为

$$\tau^n = \frac{3Q}{2bh}\left[1 - \frac{(\sqrt{E_p}+\sqrt{E_n})^2}{E_ph^2}y^2\right] \tag{5-4b}$$

式(5-4)即为不同模量问题横力梁的剪应力计算公式。

上式表明，不同模量理论中，其剪应力的分布与同模量的不同。剪应力在拉区及压区的分布不对称于中性轴。但在中性轴处：

当 $y=0$ 时，$\tau=\tau_{\max}=\dfrac{3Q}{2bh}$，即 $\tau_{y\to+0}=\tau_{y\to-0}$；

当 $y=h_p$ 及 $y=h-h_p$ 时，$\tau=\pm 0$；

当 $E_p=E_n$ 时，$\tau^p=\tau^n=\dfrac{3Q}{2bh}\left(1-\dfrac{4y^2}{h^2}\right)=\dfrac{QS_Z}{bI}$，公式退回到经典材料力学的剪应力计算公式。

5.5 位移公式的推导

5.5.1 均布荷载下的简支梁

由物理方程及几何方程有

$$\varepsilon_x = \frac{\partial u}{\partial x} = \frac{1}{E}(\sigma_x - \mu\sigma_y), \quad \varepsilon_y = \frac{\partial v}{\partial y} = \frac{1}{E}(\sigma_y - \mu\sigma_x), \quad \gamma_{xy} = \frac{\partial v}{\partial x} + \frac{\partial u}{\partial y} = \frac{2(1+\mu)}{E}\tau_{xy}$$

将式(5-2)及式(5-4)代入上式得

$$\frac{\partial u}{\partial x} = \frac{3(\sqrt{E_p}+\sqrt{E_n})^2}{bh^3E_pE_n}M(x)y, \quad \frac{\partial v}{\partial y} = \frac{-3\mu(\sqrt{E_p}+\sqrt{E_n})^2}{bh^3E_pE_n}M(x)y \tag{f}$$

$$\begin{cases}\left(\dfrac{\partial v}{\partial x}+\dfrac{\partial u}{\partial y}\right)_p = \left[\dfrac{3(1+\mu)}{bhE_p} - \dfrac{3(1+\mu)(\sqrt{E_p}+\sqrt{E_n})^2}{bh^3E_pE_n}y^2\right]Q(x) \quad (0 \leqslant y \leqslant h_p) \\ \left(\dfrac{\partial v}{\partial x}+\dfrac{\partial u}{\partial y}\right)_n = \left[\dfrac{3(1+\mu)}{bhE_n} - \dfrac{3(1+\mu)(\sqrt{E_p}+\sqrt{E_n})^2}{bh^3E_pE_n}y^2\right]Q(x) \quad (h-h_p \leqslant y \leqslant 0)\end{cases} \tag{g}$$

由于上两式中 $M(x)$，$Q(x)$应为具体外载所致，故设结构模型如图 5-2，其中 $P_1=P_2=P_0=0$，

$q(x)=q$ 且满跨布置。则有

$$M(x)=\frac{q}{2}x(l-x),\quad Q(x)=q\left(\frac{l}{2}-x\right)$$

令

$$\frac{3(\sqrt{E_p}+\sqrt{E_n})^2}{bh^3E_pE_n}=A \tag{h}$$

将 $M(x)$，$Q(x)$ 及式(h)代入式(f)、式(g)得

$$\frac{\partial u}{\partial x}=\frac{A}{2}q(lx-x^2)y,\quad \frac{\partial v}{\partial y}=-\frac{A}{2}\mu q(lx-x^2)y \tag{i}$$

$$\begin{cases}\left(\dfrac{\partial v}{\partial x}+\dfrac{\partial u}{\partial y}\right)_p=\left[\dfrac{3(1+\mu)}{bhE_p}-A(1+\mu)y^2\right]q\left(\dfrac{l}{2}-x\right) & (0\leqslant y\leqslant h_p)\\ \left(\dfrac{\partial v}{\partial x}+\dfrac{\partial u}{\partial y}\right)_n=\left[\dfrac{3(1+\mu)}{bhE_n}-A(1+\mu)y^2\right]q\left(\dfrac{l}{2}-x\right) & (h-h_p\leqslant y\leqslant 0)\end{cases} \tag{j}$$

对式(i)积分有

$$u=\frac{A}{2}q\left(\frac{l}{2}x^2-\frac{x^3}{3}\right)y+f_1(y),\quad v=-\frac{\mu}{2}Aq(lx-x^2)\frac{y^2}{2}+f_2(x) \tag{k}$$

由 $u|_{x=\frac{l}{2}}=0$，得

$$f_1(y)=-\frac{Aql^3}{24}y$$

对 u，v 求微分后再代入式(j)得

$$\frac{A}{2}q\left(\frac{l}{2}x^2-\frac{x^3}{3}\right)-\frac{Aql^3}{24}-\frac{\mu Aq}{4}(l-2x)y^2+\frac{\mathrm{d}f_2(x)}{\mathrm{d}x}=\left[\frac{3(1+\mu)}{bhE_n^p}-A(1+\mu)y^2\right]q\left(\frac{l}{2}-x\right)$$

$$\int\mathrm{d}f_2(x)=\int\frac{\mu Aq}{4}(l-2x)y^2\mathrm{d}x+\int\frac{Aql^3}{24}\mathrm{d}x-\int\frac{A}{2}q\left(\frac{l}{2}x^2-\frac{x^3}{3}\right)\mathrm{d}x+\int\left[\frac{3(1+\mu)}{bhE_n^p}-A(1+\mu)y^2\right]q\left(\frac{l}{2}-x\right)\mathrm{d}x$$

$$f_2(x)=\frac{\mu Aq}{4}y^2(lx-x^2)+\frac{Aql^3}{24}x-\frac{Aq}{2}\left(\frac{l}{6}x^3-\frac{x^4}{12}\right)+\left[\frac{3(1+\mu)}{bhE_n^p}-A(1+\mu)y^2\right]q\left(\frac{l}{2}x-\frac{x^2}{2}\right)+C$$

其中 E_n^p 表示该公式既可代入 E_p，又可代入 E_n。将 $f_1(y)$，$f_2(x)$ 代入式(k)可得 u，v 表达式，再由 $v\Big|_{\substack{x=0\\y=0}}=0$，得 $C=0$。最后把式(h)代入 u，v 得

$$u=\frac{3(\sqrt{E_p}+\sqrt{E_n})^2}{2bh^3E_pE_n}q\left(\frac{l}{2}x^2-\frac{x^3}{3}\right)y-\frac{(\sqrt{E_p}+\sqrt{E_n})^2}{8bh^3E_pE_n}ql^3y$$

$$v=-\frac{3(\sqrt{E_p}+\sqrt{E_n})^2}{2bh^3E_pE_n}q\left(\frac{l}{6}x^3-\frac{x^4}{12}\right)+\frac{(\sqrt{E_p}+\sqrt{E_n})^2}{8bh^3E_pE_n}ql^3x+\frac{3}{2}q(1+\mu)\left[\frac{1}{bhE_p}-\frac{(\sqrt{E_p}+\sqrt{E_n})^2y^2}{bh^3E_pE_n}\right](lx-x^2)\quad(0\leqslant y\leqslant h_p)$$

$$v=-\frac{3(\sqrt{E_p}+\sqrt{E_n})^2}{2bh^3E_pE_n}q\left(\frac{l}{6}x^3-\frac{x^4}{12}\right)+\frac{(\sqrt{E_p}+\sqrt{E_n})^2}{8bh^3E_pE_n}ql^3x+\frac{3}{2}q(1+\mu)\left[\frac{1}{bhE_n}-\frac{(\sqrt{E_p}+\sqrt{E_n})^2y^2}{bh^3E_pE_n}\right](lx-x^2)\quad(h-h_p\leqslant y\leqslant 0) \tag{5-5}$$

5.5.2 集中荷载下的悬臂梁

取模型图5-2的梁，设右端固定，悬臂梁上部荷载为零，仅左端作用一集中力P。

由几何方程及物理方程可得

$$\varepsilon_x=\frac{\partial u}{\partial x}=\frac{1}{E}(\sigma_x-\mu\sigma_y),\quad \varepsilon_y=\frac{\partial v}{\partial y}=\frac{1}{E}(\sigma_y-\mu\sigma_x),\quad \gamma_{xy}=\frac{\partial v}{\partial x}+\frac{\partial u}{\partial y}=\frac{2(1+\mu)}{E}\tau_{xy} \tag{l}$$

对杆件结构梁，忽略σ_y，将$\sigma_y=0$及式(5-2)、式(5-4)代入式(l)有

$$\begin{cases}\dfrac{\partial u}{\partial x}=\dfrac{3M(x)(\sqrt{E_p}+\sqrt{E_n})^2}{bh^3E_pE_n}y,\quad \dfrac{\partial v}{\partial y}=\dfrac{-3\mu M(x)(\sqrt{E_p}+\sqrt{E_n})^2}{bh^3E_pE_n}y\\ \dfrac{\partial v}{\partial x}+\dfrac{\partial u}{\partial y}=\left[\dfrac{3(1+\mu)}{bhE}-\dfrac{3(1+\mu)(\sqrt{E_p}+\sqrt{E_n})^2}{bh^3E_pE_n}y^2\right]Q(x)\end{cases} \tag{m}$$

在图5-2中，令$q=0$，则任一截面的内力为

$$M(x)=-Px,\quad Q(x)=-P \tag{n}$$

将式(n)代入式(m)有

$$\begin{cases}\dfrac{\partial u}{\partial x}=-\dfrac{3(\sqrt{E_p}+\sqrt{E_n})^2}{bh^3E_pE_n}Pxy,\quad \dfrac{\partial v}{\partial y}=\dfrac{3\mu(\sqrt{E_p}+\sqrt{E_n})^2}{bh^3E_pE_n}Pxy\\ \dfrac{\partial v}{\partial x}+\dfrac{\partial u}{\partial y}=-3\left[\dfrac{1+\mu}{bhE}-\dfrac{(1+\mu)(\sqrt{E_p}+\sqrt{E_n})^2}{bh^3E_pE_n}y^2\right]P\end{cases} \tag{o}$$

对式(o)的前两式积分有

$$\begin{cases}u=-\dfrac{3(\sqrt{E_p}+\sqrt{E_n})^2}{2bh^3E_pE_n}Px^2y+f_1(y)\\ v=\dfrac{3\mu(\sqrt{E_p}+\sqrt{E_n})^2}{2bh^3E_pE_n}Pxy^2+f_2(x)\end{cases} \tag{p}$$

对u,v求微分后代入式(o)的第3式有

$$\frac{3\mu(\sqrt{E_p}+\sqrt{E_n})^2}{2bh^3E_pE_n}Py^2+\frac{\mathrm{d}f_2(x)}{\mathrm{d}x}-\frac{3(\sqrt{E_p}+\sqrt{E_n})^2}{2bh^3E_pE_n}Px^2+\frac{\mathrm{d}f_1(y)}{\mathrm{d}y}$$
$$=\frac{3(1+\mu)(\sqrt{E_p}+\sqrt{E_n})^2}{bh^3E_pE_n}Py^2-\frac{3(1+\mu)}{bhE}P$$

化简上式后有

$$\frac{\mathrm{d}f_1(y)}{\mathrm{d}y}-\frac{3(2+\mu)(\sqrt{E_p}+\sqrt{E_n})^2}{2bh^3E_pE_n}Py^2+\frac{\mathrm{d}f_2(x)}{\mathrm{d}x}-\frac{3(\sqrt{E_p}+\sqrt{E_n})^2}{2bh^3E_pE_n}Px^2=-\frac{3(1+\mu)}{bhE}P \tag{q}$$

令

$$\begin{cases}\dfrac{\mathrm{d}f_2(x)}{\mathrm{d}x}-\dfrac{3(\sqrt{E_p}+\sqrt{E_n})^2}{2bh^3E_pE_n}Px^2=g(x)\\ \dfrac{\mathrm{d}f_1(y)}{\mathrm{d}y}-\dfrac{3(\mu+2)(\sqrt{E_p}+\sqrt{E_n})^2}{2bh^3E_pE_n}Py^2=n(y)\end{cases} \tag{r}$$

由于式(q)右边为一常数，则$g(x)$及$n(y)$必须为某两常数g及n，方程(q)才能成立(若$g(x)$仅随x变化，$n(y)$仅随y变化，则均不符合方程(q)的规律)，即

$$g+n=-\frac{3P(1+\mu)}{bhE} \tag{s}$$

由式(r)有

$$\frac{\mathrm{d}f_2(x)}{\mathrm{d}x}=g+\frac{3P\left(\sqrt{E_p}+\sqrt{E_n}\right)^2}{2bh^3E_pE_n}x^2$$

$$\frac{\mathrm{d}f_1(y)}{\mathrm{d}y}=n+\frac{3P(\mu+2)\left(\sqrt{E_p}+\sqrt{E_n}\right)^2}{2bh^3E_pE_n}y^2$$

积分上式有

$$f_2(x)=gx+\frac{3P\left(\sqrt{E_p}+\sqrt{E_n}\right)^2}{6bh^3E_pE_n}x^3+C$$

$$f_1(y)=ny+\frac{3P(\mu+2)\left(\sqrt{E_p}+\sqrt{E_n}\right)^2}{6bh^3E_pE_n}y^3+D \tag{t}$$

将式(t)代入式(p)有

$$\begin{cases}u=-\dfrac{3\left(\sqrt{E_p}+\sqrt{E_n}\right)^2}{2bh^3E_pE_n}Px^2y+ny+\dfrac{P(\mu+2)\left(\sqrt{E_p}+\sqrt{E_n}\right)^2}{2bh^3E_pE_n}y^3+D\\ v=\dfrac{3\mu\left(\sqrt{E_p}+\sqrt{E_n}\right)^2}{2bh^3E_pE_n}Pxy^2+gx+\dfrac{P\left(\sqrt{E_p}+\sqrt{E_n}\right)^2}{2bh^3E_pE_n}x^3+C\end{cases} \tag{u}$$

梁固端的边值条件为

$$u\bigg|_{\substack{x=L\\y=0}}=0,\quad v\bigg|_{\substack{x=L\\y=0}}=0,\quad \frac{\partial v}{\partial x}\bigg|_{\substack{x=L\\y=0}}=0$$

由边值条件及式(h)联立可解得

$$D=0,\quad C=\frac{\left(\sqrt{E_p}+\sqrt{E_n}\right)^2}{bh^3E_pE_n}PL^3,\quad g=-\frac{3\left(\sqrt{E_p}+\sqrt{E_n}\right)^2}{2bh^3E_pE_n}PL^2$$

$$n=-\frac{9P(1+\mu)}{bhE}+\frac{3\left(\sqrt{E_p}+\sqrt{E_n}\right)^2}{2bh^3E_pE_n}PL^2$$

将 C,D,g,n 代入式(u)并化简后得该悬臂梁的不同模量理论位移公式为

$$\begin{cases}u=\dfrac{\left(\sqrt{E_p}+\sqrt{E_n}\right)^2}{2bh^3E_pE_n}Py\left[(\mu+2)y^2-3x^2+3L^2\right]-\dfrac{9P(1+\mu)}{bhE}y\\ v=\dfrac{\left(\sqrt{E_p}+\sqrt{E_n}\right)^2}{2bh^3E_pE_n}P\left[x^3+3\mu xy^2-3L^2x+2L^3\right]\end{cases} \tag{5-6}$$

5.6 算例与结果分析

5.6.1 实例计算

如图 5-5 所示，简支梁受均布荷载作用。分两种情况计算：情况Ⅰ，$\bar{E}=\frac{1}{2}(E_p+E_n)=2.55\times10^7\,\mathrm{kN/m^2}$ 不变，改变 E_p 及 E_n；情况Ⅱ，$E_n=2.55\times10^7\,\mathrm{kN/m^2}$，改变 E_p 及 $\bar{E}$，取 $E_p/E_n=1/4,1/3.5,1/3\sim3,3.5,4$。

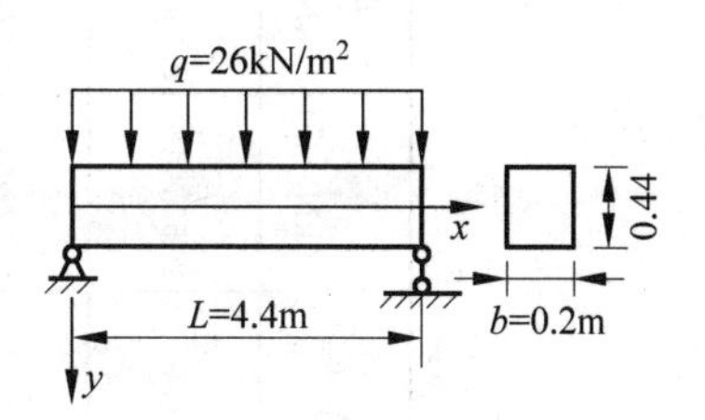

图 5-5 简支梁受均布荷载

用经典力学同模量理论、不同模量理论及有限元数值解分别计算。计算结果如表 5-1 和表 5-2 及图 5-6～图 5-15 所示(仅列出部分计算结果)。

表 5-1 均布荷载简支梁情况Ⅰ解析解

E_p/E_n	E_p /(kN/m²)	E_n /(kN/m²)	截面 $x=$	h_p/m	$\sigma_{x\max}^{p}$ /(kN/m²)	$\sigma_{x\max}^{n}$ /(kN/m²)	$\bar{\sigma}_p$ /(kN/m²)	$\bar{\sigma}_n$ /(kN/m²)	$\sigma_中$ /(kN/m²)	τ_x^p /(kN/m²)	τ_x^n /(kN/m²)	$\tau_中$ /(kN/m²)	挠度/m ($y=0$)
1.0	2.55×10^7	2.55×10^7	0.7	0.22	5217.5	−5217.5	2608.75	−2608.75	0	466.99	466.99	664.95	1.77×10^{-3}
			1.5	0.22	8762.9	−8762.9	4381.45	−4381.45	0	217.93	217.93	310.31	3.17×10^{-3}
			2.2	0.22	9750.0	−9750.0	4875	−4875	0	0	0	0	3.59×10^{-3}
1/1.5	2.04×10^7	3.06×10^7	0.7	0.242	4733.5	−5809.3	2366.75	−2904.65	430.28	436.33	501.58	659.33	1.82×10^{-3}
			1.5	0.242	7950.1	−9756.9	3975.05	−4878.45	722.66	203.62	234.07	307.68	3.37×10^{-3}
			2.2	0.242	8845.6	−10856	4422.8	−5428	804.07	0	0	0	3.85×10^{-3}
1/2.0	1.7×10^7	3.4×10^7	0.7	0.258	4457.7	−6289.1	2228.85	−3144.55	655.28	414.96	530.21	650.36	1.94×10^{-3}
			1.5	0.258	7486.8	−10562.8	3743.4	−5281.4	1100.56	193.65	247.73	303.5	3.5×10^{-3}
			2.2	0.258	8330.1	−11752.6	4165.05	−5876.3	1224.52	0	0	0	9.77×10^{-3}
			2.2	0.161	13314.6	−7691.1	6657.3	−3845.55	0	0	0	0	4.53×10^{-3}

表 5-2 情况Ⅱ有限元数值解

E_p/E_n	截面 $x=$	h_p/m	$\sigma_{x\max}^{p}$ /(kN/m²)	$\sigma_{x\max}^{n}$ /(kN/m²)	$\bar{\sigma}_p$ /(kN/m²)	$\bar{\sigma}_n$ /(kN/m²)	$\sigma_中$ /(kN/m²)	τ_x^p /(kN/m²)	τ_x^n /(kN/m²)	$\tau_中$ /(kN/m²)	挠度/m ($y=0$)
1.0	1.5	0.220	8578.12	−8694.10	4178.06	−4345.01	0.00	302.13	212.91	209.70	3.02×10^{-3}
1/1.5	1.5	0.243	7719.25	−9395.63	3858.14	−4695.33	706.21	297.52	198.33	227.51	3.24×10^{-3}
1/2	1.5	0.258	7267.24	−10261.44	3632.58	−5128.64	1058.10	295.41	187.42	239.23	3.17×10^{-3}
1/2.5	1.5	0.270	6973.31	−10998.65	3458.23	−5497.12	1284.63	289.26	179.85	248.91	3.62×10^{-3}
1/3	1.5	0.279	6681.43	−11573.72	3339.37	−5784.43	1417.59	284.97	176.62	257.82	3.91×10^{-3}

情况Ⅰ $\bar{E}=2.55\times10^{7}$kN/m^2

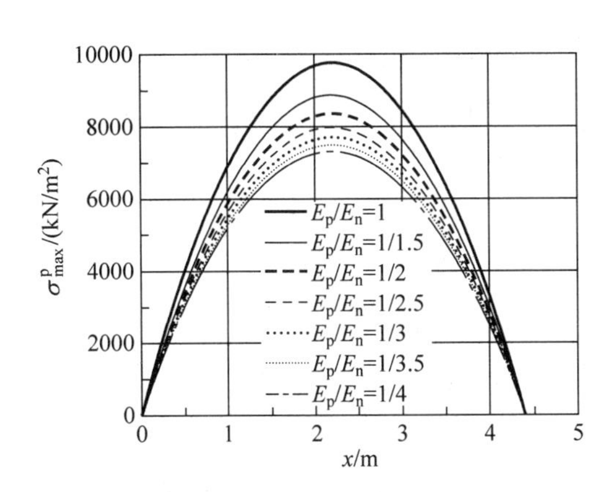

图 5-6 简支梁各种 E_p/E_n 值的最大正应力(拉)响应图

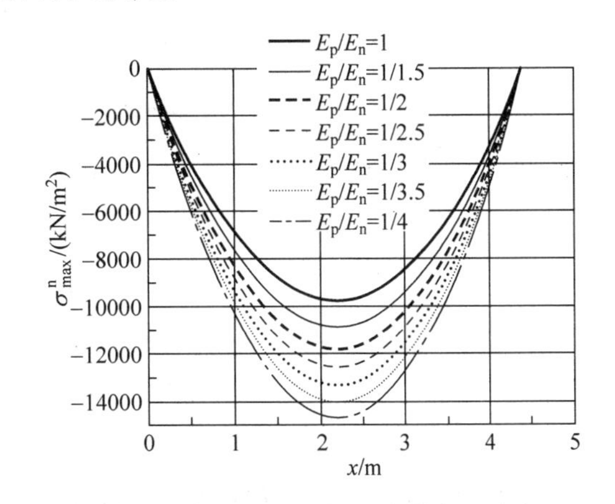

图 5-7 简支梁各种 E_p/E_n 值的最大正应力(压)响应图

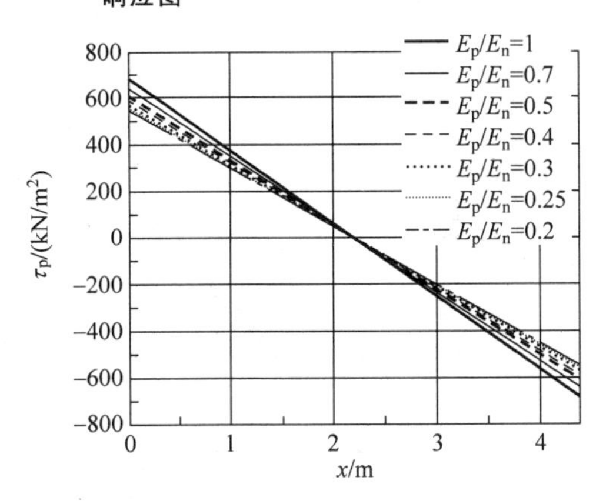

图 5-8 简支梁各种 E_p/E_n 值的拉区剪应力响应图

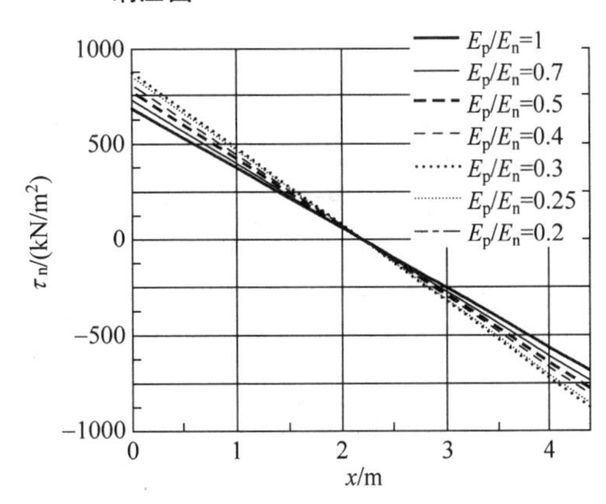

图 5-9 简支梁各种 E_p/E_n 值的压区剪应力响应图

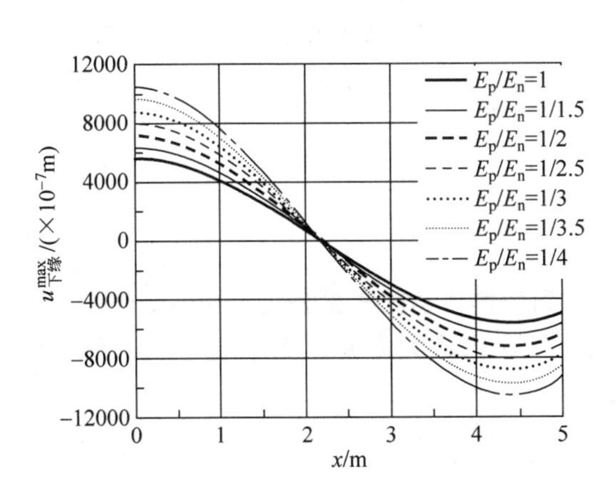

图 5-10 简支梁各种 E_p/E_n 值的梁下缘沿 x 方向位移响应图

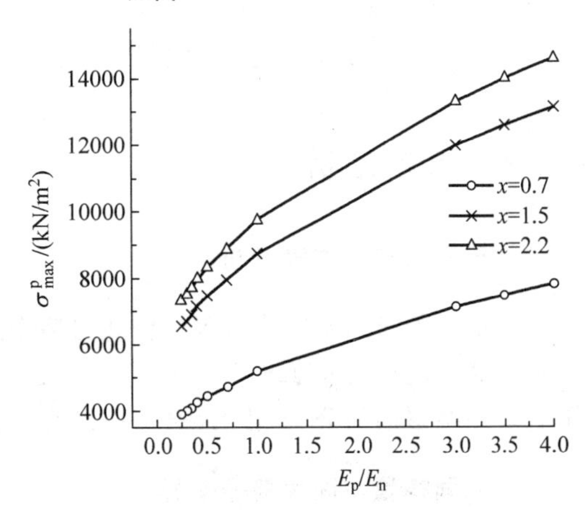

图 5-11 简支梁最大正应力(拉)随 E_p/E_n 的变化

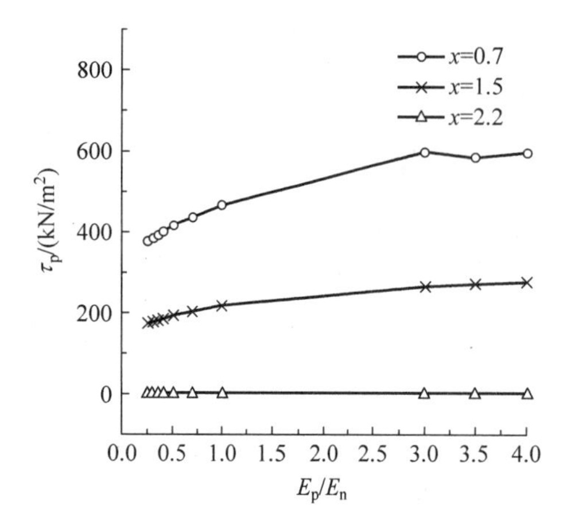

图 5-12 简支梁拉区剪应力随 E_p/E_n 的变化

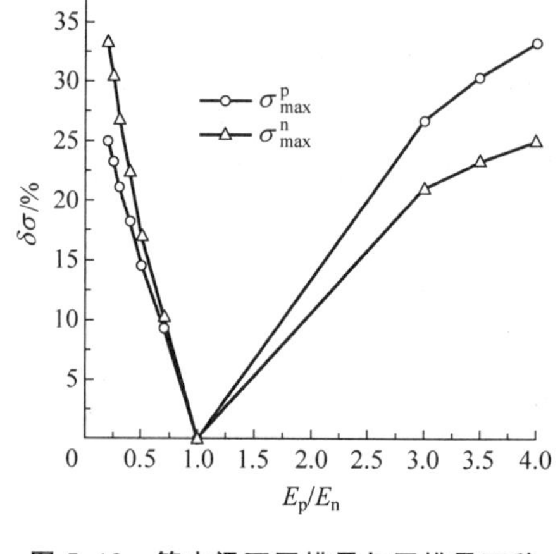

图 5-13 简支梁不同模量与同模量两种方法计算截面最大正应力误差随 E_p/E_n 的变化

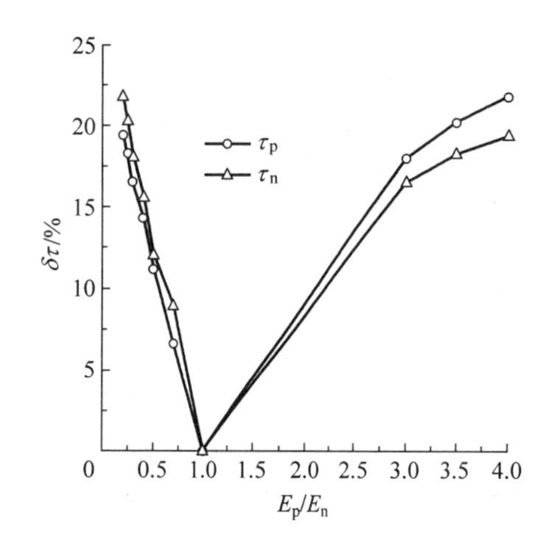

图 5-14 简支梁不同模量与同模量两种方法计算剪应力误差随 E_p/E_n 的变化

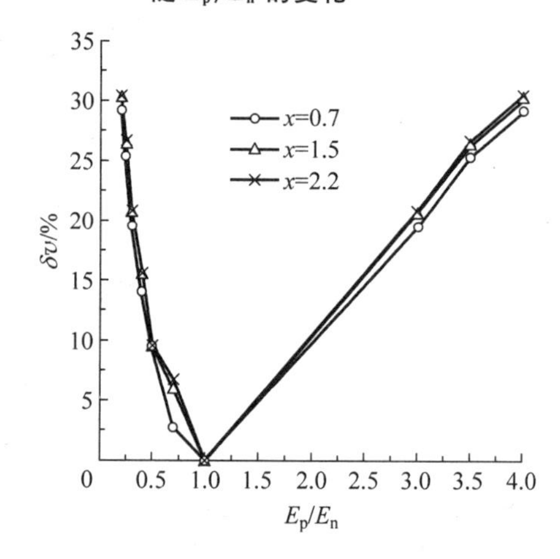

图 5-15 简支梁不同模量与同模量两种方法计算截面沿 y 方向位移误差随 E_p/E_n 的变化

5.6.2 结果分析

1. 三种方法的误差分析

本章所推求的不同模量理论公式可完全退回到经典力学同模量公式。用不同模量理论公式计算不同模量问题与不同模量有限元数值解两者的最大误差在1.01%以内。误差源于有限元网格的划分、迭代、终端值等综合因素。

2. 不同模量与同模量的差异

(1) 当材料的拉压弹性模量改变时,梁的中性轴呈现有规律的变化,见表5-1。随着 E_p 的增加,受拉区高度减少,反之则增加。随着 E_p/E_n 的比值增加,中性轴偏移的高度逐渐变小。

(2) 由于计入了不同模量，截面的正应力及剪应力变化规律也不同于同模量的正应力及剪应力。同模量的正应力及剪应力对称于中性轴，而不同模量的正应力及剪应力不对称于中性轴。以中性轴为界，不仅拉区的正应力及剪应力面积不等于压区正应力及剪应力，且对应的拉、压区对称点，其正应力及剪应力值不相等。

(3) 梁的正应力及剪应力均随着拉压模量比值的改变而变化，拉应力 σ_x^{p} 及拉区剪应力 τ_x^{p} 随着 E_p/E_n 的减小而减小，压应力 σ_x^{n} 及压区剪应力 τ_x^{n} 随 E_p/E_n 的减小而增加，如图 5-6 及图 5-7 所示，这一结果完全吻合刚度调整内力的规律。

(4) 当截面的总刚度不变，仅改变其分配，梁位移随着 E_p/E_n 的增大而增大，如图 5-10 所示，说明截面刚度的不均匀将使位移增大。当 E_p/E_n 在 1/4～4 之间变化，不同模量与相同模量两种方法计算误差达 30%，如图 5-15 所示。

(5) 情况Ⅱ见表 5-2，当 E_p/E_n 比值变化，而 E_n 不变，则截面平均模量已变化，其正应力响应随 E_p/E_n 的变化规律基本同情况Ⅰ，说明应力对 E_p/E_n 的比值敏感，而对 E_p 或 E_n 的绝对值不敏感。增加材料的 E_p 或 E_n，而不改变 E_p/E_n，并非能减少应力。但对挠度，情况Ⅱ远比情况Ⅰ的误差大，当缩小 E_p，$E_p/E_n=1/4$ 与同模量 $E=E_p=E_n$ 相比，两种方法的挠度误差已达 58%。这是因为情况Ⅱ固定 E_n 时，随 E_p/E_n 的增加，不仅由于截面刚度不同导致不均匀性使挠度增加，而且 E_p 减小(截面总刚度减小)又使刚度进一步增加，使该情况下不同模量与经典力学同模量两种方法计算挠度差异进一步增加。该情况在 $\delta v \sim E_p/E_n$ 曲线趋势上十分明显。在情况Ⅰ，$\delta v \sim E_p/E_n$ 曲线在 $E_p/E_n=1/4$～1 与 1～4 两区域内为反对称。但在情况Ⅱ，$\delta v \sim E_p/E_n$ 在两个区域出现不对称，而只在 $E_p/E_n=1/4$～1 区域 δv 偏大(该区域截面总刚度偏小)。

由应力响应图 5-6～图 5-9 可看到 E_p/E_n 的变化与梁应力的分布有关。当应力值增大，则 E_p/E_n 随之增大。也就是说在经典力学中结构的最大应力处也正是不同模量结构的最大应力处，两种方法计算应力的差异也在此达到最大。

第6章 不同模量挡土墙、大坝的解析解

6.1 不定区域中性位置的判定

定理：受外力后处于二向应力状态下的结构，如果主应力 $\sigma_1>0$，$\sigma_2<0$，当且仅当 $\sigma_x=-\sigma_y$ 时，$|\sigma_1|=|\sigma_2|$。当 $\sigma_1>0$，$\sigma_2<0$ 时，显然 $|\sigma_1|=|\sigma_2|$ 即是结构的中性点（不拉不压点）。由 $|\sigma_1|=|\sigma_2|$ 点连续构成的线（面）为结构的中性轴（面）。

推论：由 $\sigma_x=-\sigma_y$ 可唯一确定该结构的中性轴，则中性轴的位置与 τ_{xy} 无关。

证明：由弹性力学主应力计算公式

$$\sigma_1=\frac{\sigma_x+\sigma_y}{2}+\sqrt{\left(\frac{\sigma_x-\sigma_y}{2}\right)^2+\tau_{xy}^2},\quad \sigma_2=\frac{\sigma_x+\sigma_y}{2}-\sqrt{\left(\frac{\sigma_x-\sigma_y}{2}\right)^2+\tau_{xy}^2}$$

则

$$\begin{aligned}|\sigma_1|-|\sigma_2|&=\frac{\sigma_x+\sigma_y}{2}+\sqrt{\left(\frac{\sigma_x-\sigma_y}{2}\right)^2+\tau_{xy}^2}-\\&\quad\left(-\frac{(\sigma_x+\sigma_y)}{2}+\sqrt{\left(\frac{\sigma_x-\sigma_y}{2}\right)^2+\tau_{xy}^2}\right)\\&=\sigma_x+\sigma_y\end{aligned}$$

当 $|\sigma_1|-|\sigma_2|=0$，即 $|\sigma_1|=|\sigma_2|$ 时，有 $\sigma_x=-\sigma_y$。

6.2 结构模型

如图 6-1 所示，一混凝土的挡土墙（或大坝）上顶宽为 a，下底宽为 B，高为 H，承受土压力（或水压力）作用，设土的容重为 $\rho_s g=\gamma_s$，钢筋混凝土容重为 $\rho_c g=\gamma_c$，填土上表面的堆货荷载为 q，土的侧压力系数为 K_a，则土压力值如图 6-1 所示。

挡土墙（或坝）为平面应变问题，可取区间土堆为 1 计算分析。又因为钢筋混凝土材料的泊松比 $\mu=0.167$ 很小，则 z 向的正应力很小可忽略，该结构可近似为二向应力状态，即只考虑应力 σ_x，σ_y，τ_{xy}。

由于挡土墙的截面及自重均沿墙高方向（x 轴）变化，使 yOz 截面上的中性轴均沿 x 轴变化，$h_{中}=f(x)$，则取流动的坐标系统，每增加 Δx，坐标流动一次，流动后 yOz 平面内每一截面，坐标轴均通过中性轴。

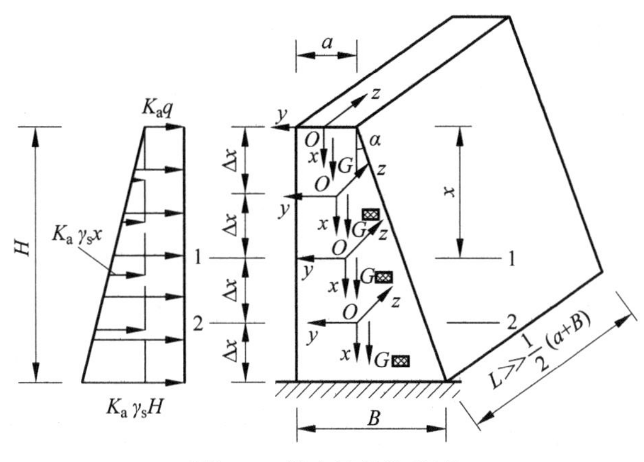

图 6-1 挡土墙结构模型

6.3 横力弯曲正应力、剪应力

6.3.1 正应力

取

$$H > 5\left(\frac{a+B}{2}\right) \tag{a}$$

则该挡土墙为杆件结构(薄壁式挡土墙)。当墙体倾斜度

$$\alpha < 15° \tag{b}$$

时,结构为小变截面杆件,则正应力计算公式可近似取用等截面杆件的弯曲正应力及正应变计算公式,参见式(4-5)。

6.3.2 剪应力

在图 6-1 中,用相距Δx的横截面 1—1 及 2—2 从挡土墙中取一微段,微段的内力应力分布如图 6-2 所示。在横截面上横距坐标为 y 处再用一个截面 a—b 将微段的左部切出,如图 6-3 所示,截面 y 处的剪应力为 $\tau^{\mathrm{p}}(y)$,则由剪应力互等定理及剪应力沿宽度均匀分布的假定,可得 a—b 面上的剪应力为

$$\tau' = \tau^{\mathrm{p}}(y) \tag{c}$$

设微段左部横截面 $a11a$ 及 $b22b$ 的面积为 A_1 及 A_2,在该二截面上由弯曲正应力所构成

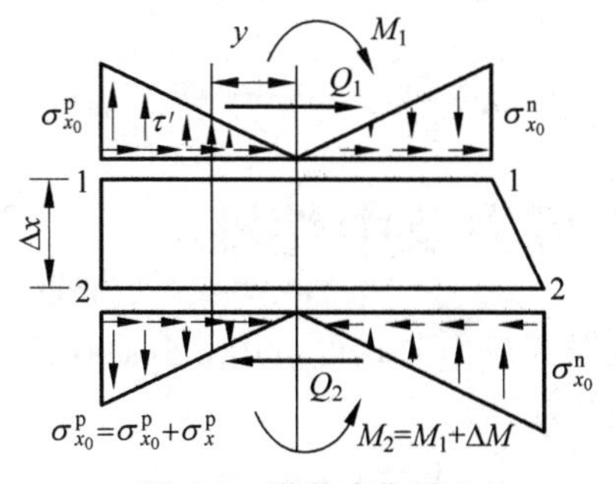

图 6-2 微段应力图 1

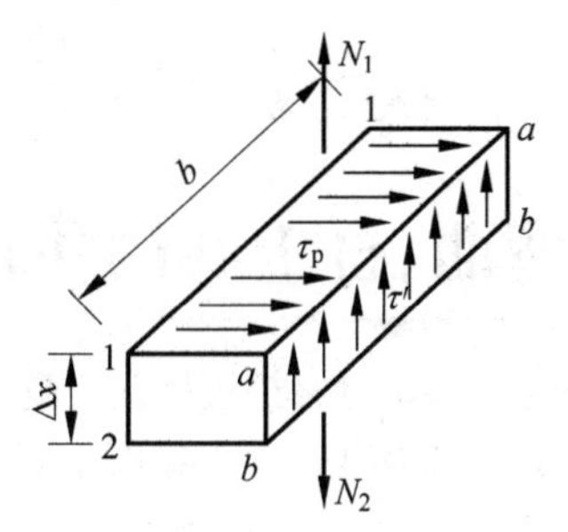

图 6-3 微段应力图 2

的法向合力分别为 N_1 及 N_2，由5.5.1节推导过程可得

$$N_1 = \int_{A_1} \sigma_x^{\mathrm{p}} \mathrm{d}A = \int_{A_1} \frac{3M_1(\sqrt{E_{\mathrm{p}}}+\sqrt{E_{\mathrm{n}}})^2}{bh_1^3 E_{\mathrm{n}}} y^* \mathrm{d}A \tag{d}$$

同理

$$N_2 = \frac{3M_2(\sqrt{E_{\mathrm{p}}}+\sqrt{E_{\mathrm{n}}})^2}{bh_2^3 E_{\mathrm{n}}} \int_{A_2} y^* \mathrm{d}A \tag{e}$$

式中，$\int_A y^* \mathrm{d}A$ 为拉区距中性轴为 y 以外的横截面对中性轴的静矩，如图6-4及图6-5所示。

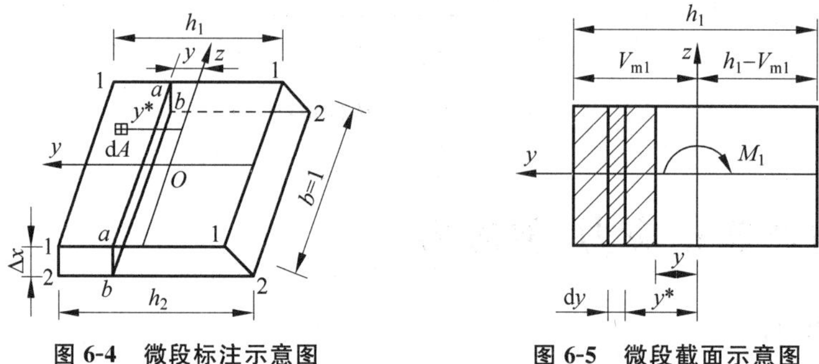

图6-4 微段标注示意图　　图6-5 微段截面示意图

$$\int_{A_1} y^* \mathrm{d}A = \int_y^{V_{\mathrm{m1}}} y^* b \mathrm{d}y^* = \frac{b}{2}(V_{\mathrm{m1}}^2 - y^2)$$
$$= \frac{h}{2}\left[\frac{h_1^2 E_{\mathrm{n}}}{(\sqrt{E_{\mathrm{p}}}+\sqrt{E_{\mathrm{n}}})^2} - y^2\right] \tag{f}$$

$$\int_{A_2} y^* \mathrm{d}A = \int_y^{V_{\mathrm{m2}}} b \mathrm{d}y^* = \frac{b}{2}(V_{\mathrm{m2}}^2 - y^2)$$
$$= \frac{h}{2}\left[\frac{h_2^2 E_{\mathrm{n}}}{(\sqrt{E_{\mathrm{p}}}+\sqrt{E_{\mathrm{n}}})^2} - y^2\right] \tag{g}$$

由微元段左部的法向平衡 $\sum X = 0$，并利用式(c)

$$\tau' b \Delta x = \tau^{\mathrm{p}}(y) b \Delta x = N_2 - N_1 \tag{h}$$

将式(f)、式(g)代入式(d)、式(e)后再代入式(h)并化简得受拉区剪应力公式：

$$\tau_{xy}^{\mathrm{p}} = \frac{3}{2b\Delta x}\left\{\frac{M_2}{h_2}\left[1-\frac{(\sqrt{E_{\mathrm{p}}}+\sqrt{E_{\mathrm{n}}})^2}{E_{\mathrm{n}} h_2^2} y^2\right] - \frac{M_1}{h_1}\left[1-\frac{(\sqrt{E_{\mathrm{p}}}+\sqrt{E_{\mathrm{n}}})^2}{E_{\mathrm{n}} h_1^2} y^2\right]\right\} \tag{6-1}$$

同理，在中性轴以右用 a'—b' 将微元体右部切出，可得压区剪应力公式：

$$\tau_{xy}^{\mathrm{n}} = \frac{3}{2b\Delta x}\left\{\frac{M_2}{h_2}\left[1-\frac{(\sqrt{E_{\mathrm{p}}}+\sqrt{E_{\mathrm{n}}})^2}{E_{\mathrm{p}} h_2^2} y^2\right] - \frac{M_1}{h_1}\left[1-\frac{(\sqrt{E_{\mathrm{p}}}+\sqrt{E_{\mathrm{n}}})^2}{E_{\mathrm{p}} h_1^2} y^2\right]\right\} \tag{6-2}$$

6.4 弯曲、自重共同作用下的正应力及中性轴

当 α 小于15°时，结构为小变截面杆，正应变及正应力公式可沿用等截面杆的计算公式。在 M，N 共同作用下，任一截面上任一点的正应力为

$$\sigma_x^{\mathrm{p}} = E_{\mathrm{p}} \frac{y}{s}, \quad \sigma_x^{\mathrm{n}} = E_{\mathrm{n}} \frac{y}{s} \tag{6-3}$$

6.4.1 中性轴

沿挡土墙高度方向 x 取任一截面分析，如图 6-6 所示。在土压力及自重共同作用下，仅考虑 σ_x 的影响时，受拉区高度为 h_p，取 x 截面以上分析，以上的自重为 $G(x)$，土压力产生的弯矩为 $M(x)$，有

$$G(x)=\frac{1}{2}(a+h(x))\gamma_c x,\quad M(x)=\frac{K_a x^2}{6}(3q+\gamma_s x)$$

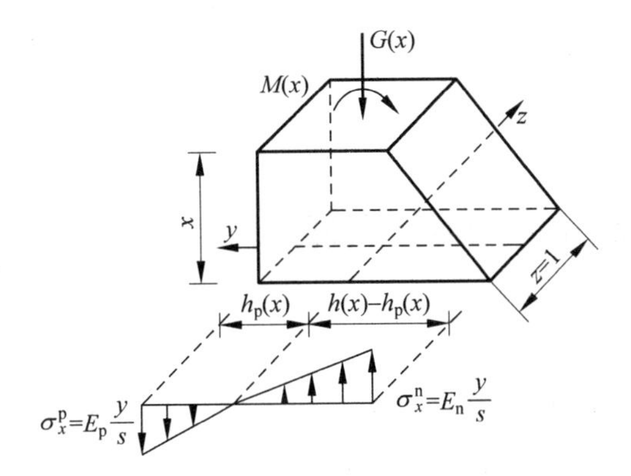

图 6-6 挡土墙上部隔离图

由上段的平衡条件及圣维南原理有

$$\int_{h_p(x)-h(x)}^{0} E_n \frac{y}{s}\mathrm{d}y+\int_{0}^{h_p(x)} E_p \frac{y}{s}\mathrm{d}y+\frac{1}{2}(a+h(x))\gamma_c x=0 \tag{i}$$

$$\int_{h_p(x)-h(x)}^{0} E_n \frac{y}{s}y\mathrm{d}y+\int_{0}^{h_p(x)} E_p \frac{y}{s}y\mathrm{d}y-\frac{K_a x^2}{6}(3q+\gamma_s x)=0 \tag{j}$$

积分并联立上二式，解之并化简得

$$\begin{aligned}&(E_n-E_p)(a+h(x))\gamma_c x h_p^3(x)+\\&\left[\frac{K_a x^2}{2}(3q+\gamma_s x)(E_n-E_p)-3E_n h(x)(a+h(x))\gamma_c x\right]h_p^2(x)+\\&3E_n h(x)\left[(a+h(x))\gamma_c h(x)x-\frac{K_a x^2}{3}(3q+\gamma_s x)\right]h_p(x)+\\&E_n h^2(x)\left[\frac{K_a x^2}{2}(3q+\gamma_s x)-(a+h(x))\gamma_c x h(x)\right]=0\end{aligned} \tag{6-4}$$

解上式有

$$h_p(x)=-\frac{B}{3A}+\frac{(1-\mathrm{i}\sqrt{3})J}{3\times 2^{2/3}A\sqrt[3]{F+\sqrt{4J^2+F^2}}}+\frac{(1+\mathrm{i}\sqrt{3})\sqrt[3]{F+\sqrt{4J^2+F^2}}}{6\times 2^{1/3}A} \tag{6-5}$$

其中，

$$A=(E_n-E_p)(a+h(x))\gamma_c x$$

$$B=\frac{K_a x^2}{2}(3q+\gamma_s x)(E_n-E_p)-3E_n h(x)(a+h(x))\gamma_c x$$

$$C=3E_n h(x)\left[(a+h(x))\gamma_c h(x)x-\frac{K_a x^2}{3}(3q+\gamma_s x)\right]$$

$$D=E_n h^2(x)\left[\frac{K_a x^2}{2}(3q+\gamma_s x)-(a+h(x))\gamma_c x h(x)\right]$$

$$F=-2B^2-9ABC-27A^2D,\quad J=-B^2+3AC$$

式(6-5)即为挡土墙仅计入 x 向应力时的中性轴计算公式。

6.4.2 正应力公式

参见4.1.2节，正应力公式为

$$\begin{cases}\sigma_x^{\mathrm{p}}=\dfrac{3M(x)\left(\sqrt{E_{\mathrm{p}}}+\sqrt{E_{\mathrm{n}}}\right)^2}{bh^3(x)E_{\mathrm{n}}}y'=\dfrac{K_{\mathrm{a}}x^2(3q+\gamma_{\mathrm{s}}x)\left(\sqrt{E_{\mathrm{p}}}+\sqrt{E_{\mathrm{n}}}\right)^2}{2h^3(x)E_{\mathrm{n}}}y'\\ \sigma_x^{\mathrm{n}}=\dfrac{3M(x)\left(\sqrt{E_{\mathrm{p}}}+\sqrt{E_{\mathrm{n}}}\right)^2}{bh^3(x)E_{\mathrm{p}}}y'=\dfrac{K_{\mathrm{a}}x^2(3q+\gamma_{\mathrm{s}}x)\left(\sqrt{E_{\mathrm{p}}}+\sqrt{E_{\mathrm{n}}}\right)^2}{2h^3(x)E_{\mathrm{p}}}y'\end{cases}\tag{6-6}$$

上式即为不同模量理论挡土墙的 x 向正应力计算公式，任意 y' 为计入轴力 G 后的新坐标值。

6.5 同时计入 x，y 向的中性轴

6.5.1 y 向正应力

σ_y 为横力引起的挤压应力，可直接得到

$$\sigma_y=-K_{\mathrm{a}}(q+\gamma_{\mathrm{s}}x)\tag{6-7}$$

6.5.2 计入 x 及 y 两方向应力后形成的中性轴

沿挡土墙高度方向取任一长度 x 作垂直于 x 轴的截面，如图6-7所示，在同一截面内，σ_y 为常量。根据6.1节中证明的定理可唯一确定该结构中性轴。由于 σ_y 的加入，使截面中性轴向受拉区偏移，即压区加大，h_{p} 变小到 h_{p}^*，中性轴移至 $\sigma_x^{\mathrm{p}}=-\sigma_y$ 处，设该点距 z 轴之距为 y^*，则

$$\frac{K_{\mathrm{a}}x^2(3q+\gamma_{\mathrm{s}}x)\left(\sqrt{E_{\mathrm{p}}}+\sqrt{E_{\mathrm{n}}}\right)^2}{2h^3(x)E_{\mathrm{n}}}y^*=-\left[-K_{\mathrm{a}}(q+\gamma_{\mathrm{s}}x)\right]$$

$$y^*=\frac{2K_{\mathrm{a}}(q+\gamma_{\mathrm{s}}x)h^3(x)E_{\mathrm{n}}}{K_{\mathrm{a}}x^2(3q+\gamma_{\mathrm{s}}x)\left(\sqrt{E_{\mathrm{p}}}+\sqrt{E_{\mathrm{n}}}\right)^2}\tag{6-8}$$

受拉区的高度

$$h_{\mathrm{p}}^*=h_{\mathrm{p}}-y^*\tag{6-9}$$

式(6-8)、式(6-9)为挡土墙结构同时计入 σ_x 及 σ_y 的最终中性轴计算公式。

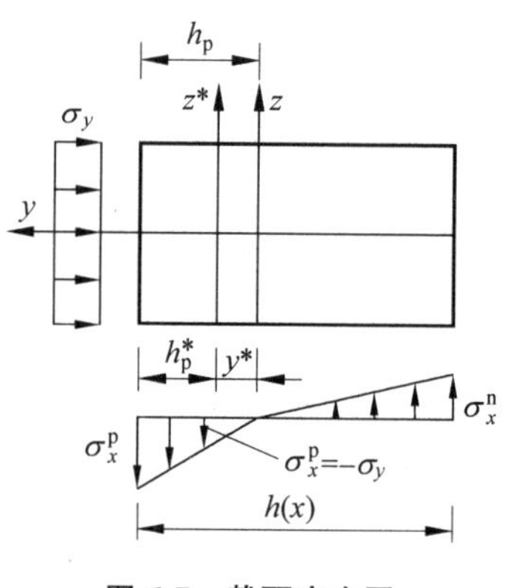

图6-7 截面应力图

6.6 算例及结果分析

6.6.1 实例

如图6-8所示，为一港口区域的悬臂式挡土墙，墙顶宽0.5m，墙根宽1.9m，$\tan\alpha=0.2$，悬臂部分的墙高为7.0m，墙后回填土，墙顶有堆货荷载，其土压力如图中所示，弹性模量 $\bar{E}=2.2\times10^7\,\mathrm{kN/m^2}$。

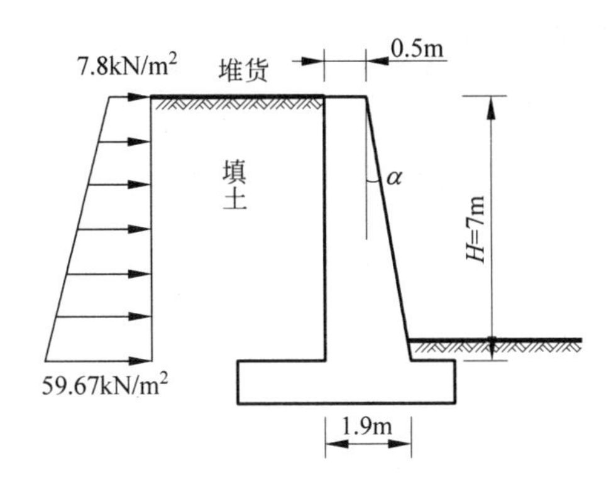

图 6-8 挡土墙示意图

取 $E_p/E_n=1/4,1/3.5\sim3.5,4$。用经典力学同模量理论、不同模量理论解析解及不同模量有限元数值解法分别计算，表 6-1～表 6-3 及图 6-9～图 6-18 中仅列出了部分计算结果(取悬挑部分计算)。

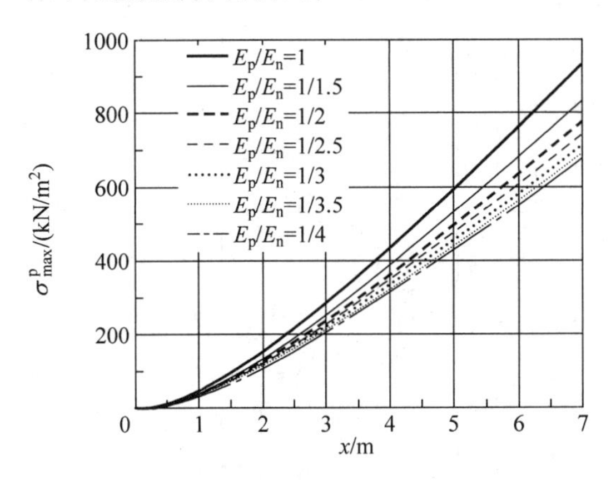

图 6-9 挡土墙各种 E_p/E_n 值的最大正应力(拉)响应图

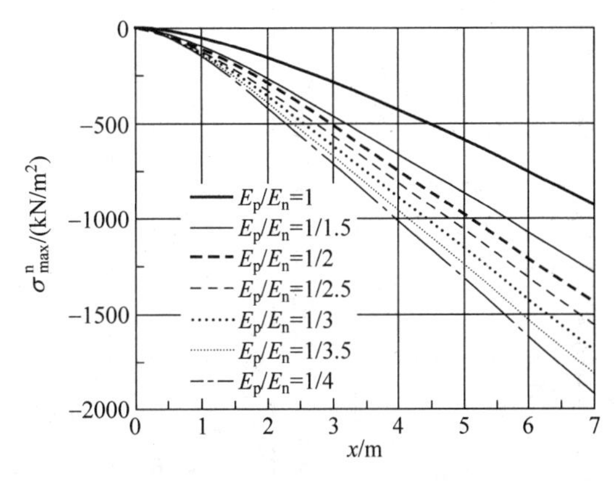

图 6-10 挡土墙各种 E_p/E_n 值的最大正应力(压)响应图

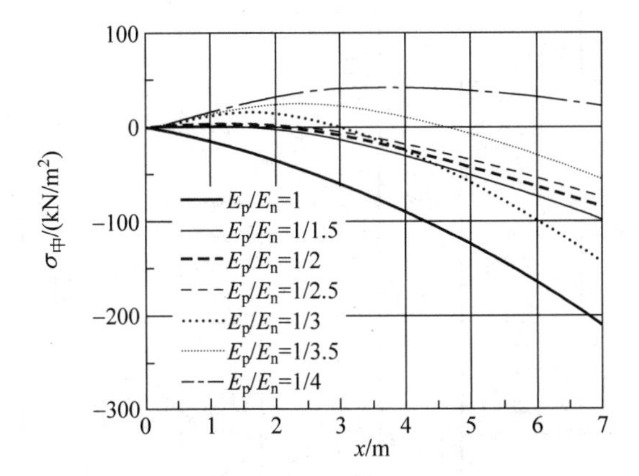

图 6-11 挡土墙各种 E_p/E_n 值的截面中点正应力响应图

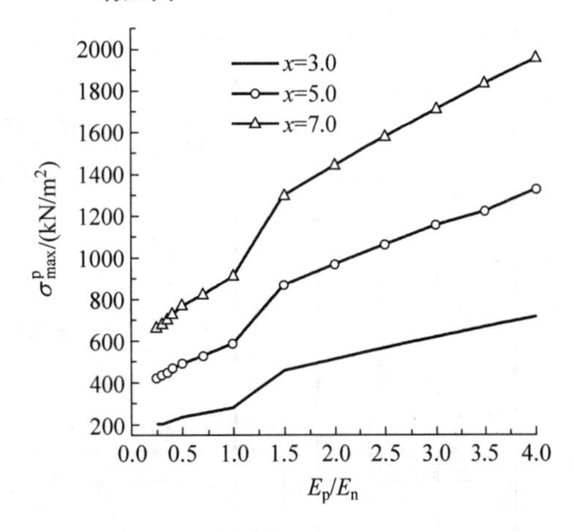

图 6-12 挡土墙截面最大正应力(拉)随 E_p/E_n 的变化

表 6-1 经典力学挡土墙同模量理论解析解

E_p/E_n	E_p /(kN/m^2)	E_n /(kN/m^2)	截面 x=	中性轴 Ⅰ/m	中性轴 Ⅱ/m	$\sigma^p_{x\max}$ /(kN/m^2)	$\sigma^n_{x\max}$ /(kN/m^2)	$\bar{\sigma}_p$ /(kN/m^2)	$\bar{\sigma}_n$ /(kN/m^2)	$\sigma_中$ /(kN/m^2)	$\tau^p(0.2)$ /(kN/m^2)	$\tau^n(0.2)$ /(kN/m^2)
1.0	2.2×10^7	2.2×10^7	3.0	0.466		287.87	−390.97	143.94	−195.49	−51.55	76.49	76.49
			5.0	0.661		590.68	−751.68	295.34	−375.84	−80.00		
			7.0	0.852		915.79	−1127.53	457.90	−563.77	−105.87	114.91	114.94

表 6-2 不同模量挡土墙理论解析解

E_p/E_n	E_p /(kN/m^2)	E_n /(kN/m^2)	截面 x=	中性轴 Ⅰ/m	中性轴 Ⅱ/m	$\sigma^p_{x\max}$ /(kN/m^2)	$\sigma^n_{x\max}$ /(kN/m^2)	$\bar{\sigma}_p$ /(kN/m^2)	$\bar{\sigma}_n$ /(kN/m^2)	$\sigma_中$ /(kN/m^2)	$\tau^p(0.2)$ /(kN/m^2)	$\tau^n(0.2)$ /(kN/m^2)
1.0	2.2×10^7	2.2×10^7	3.0	0.458	0.409	282.64	−396.2	141.32	−198.1	−56.78	76.49	76.49
			5.0	0.657	0.607	588.39	−754.97	294.20	−377.49	−83.29		
			7.0	0.848	0.792	911.96	−1131.35	455.98	−565.68	−109.69	114.91	114.91
1/1.5	1.76×10^7	2.64×10^7	3.0	0.499	0.440	253.97	−458.83	126.99	−229.42	−38.94	76.97	75.83
			5.0	0.716	0.655	528.74	−868.44	264.37	−434.22	−37.66		
			7.0	0.926	0.859	821.48	−1296.09	410.74	−648.05	−31.94	115.23	114.48
1/2	1.47×10^7	2.43×10^7	3.0	0.526	0.459	236.8	−515.05	118.4	−257.53	−21.54	77.24	75.22
			5.0	0.756	0.687	493.93	−968.86	246.97	−484.43	39.2		
			7.0	0.978	0.902	767.37	−1441.94	383.69	−720.97	21.97	115.25	113.8

表 6-3 不同模量挡土墙理论有限元数值解

E_p/E_n	E_p/(kN/m^2)	E_n/(kN/m^2)	截面 x=	中性轴 Ⅰ/m	中性轴 Ⅱ/m	$\sigma^p_{x\max}$/(kN/m^2)	$\sigma^n_{x\max}$/(kN/m^2)	$\bar{\sigma}_p$/(kN/m^2)	$\bar{\sigma}_n$/(kN/m^2)
1/1.5	1.76×10^7	2.64×10^7	3.0	0.501	0.442	248.56	−437.4	124.22	−218.68
			5.0	0.721	0.66	500.98	−837.06	250.51	−418.55
1/2	1.47×10^7	2.43×10^7	3.0	0.529	0.462	242.8	−500.14	121.4	−250.72
			5.0	0.758	0.687	485.14	−847.30	242.63	−423.66
1/2.5	1.26×10^7	3.14×10^7	3.0	0.550	0.477	219.39	−538.14	109.69	−269.08
			5.0	0.789	0.714	476.98	−1062.66	238.47	−531.34
1/3	1.1×10^7	3.3×10^7	3.0	0.563	0.485	209.4	−647.69	104.72	−323.86
			5.0	0.811	0.73	467.19	−1142.37	233.61	−571.17

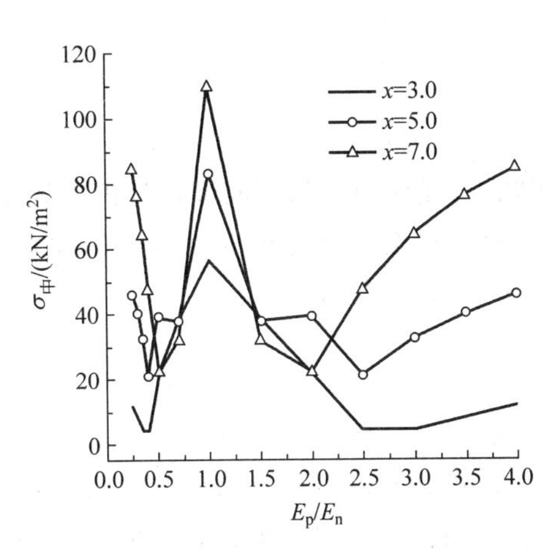

图 6-13 挡土墙截面中点正应力随 E_p/E_n 的变化

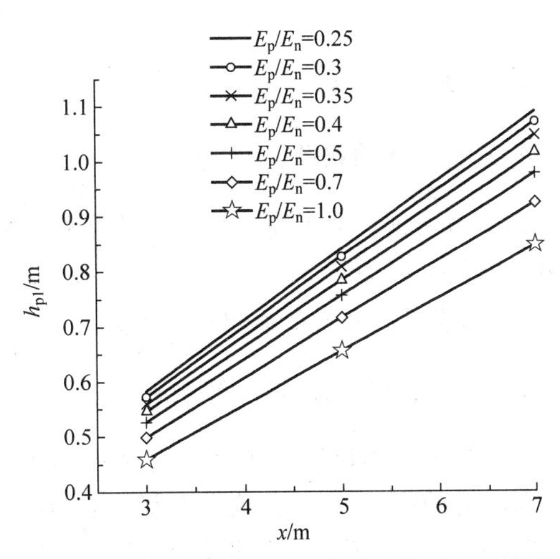

图 6-14 挡土墙各种 E_p/E_n 值的中性轴Ⅰ响应图

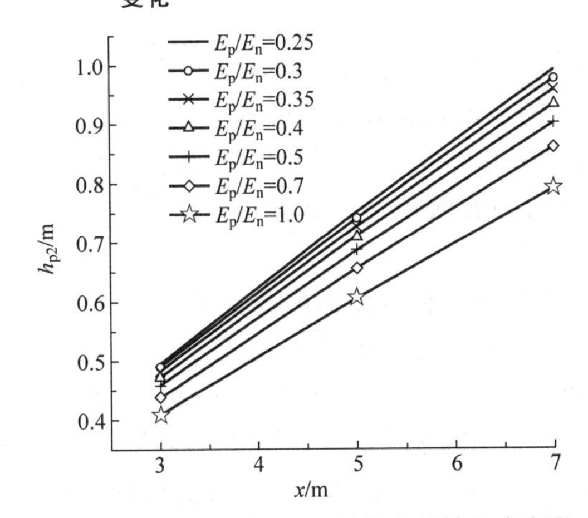

图 6-15 挡土墙各种 E_p/E_n 值的中性轴Ⅱ响应图

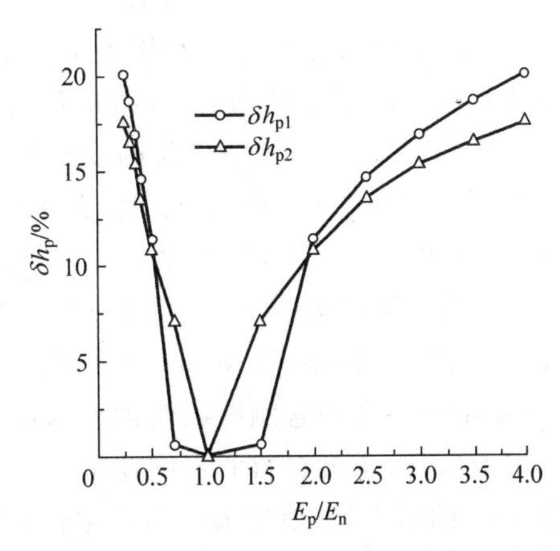

图 6-16 挡土墙不同模量与同模量两种方法计算 $x=3.0$ 截面中性轴误差随 E_p/E_n 的变化

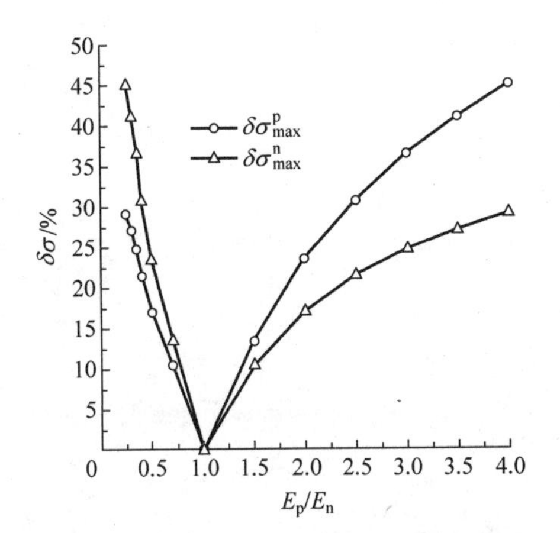

图 6-17 挡土墙不同模量与同模量两种方法计算 $x=5.0$ 截面最大正应力误差随 E_p/E_n 的变化

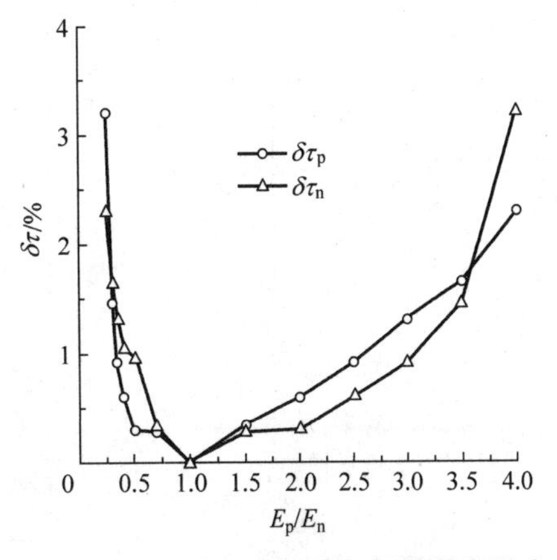

图 6-18 挡土墙不同模量与同模量两种方法计算 $x=5.0$ 截面剪应力误差随 E_p/E_n 的变化

6.6.2 结果分析

1. 三种方法的误差

用本节所推求的不同模量公式计算相同模量问题，与经典力学的相同模量解析解相比，两者之间的误差为0.01%～0.15%。用本节所推求的不同模量理论公式计算不同模量问题，与不同模量有限元数值解两者的误差为0.3%～4.6%。

2. 不同模量与相同模量的差异

(1) 当材料的拉压弹性模量改变时，梁的中性轴呈现有规律的变化，图6-14为仅计入x方向应力的中性轴，变化规律明显，随着压弹性模量的增加，受拉区高度增加，压区高度减小，增减的速度随E_p/E_n的增加而减少。图6-15为同时计入x及y两方向应力后的中性轴，其变化总趋势与图6-14相同，而且相同x点纵标基本相同，这说明：σ_y的作用非常小，中性轴变化主要取决于σ_x的分布。

(2) 挡土墙结构的正应力及剪应力完全不同于经典力学同模量的应力分布，正应力及剪应力均不对称于中性轴，且截面相对应(相同竖标)的点其应力值不等。

(3) 正应力、剪应力随柱高的变化趋势与经典力学相同。不同之处仅反映在应力值的大小不同，且随着E_p/E_n的增大，其不同模量与经典同模量的差异逐步变小，如图6-9、图6-10及表6-1～表6-3所示。

(4) 挡土墙结构的正应力及剪应力均随着拉压弹性模量比值的改变而变化，拉应力σ_x^p及拉区剪应力τ_x^p随着E_p/E_n的减小而减小，压应力σ_x^n及压区剪应力τ_x^n随E_p/E_n的减小而增加，这一结果完全吻合刚度调整内力的规律，如图6-9～图6-10及表6-1～表6-3所示。

综上所述，考虑材料的不同模量后，加大压模量将减小拉应力，同时也提高压应力，且随着E_p/E_n的增大，差值增大。本章中计算了$E_p/E_n=1/4$～4两种方法所计算的最大正应力误差达46%，差异十分明显。

不同模量静定刚架的解析解

静定平面刚架为杆件组合结构，其各杆件均处于复杂应力状态，以下给出该结构的计算方法及计算公式。

7.1 结构模型

对任一静定平面刚架，如图7-1所示，选单层两跨刚架，可作用任意荷载(图中未画)，对刚架的每一杆件分别设置坐标，设置原则为：以各杆件的其中一端点作为最初的坐标系的起点(对杆件的每一截面，由于M，N的不同，导致受拉区高度h_p即中性轴不同，则沿轴向逐步变动，使每一截面坐标原点均通过中性轴)，x轴始终沿杆件的长轴方向，y轴沿各杆件截面的高度方向，z轴沿杆件截面的厚度(宽度)方向。

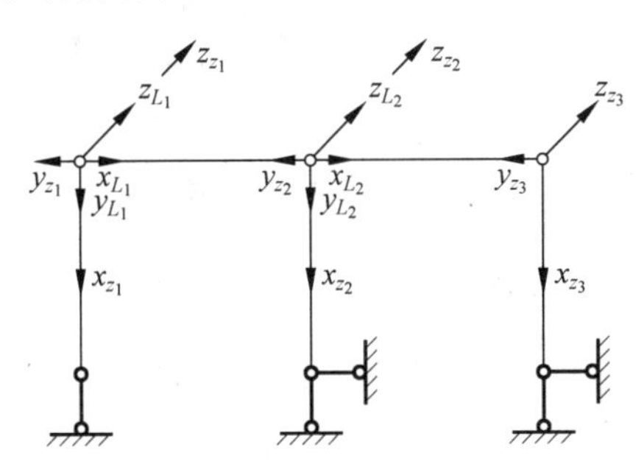

图7-1 静定刚架模型

7.2 计算方法及解析解公式

7.2.1 计算步骤

第一，将整体刚架按经典力学的同模量理论计算出刚架的各杆端内力M,Q,N。

第二，将刚架分离为单根的杆件，分离后的各杆件如图7-2所示(左右两端分别作用有截面暴露后的相邻杆件对端点的作用)，取任一截面，以左隔离，如图7-3所示，由平衡条件可得到

$$M(x) = M_A + Q_A x - \int_0^x q(x)(x - x^*)\,\mathrm{d}x - P(x-a) \tag{7-1}$$

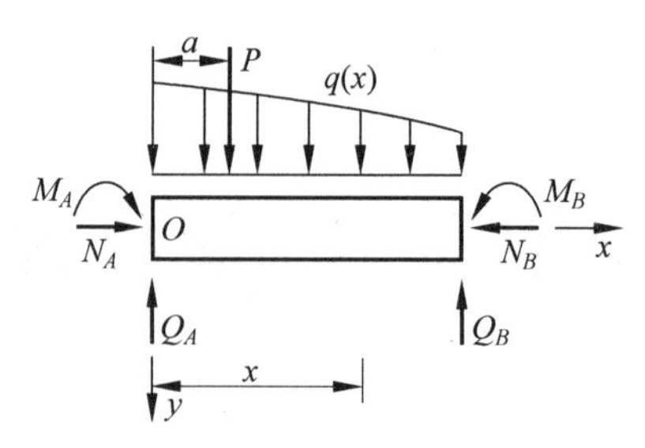

图 7-2 刚架任意杆件受力图

7.2.2 解析解公式

对以上各杆件，考虑最复杂的受力情况为横力弯曲及轴力的组合，即分布荷载 $q(x)$ 与集中力 P 及两端剪力 Q 共同产生的横力弯曲已反映在任一截面的弯曲内力 $M(x)$ 中。设在 $M(x)$ 及 N 的共同作用下的杆，任一截面的高度为 h，受拉区高度为 h_p，如图 7-4 所示，则中性轴 h_p 的计算公式可直接应用公式(4-9)。

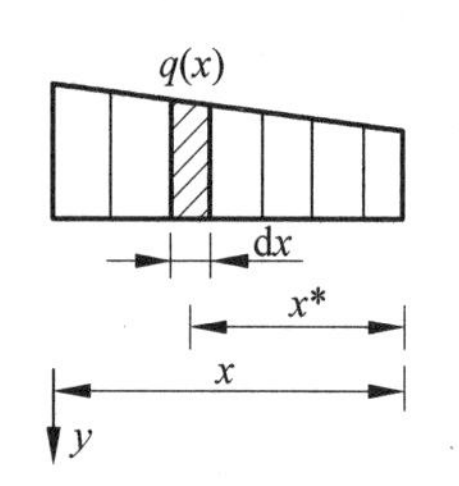

图 7-3 分离后的杆件

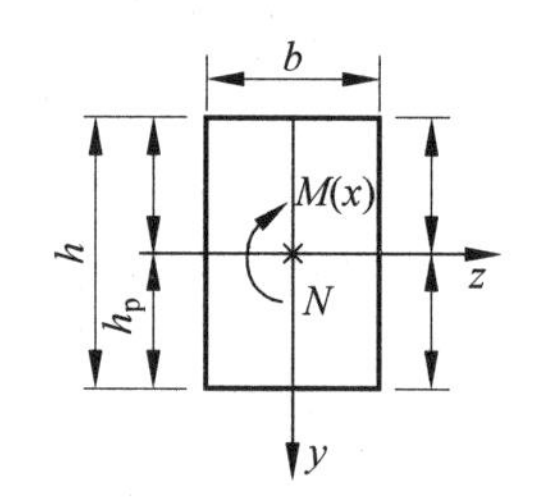

图 7-4 截面示意图

在 $M(x)$ 及 N 的共同作用下，任一截面上拉(或压)任一点的正应力可应用公式(4-10)。以上杆件，任一截面上拉(或压)区任一点的剪应力可应用公式(5-3)。

7.3 算例及结果分析

1. 实例计算

图 7-5 为静定刚架，BC 杆、AC 杆截面均为 $b\times h=0.3\text{m}\times 0.6\text{m}$，$CD$ 杆截面 $b\times h=0.2\text{m}\times 0.4\text{m}$，平均弹性模量 $\bar{E}=2.55\times 10^7\text{kN/m}^2$，取不同弹性模量 $E_p/E_n=1/3.0,1/1.5,1/2.0,1/2.5,1.0,1.5,2.0,2.5,3.0$，计算各杆件的中性轴及应力，并分别用三种方法计算(经典力学同模量理论，不同模量理论解析解，不同模量有限元数值解法)，结果如表 7-1 及图 7-6～图 7-15 所示。由于 BC 杆及 CD 杆均为同类杆件(横力弯曲杆)，AC 杆为横力弯曲及轴力组合杆件，则表 7-1 中仅列出 CD 杆及 AC 杆的计算结果。

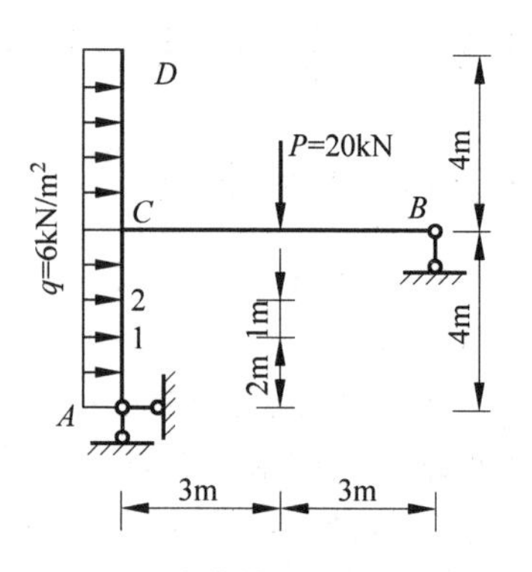

图 7-5 外荷载下的静定刚架

表 7-1 不同模量静定刚架解析解

E_p/E_n	杆件	截面 $x=$	h_p/m	σ_{max}^p /(kN/m²)	σ_{max}^n /(kN/m²)	$\bar{\sigma}_p$ /(kN/m²)	$\bar{\sigma}_n$ /(kN/m²)	$\sigma_中$ /(kN/m²)	$\tau_中$ /(kN/m²)	$\tau_{y=\frac{n}{4}}$ /(kN/m²)	$\tau_{y=-\frac{n}{4}}$ /(kN/m²)
经典力学 1	CD	C	0.2	9000.00	−9000.00	4500	−4500.00	0.00	450.00	337.5	337.5
		4	0.2	5062.50	−5062.50	2531.25	−2531.25	0.00	337.50	253.08	253.08
		5	0.2	2250.00	−2250.00	1125.00	−1125.00	0.00	225.00	168.72	168.72
	AC	1	0.292	4544.45	−4788.89	2272.23	−2272.23	−122.22	300.00	266.67	266.67
		2	0.294	6377.78	−6622.22	3188.89	−3188.89	−122.22	250.00	222.22	222.22
		C	0.295	7877.78	−8122.22	3938.89	−3938.89	−122.22	200.00	177.78	177.78
1	CD	C	0.2	9000.00	−9000.00	4500.00	−4500.00	0.00	450.00	337.5	337.5
		4	0.2	5062.50	−5062.50	2531.25	−2531.25	0.00	337.50	253.08	253.08
		5	0.2	2250.00	−2250.00	1125.00	−1125.00	0.00	225.00	168.72	168.72
	AC	1	0.292	4542.93	−4791.86	2271.47	−2271.47	−124.45	299.76	266.67	266.67
		2	0.294	6371.00	−6631.02	3185.50	−3185.50	−129.56	249.90	222.22	222.22
		C	0.295	7867.9	−8134.6	3933.95	−3933.95	−133.34	199.92	177.78	177.78
1/1.5	CD	C	0.22	8166.47	−10022.75	4083.24	−5011.375	742.41	446.60	357.12	310.68
		4	0.22	4593.64	−5637.80	2296.82	−2818.9	417.61	334.80	267.84	233.01
		5	0.22	2041.62	−2505.72	1020.81	−1252.86	185.60	223.2	178.56	155.34
	AC	1	0.320	4106.91	−5389.73	2053.10	−2694.69	256.64	298.92	272.70	259.20
		2	0.323	5772.95	−7426.2	2886.48	−3713.1	411.08	248.81	277.25	216.00
		C	0.324	7217.17	−9106.94	3563.59	−4553.47	527.94	199.05	181.80	172.80
1/2	CD	C	0.234	7540.43	−10884.45	3770.22	−5442.23	1095.62	440.53	367.92	286.2
		4	0.234	4241.43	−7202.52	2120.72	−3601.26	606.28	330.39	275.92	214.65
		5	0.234	1885.08	−3201.12	942.54	−1600.56	273.90	220.26	183.96	143.10
	AC	1	0.341	3864.4	−5870.2	1932.2	−2935.1	464.63	295.94	275.94	251.64
		2	0.344	5429.86	−8081.65	2714.93	−4040.83	694.63	246.14	229.95	209.70
		C	0.346	6721.76	−9868.94	3360.88	−4934.47	893.64	196.60	183.96	167.76

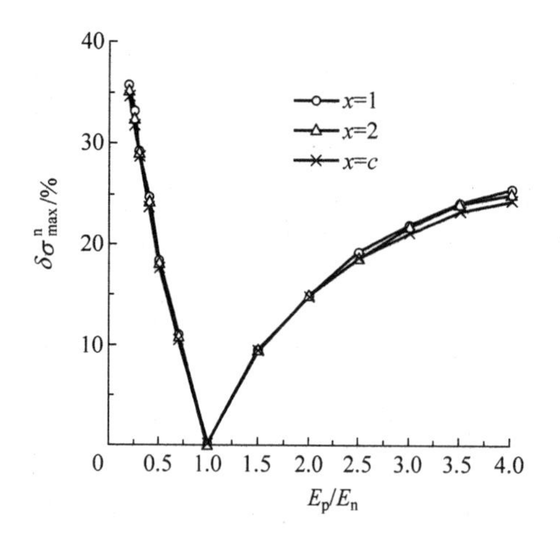

图 7-6 静定刚架不同模量与同模量两种方法计算 *AC* 杆最大正应力(压)误差随 E_p/E_n 的变化

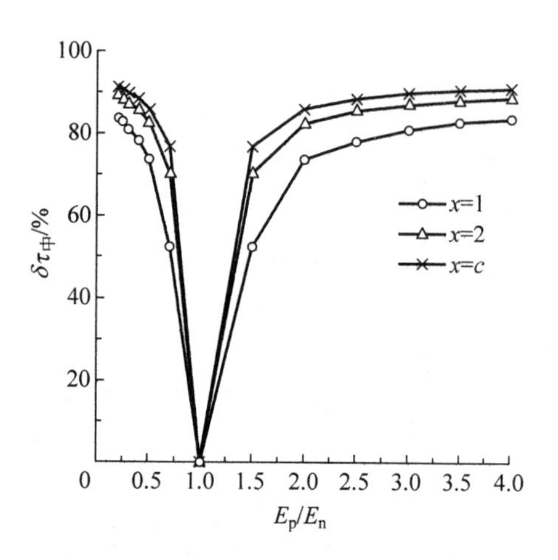

图 7-7 静定刚架不同模量与同模量两种方法计算 *AC* 杆中点剪应力误差随 E_p/E_n 的变化

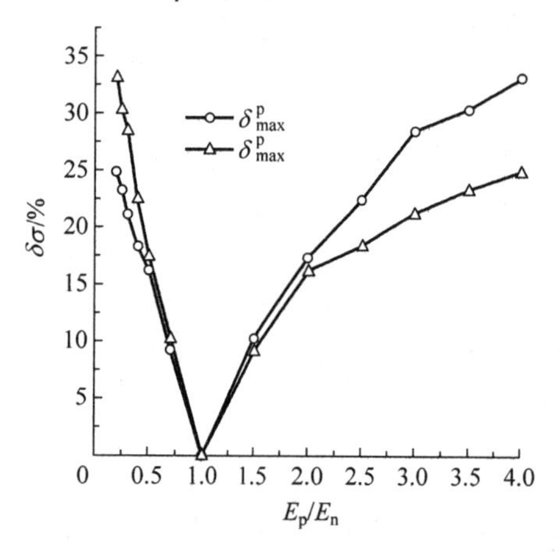

图 7-8 静定刚架不同模量与同模量两种方法计算 *CD* 杆最大正应力误差随 E_p/E_n 的变化

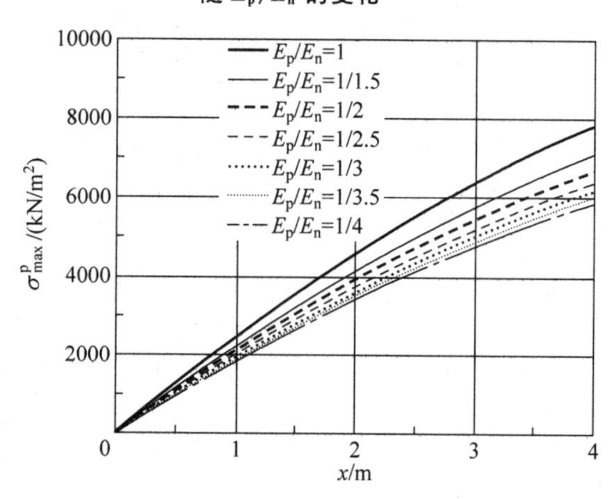

图 7-9 静定刚架各种 E_p/E_n 值 *AC* 杆最大正应力(拉)响应图

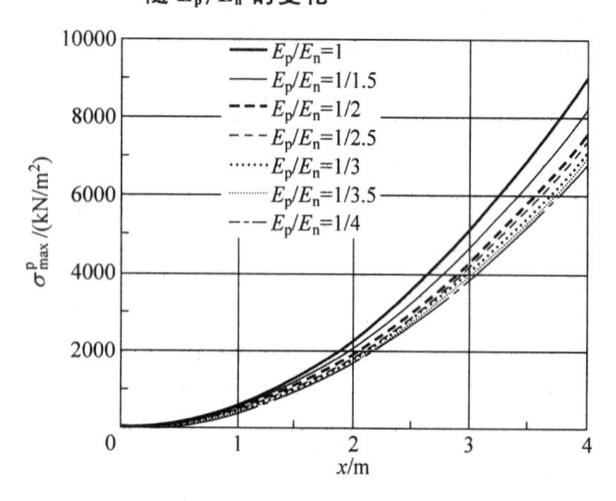

图 7-10 静定刚架各种 E_p/E_n 值 *CD* 杆最大正应力(拉)响应图

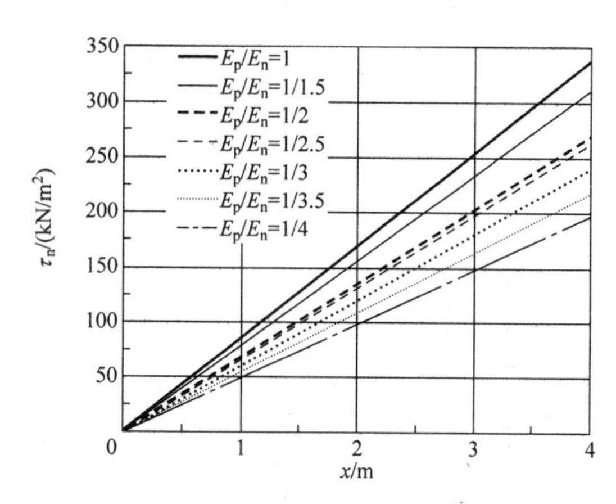

图 7-11 静定刚架各种 E_p/E_n 值 *CD* 杆压区剪应力响应图

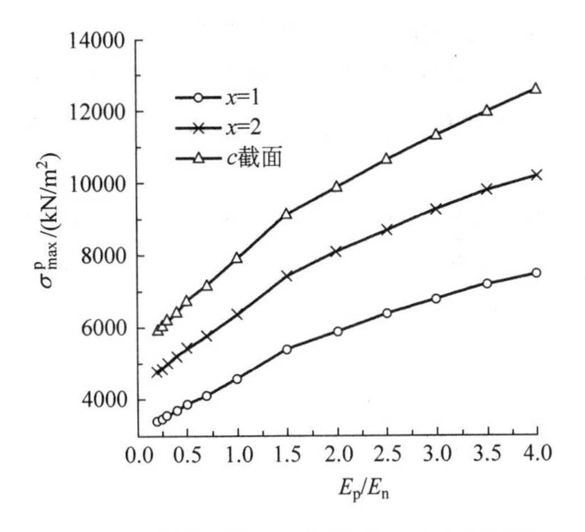

图 7-12 静定刚架 *AC* 杆最大正应力(拉)随 E_p/E_n 的变化

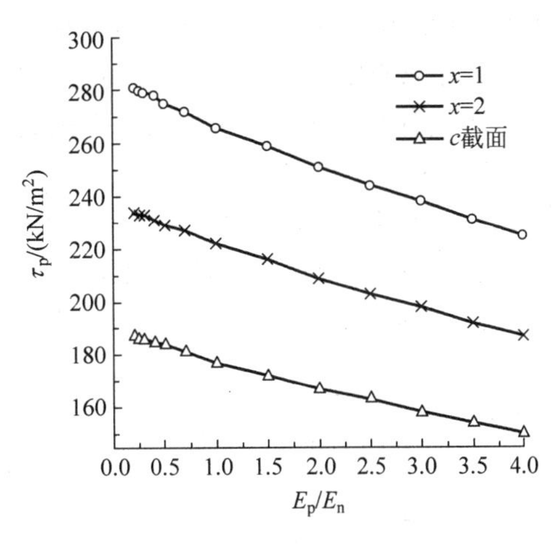

图 7-13 静定刚架 *AC* 杆拉区剪应力随 E_p/E_n 的变化

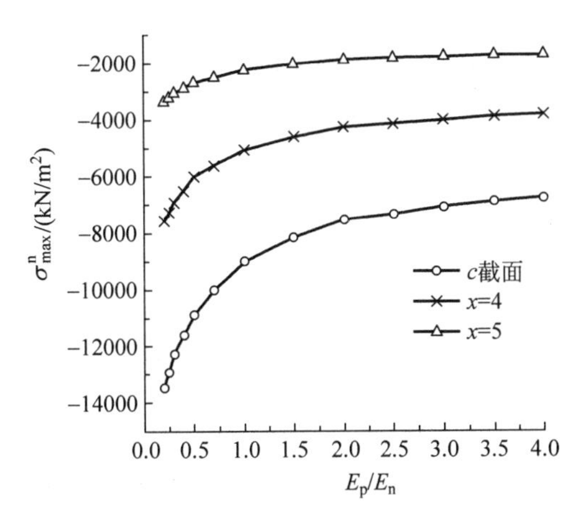

图 7-14 静定刚架 *CD* 杆最大正应力(压)随 E_p/E_n 的变化

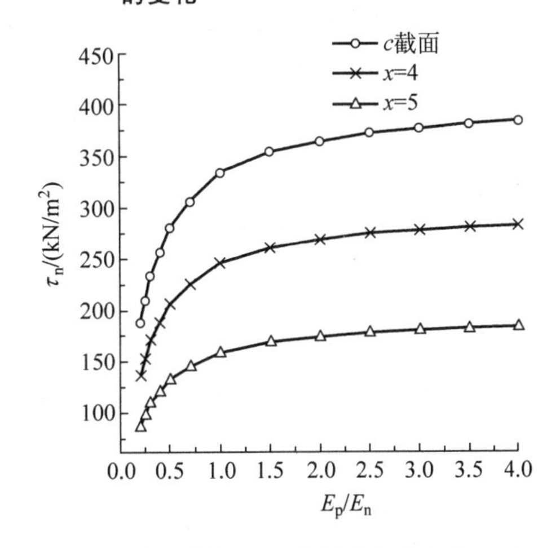

图 7-15 静定刚架 *CD* 杆压区剪应力随 E_p/E_n 的变化

对横力弯曲杆,可完全退回到经典力学同模量理论,而对横力弯曲与轴力组合杆,其误差为 0.00%~0.15%。

用本节的不同模量公式计算不同模量问题,与不同模量有限元数值解两者误差为 0.0%~4.4%。

2. 不同模量与相同模量的差异

(1) 当材料的拉压弹性模量改变时,各杆件的中性轴呈现有规律的变化,如表 7-1 所示。随着 E_p 的增加,受拉区高度减小,反之增加。

(2) 对横力弯曲杆件,经典力学同模量计算所得正应力及剪应力在截面上分布对称于截面中性轴,但不同模量理论计算所得的 σ 及 τ 分布不对称于中性轴,并且在距中性轴的上、下竖标均不相等,如图 7-9~图 7-12 所示。随着 E_p/E_n 的增大,这种偏离值越大。

(3) 各杆件的正应力 σ 随着拉压模量比值的改变而变化,拉应力 σ_x^p 随着 E_p/E_n 的减小而减小，压应力 σ_x^n 随 E_p/E_n 的减少而增加，这一结果完全吻合刚度调整内力的规律。

(4) 在总刚度保持不变，只改变刚度在截面的分配情况下，其不同模量与经典力学同模量两种方法计算最大正应力结果差异最大为 37%，而两种方法计算剪应力差异较小，误差 δ 为 16.5%，如图 7-6 及图 7-7 所示。

由以上结果可知，考虑材料的不同模量后，其组合结构(刚架)与单一杆件(梁或柱)的应力变化情况基本相同。压模量的增加将导致压应力增加及拉应力减少，压模量的减少将导致拉应力增加及压应力减少，且随 E_p/E_n 的增加，差值增加。

不同模量超静定结构的非线性力学行为

对于超静定结构，当引入拉压不同模量后，各杆件的抗弯刚度 EI 不再为常数(与经典力学不同)，而是内力的函数，即该结构内力计算为非线性问题。根据这一特点，本章推导出不同模量超静定结构的内力计算表达式，编制了非线性内力计算迭代程序，并对实例进行计算分析。

8.1 超静定结构在外荷载作用下的结构计算

8.1.1 结构模型

图 8-1 和图 8-2 为二跨单层框架及三跨连续梁，可作用任意荷载(图中未画)。对框架及连续梁的每一单根杆件分别设置坐标。

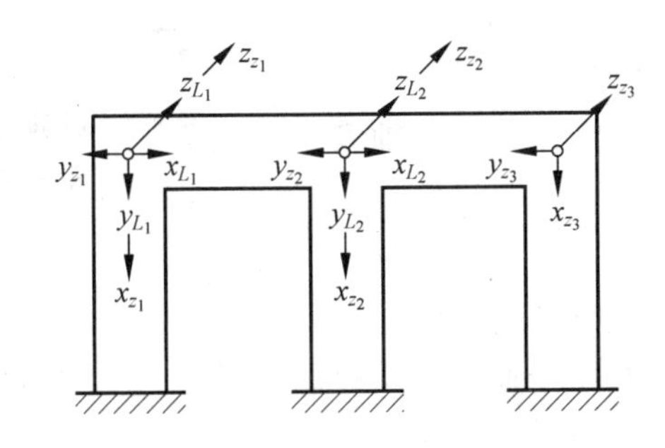

图 8-1 超静定框架结构模型

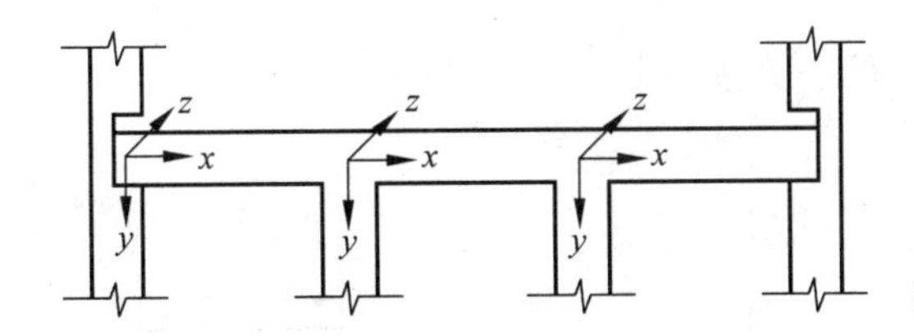

图 8-2 超静定连续梁结构模型

坐标设置原则：

以各杆件其中一端点为坐标原点：

x 轴——沿杆件的长轴方向；

y 轴——沿杆件截面的高度方向；

z 轴——沿杆件截面的宽度方向。

结构类型可任意(如多跨多层框架或其他类型)，但设置坐标原则不变。

8.1.2 计算理论及解析解公式推导

1. 计算方法

首先对整体结构体系按经典力学相同模量理论求出结构的内力 M,Q,N。

然后将整体结构体系按计算所得的内力分离出单根杆件，分离后的任一杆件如图 8-3 所示，对每单根杆件按不同模量理论计算其杆件的中性轴。

最后根据中性轴计算超静定结构在不同模量理论下的内力。

2. 计算理论及公式推导

对以上各杆件，最复杂的受力情况均为横力弯曲及轴力的组合。如图 8-3 所示，分布荷载 $q(x)$ 与集中力 P 及两端剪力 Q 共同产生横力弯曲，其作用反映在任一截面的弯曲内力 $M(x)$ 中。

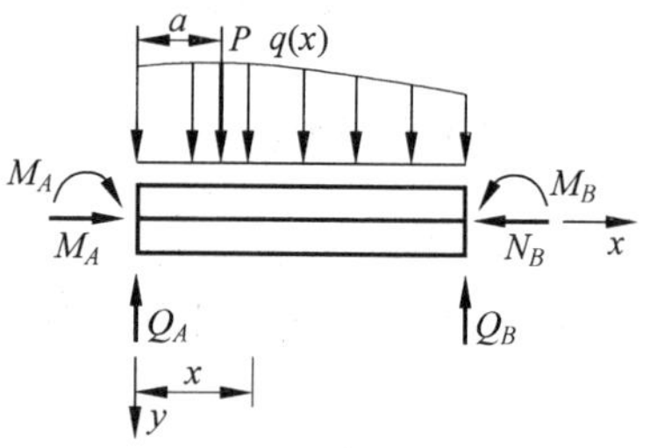

图 8-3 超静定结构中的任一杆件模型

而对于 $M(x)$，可直接由分离后的杆件的静力平衡求得，如图 8-4 所示，取任一截面，以左隔离，由 $\sum M = 0$ 可得任一截面的弯矩为

$$M(x) = M_A + Q_A x - \int_0^x q(x)(x - x^*)\,\mathrm{d}x - P(x - a)$$

最后，杆件可视为在 M,N 共同作用下求其中性轴及内力。

3. 单根杆件中性轴公式

设在 $M(x)$ 及 N 的共同作用下，其任一截面的受拉区高度为 $h_\mathrm{p}(x)$，如图 8-5 所示，则由平衡条件及圣维南原理有

$$\int_{h_\mathrm{p}(x)-h}^{0} E_\mathrm{n}\,\frac{y}{s} b y\,\mathrm{d}y + \int_0^{h_\mathrm{p}(x)} E_\mathrm{p}\,\frac{y}{s} b y\,\mathrm{d}y = M \tag{a}$$

$$\int_{h_\mathrm{p}(x)-h}^{0} E_\mathrm{n}\,\frac{y}{s} b\,\mathrm{d}y + \int_0^{h_\mathrm{p}(x)} E_\mathrm{p}\,\frac{y}{s} b\,\mathrm{d}y = N \tag{b}$$

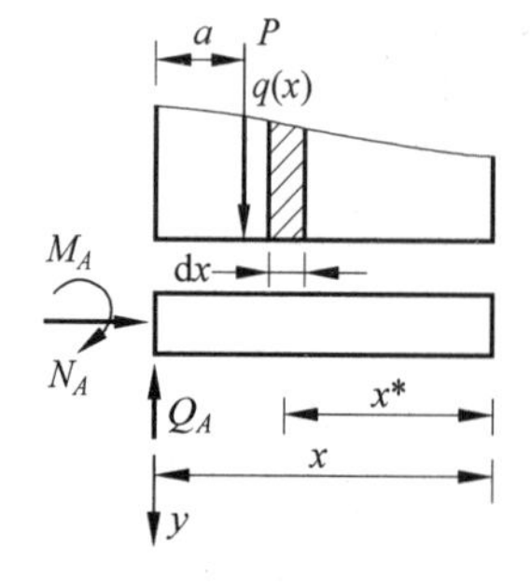

图 8-4 分离后的杆件计算模型

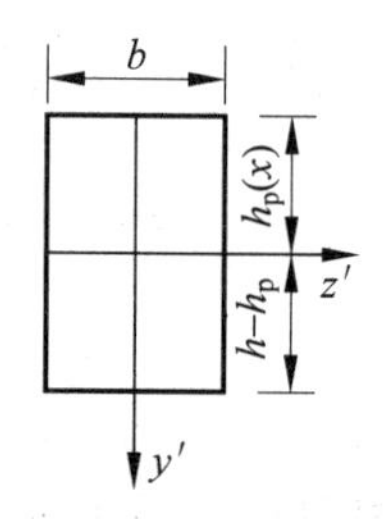

图 8-5 截面示意图

积分上二式并联立化简后得

$$2N(E_p - E_n)h_p^3(x) - 3[M(E_p - E_n) - 2NE_nh]h_p^2(x)$$
$$- 6E_nh(M + Nh)h_p(x) + E_nh^2(3M + 2Nh) = 0 \tag{8-1a}$$

解式(8-1a)有

$$h_p(x) = -\frac{B}{3A} + \frac{(1 - i\sqrt{3})J}{3 \times 2^{2/3} \times A \times \sqrt[3]{F + \sqrt{4J^3 + F^2}}} +$$
$$\frac{(1 + i\sqrt{3})\sqrt[3]{F + \sqrt{4J^3 + F^2}}}{6 \times 2^{1/3} \times A} \tag{8-1b}$$

其中，$A = 2N(E_p - E_n)$，$B = -3[M(E_p - E_n) - 2NE_nh]$

$C = -6E_nh(M + Nh)$，$D = E_nh^2(3M + 2Nh)$

$J = -B^2 + 3AC$，$F = -2B^2 + 9ABC - 27A^2D$

式(8-1a)、式(8-1b)即为不同模量理论弯压杆的受拉区高度计算公式。上式中，杆件两端轴力为拉力时，N 取正，为压力时，N 取负。

当 $E_p = E_n$，$N = 0$，$h_p(x) = \frac{h}{2}$，公式退回到经典力学的同模量理论。

4. 综合抗弯刚度$(\overline{EI})_z$

由式(a)可得到

$$\frac{1}{s} = \frac{M(x)}{b\left[E_p\int_0^{h_p(x)} y^2\,dy + E_n\int_{h_p(x)-h}^{0} y^2\,dy\right]} = \frac{M(x)}{\frac{b}{3}[E_ph^3 + E_n(h - h_p(x))^3]} \tag{c}$$

令

$$(\overline{EI})_z = \frac{b}{3}[E_ph^3 + E_n(h - h_p(x))^3] \tag{8-2}$$

$(\overline{EI})_z$ 为弯拉(压)杆件的不同模量抗弯刚度，由于中性轴 $h_p(x)$ 已包含了轴力的影响，则 $(\overline{EI})_z$ 为综合考虑了弯及拉(压)的抗弯刚度，以下计为综合抗弯刚度。

由以上推导过程及式(8-1)可知，$h_p(x)$ 为内力 $M(x)$，N 的函数，即

$$(\overline{EI})_z = f[E_p, E_n, h_p(x) = g(M(x), N)]$$

最终$(\overline{EI})_z$ 不再为常数(与经典力学假定 EI 为常数完全不同)，而是拉压不同模量及内力的函数。因此，内力计算成为非线性问题。

8.1.3 结构内力计算表达式

对任一个 n 次超静定结构，则有 n 个多余未知联系(未知力)$x_1, x_2, \cdots, x_n$，根据变形协调条件，可建立 n 个力法典型方程如下：

$$\sum_{j=1}^{n} \delta_{ij}x_j + \Delta_{iP} = 0 \quad (i = 1, 2, 3, \cdots, n) \tag{8-3}$$

式中各系数项为基本结构在 $x_j = 1$ 单独作用下在 x_i 方向上的位移，自由项 Δ_{iP} 为基本结构在外荷 P 单独作用下在 x_i 方向的位移，其表达式为

$$\text{主系数：}\delta_{ii}=\sum\int\frac{\overline{M_i}^2}{EI}\mathrm{d}s$$

$$\text{副系数：}\delta_{ij}=\sum\int\frac{\overline{M_i}\cdot\overline{M_j}}{EI}\mathrm{d}s$$

$$\text{自由项：}\Delta_{iP}=\sum\int\frac{\overline{M_i}\cdot\overline{M_P}}{EI}\mathrm{d}s \tag{8-4}$$

将式(8-2)代入式(8-4)可得不同模量理论力法方程中的各系数为

$$K_{ii}=\sum\int\frac{\overline{M_i}^2\mathrm{d}s}{\frac{b}{3}[E_{\mathrm{n}}(h-h_{\mathrm{p}}(x))^3+E_{\mathrm{p}}h_{\mathrm{p}}^3(x)]}$$

$$K_{ij}=\sum\int\frac{\overline{M_i}\cdot\overline{M_j}\mathrm{d}s}{\frac{b}{3}[E_{\mathrm{n}}(h-h_{\mathrm{p}}(x))^3+E_{\mathrm{p}}h_{\mathrm{p}}^3(x)]}$$

$$\Delta'_{iP}=\sum\int\frac{\overline{M_i}\cdot M_P\mathrm{d}s}{\frac{b}{3}[E_{\mathrm{n}}(h-h_{\mathrm{p}}(x))^3+E_{\mathrm{p}}h_{\mathrm{p}}^3(x)]} \tag{8-5}$$

以上各系数中已综合计入了杆件的弯、拉(压)综合变形。

将式(8-5)代入式(8-3)可得不同模量超静定结构的力法典型方程为

$$\begin{cases}K_{11}x_1+K_{12}x_2+\cdots+K_{1i}x_i+\cdots+K_{1n}x_n+\Delta'_{iP}=0\\ \vdots\\ K_{i1}x_1+K_{i2}x_2+\cdots+K_{ii}x_i+\cdots+K_{in}x_n+\Delta'_{iP}=0\\ \vdots\\ K_{n1}x_1+K_{n2}x_2+\cdots+K_{ni}x_i+\cdots+K_{nn}x_n+\Delta'_{iP}=0\end{cases} \tag{8-6}$$

由上式解出 n 个未知内力后，则体系成为静定结构。

其内力为

$$\begin{cases}M(x)=\overline{M_1}x_1+\overline{M_2}x_2+\cdots+\overline{M_n}x_n+M_P\\ Q(x)=\overline{Q_1}x_1+\overline{Q_2}x_2+\cdots+\overline{Q_n}x_n+Q_P\\ N(x)=\overline{N_1}x_1+\overline{N_2}x_2+\cdots+\overline{N_n}x_n+N_P\end{cases} \tag{8-7}$$

8.1.4 非线性迭代程序框图

非线性迭代程序框图如图 8-6 所示。

框图中的误差取两次迭代刚度误差最大者(其中 D 为整个结构区域)：

$$\lambda=\max_{x\in D}\left|\frac{\Delta(\overline{EI})_{(z)}^{(k)}}{(\overline{EI})_{(z)}^{(k)}}\right|=\max_{x\in D}\left|\frac{(\overline{EI})_{(z)}^{(k)}-(\overline{EI})_{(z)}^{(k-1)}}{(\overline{EI})_{(z)}^{(k)}}\right|$$

8.1.5 算例及结果分析

1. 实例——超静定框架在外荷载下的结构计算

如图 8-7 所示为二次超静定框架，梁及柱的截面均为 $b\times h=0.2\mathrm{m}\times0.4\mathrm{m}$，材料的相同

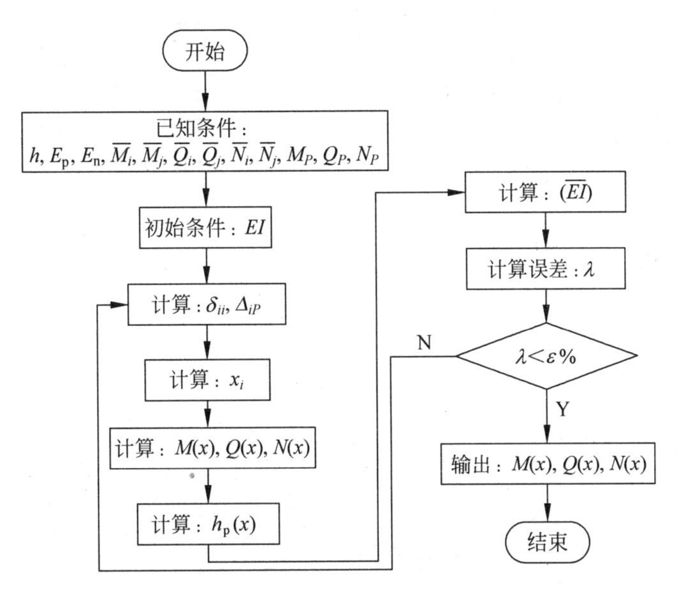

图 8-6　超静定结构在外荷载下内力计算程序框图

弹性模量为 $E=2.55\times10^7\text{kN/m}^2$。取不同弹性模量 $E_p/E_n=1.0, 1/1.5, 1/2.0, 1/2.5, 1/3.0, 1/3.5, 1/4.0$ 及 $E_p/E_n=1.5, 2.0, 2.5, 3.0, 3.5, 4.0$，用经典力学同模量理论及本章所推求的不同模量理论分别计算各种 E_p/E_n 下的框架内力(以下仅给出部分计算，如表 8-1 及图 8-8～图 8-19 所示)。

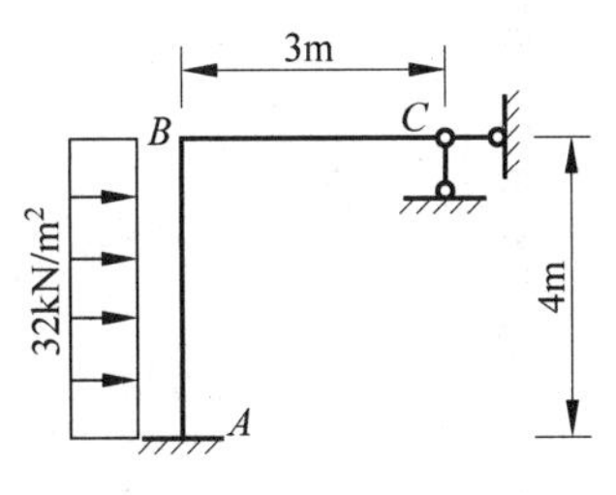

图 8-7　超静定框架

2. 结果分析

与同模量相比较，当引入材料的拉压不同模量时，内力分布发生了改变，其改变仅反映在内力曲线的数值变化上，而曲线形状，即内力的正负号不变(结构的受拉、受压侧未改变)。

由于该结构的杆件均为弯压，则当 $E_n>E_p$ 时，与同模量相比，M 最大处的内力变小。这是由于随着 M 的增大，$\overline{EI}$ 变小，则随之使最大的内力得以调整下降，如图 8-12 所示。当 $E_n<E_p$ 时，与同模量相比，各弯压杆的内力略有减小，但局部 A 点的内力略增。以上内力变化趋势完全吻合“刚度调整内力”这一规律。

在 $E_p/E_n=1/4\sim1$ 区域，计入不同模量后，结构的内力更趋于均匀，结构中最大的内力得以减小，最小内力提高，用不同模量计算的最值内力与经典力学中的最值内力差异大。这在 $M\sim E_p/E_n$ 曲线上反映为曲线不光滑，突变点之间曲线有陡有缓，如图 8-8 及图 8-9 所示。而两种计算方法的误差 δ 随 E_p/E_n 的变化图也反映出有些截面其曲线陡，误差大；有些截面曲线平缓，误差小。

表 8-1 不同模量超静定框架的解析解

E_p/E_n	杆件	截面 $x=$	M /(kN·m)	Q/kN	h_p/m	σ_{max}^{p} /(kN/m²)	σ_{max}^{n} /(kN/m²)	$\bar{\sigma}_p$ /(kN/m²)	$\bar{\sigma}_n$ /(kN/m²)	$\sigma_中$ /(kN/m²)	$\tau_中$ /(kN/m²)	$\tau_p^{y=h/4}$ /(kN/m²)	$\tau_p^{y=-h/4}$ /(kN/m²)
1	AB	0.3	9.88	−48.64	0.197	−1744.50	1960.5	−872.25	980.25	−108.00	912.00	−683.87	683.87
		1.0	16.3	−26.24	0.198	2948.25	−3164.25	1474.13	−1582.13	108.00	492.00	−368.93	368.93
		1.8	27.02	−0.64	0.199	4958.25	−5174.25	2479.13	−2587.13	108.00	12.00	−9.00	9.00
		4.0	−49.0	69.76	0.199	−9079.50	9295.50	−4539.75	4647.75	−108.00	1308.00	980.83	−980.83
	BC	3.0	−25.9	8.64	0.193	−4128.25	5584.25	−2064.13	2792.13	−728.00	162.00	121.48	−121.48
		2.0	−17.28	8.64	0.189	−2512.00	3968.00	−1256.00	1984.00	−728.00	162.00	121.48	−121.48
1/1.5	AB	0.3	−10.22	−49.63	0.212	−1675.55	2228.85	−837.77	1114.43	−94.84	−927.80	−664.93	707.64
		1.0	16.68	−27.23	0.213	2747.55	−3618.35	1373.78	−1089.18	167.69	−508.78	−377.50	392.45
		1.8	28.22	−1.63	0.216	4713.91	−6023.48	2356.95	−3011.74	349.18	−30.40	−22.08	23.89
		4.0	−45.63	68.77	0.22	−7763.25	9527.87	−3881.63	4763.94	−705.75	1278.8	906.52	−1034.15
	BC	3.0	−26.55	8.85	0.19	−3901.11	6467.80	−1950.56	3233.90	307.99	−165.42	138.22	−103.83
		2.0	−17.70	8.85	0.17	−2326.98	4722.52	−1163.49	2361.26	615.98	−161.32	149.17	−79.19
1/2	AB	0.3	−10.44	−50.3	0.222	−1583.0	2538.50	−791.50	1269.25	−156.87	−934.81	−673.45	733.96
		1.0	16.93	−27.9	0.225	2601.76	−4047.18	1300.88	−2023.59	289.08	−517.17	−374.25	415.94
		1.8	29.01	−2.30	0.228	4517.62	−6816.06	2258.81	−3408.02	554.80	−42.51	−30.25	34.98
		4.0	−43.37	68.10	0.231	−6842.72	10012.28	−3421.36	5006.14	−918.29	1254.52	877.77	−1055.43
	BC	3.0	−26.97	8.99	0.19	−3499.95	7736.73	−1749.97	3868.36	368.82	−167.95	143.69	−94.27
		2.0	−17.98	8.99	0.17	−2187.69	5694.04	−1043.84	2824.52	736.83	−163.79	153.52	−64.79

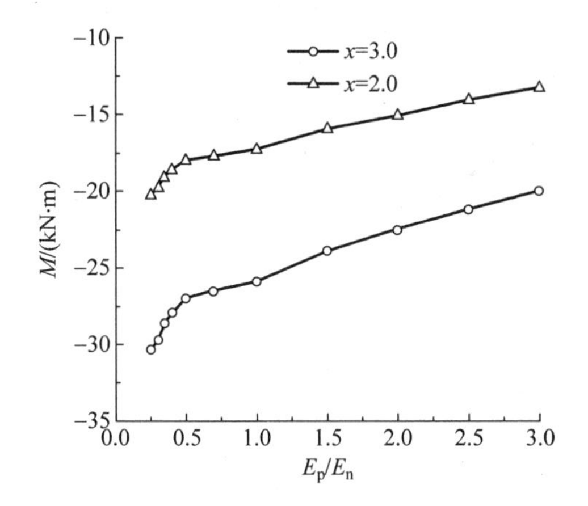

图 8-8 超静定结构 *BC* 杆弯矩随 E_p/E_n 的变化

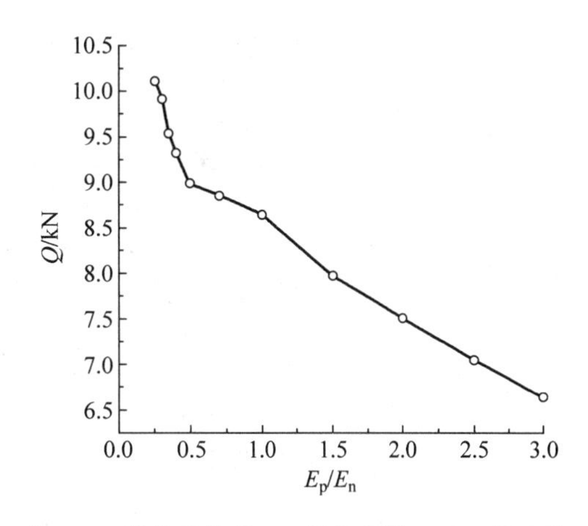

图 8-9 超静定结构 *BC* 杆剪力随 E_p/E_n 的变化

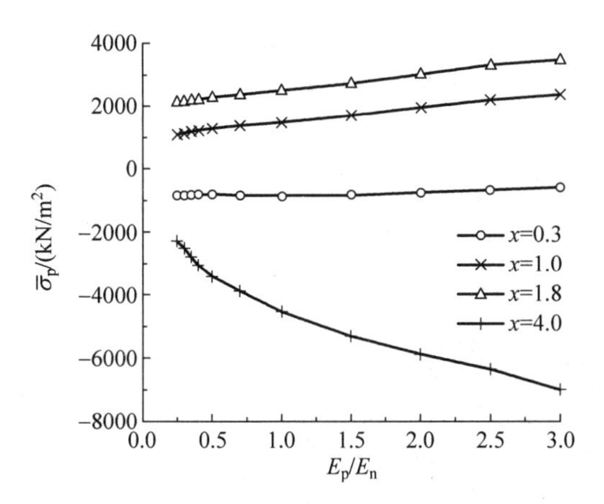

图 8-10 超静定结构 *AB* 杆平均正应力(拉)随 E_p/E_n 的变化

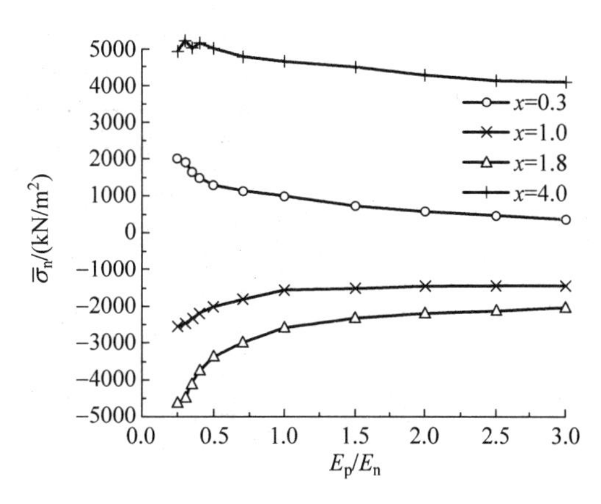

图 8-11 超静定结构 *AB* 杆平均正应力(压)随 E_p/E_n 的变化

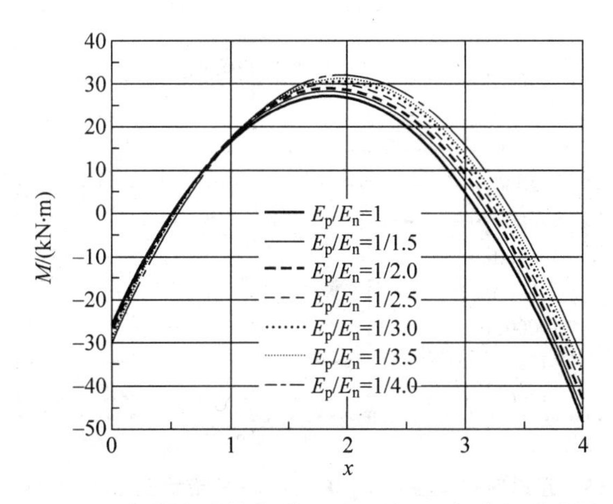

图 8-12 超静定结构各种 E_p/E_n 值 *AB* 杆弯矩响应图

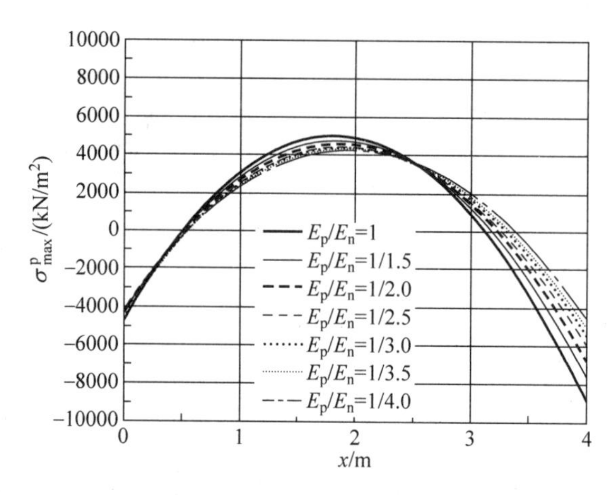

图 8-13 超静定结构杆各种 E_p/E_n 值 AB 杆最大正应力(拉)响应图

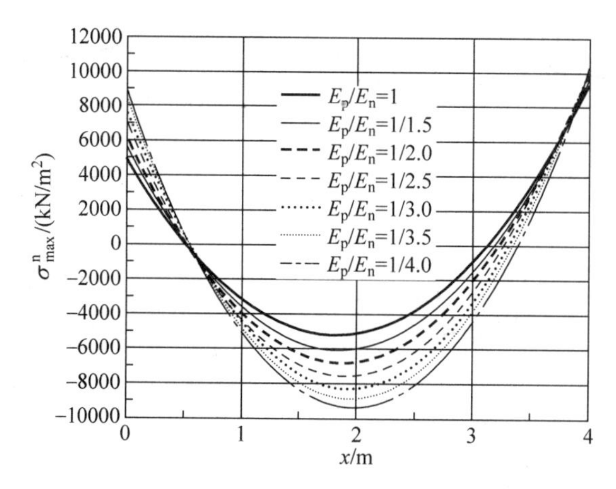

图 8-14 超静定结构各种 E_p/E_n 值 AB 杆最大正应力(压)响应图

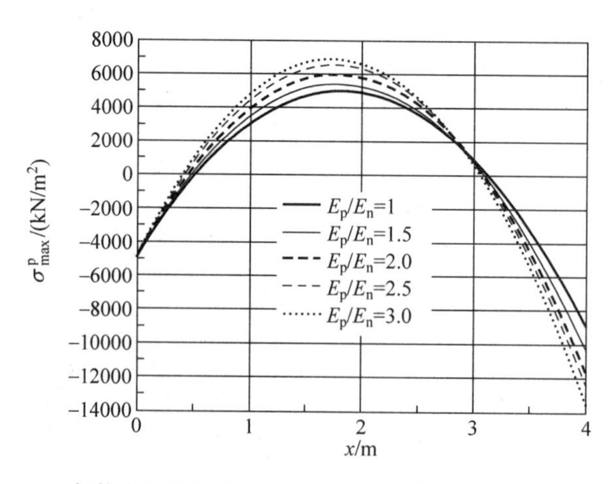

图 8-15 超静定结构各种 E_p/E_n 值 AB 杆最大正应力(拉)响应图

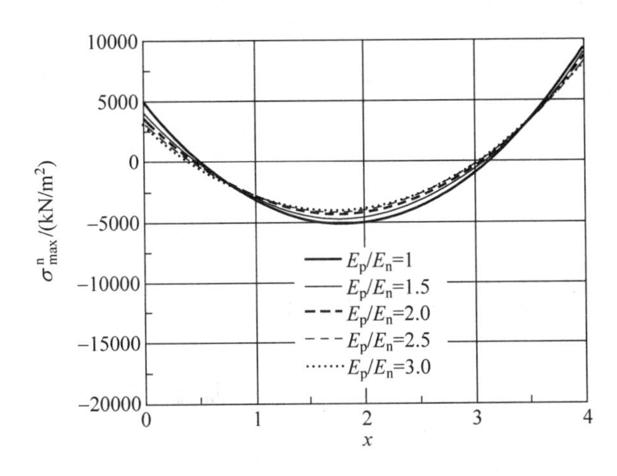

图 8-16 超静定结构各种 E_p/E_n 值 AB 杆最大正应力(压)响应图

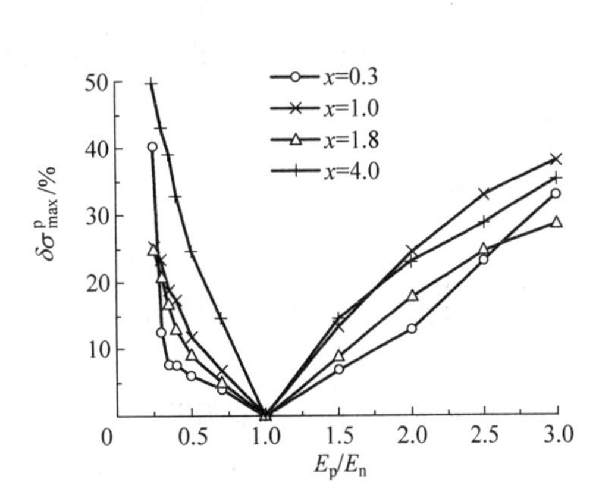

图 8-17 超静定结构不同模量与同模量两种方法计算最大正应力(拉)误差随 E_p/E_n 的变化

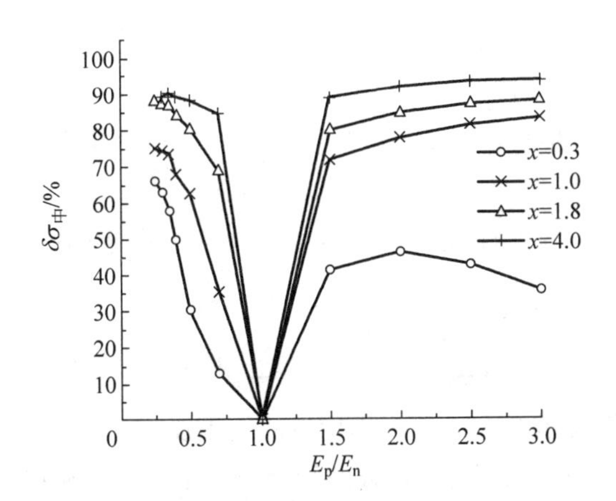

图 8-18 超静定结构不同模量与同模量两种方法计算中点正应力误差随 E_p/E_n 的变化

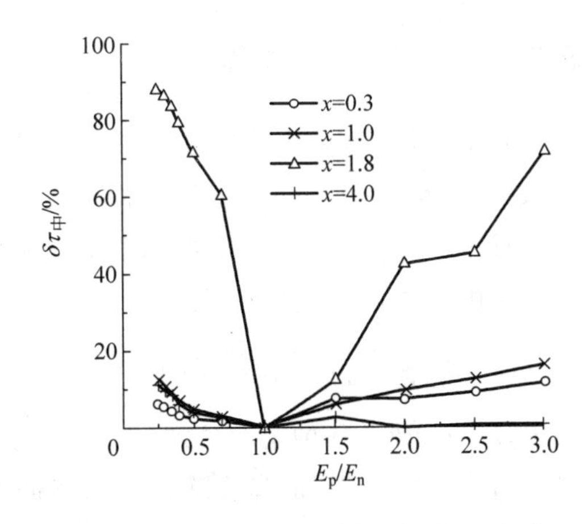

图 8-19 超静定结构不同模量与同模量两种方法计算中点剪应力误差随 E_p/E_n 的变化

超静定框架的应力变化也不同于静定刚架的应力变化。静定结构的应力随 E_p/E_n 的变化曲线光滑,各截面的变化趋势一致且有规律。但超静定框架的各截面应力的变化趋势、规律并不一致,如图 8-10 及图 8-11 所示。不同模量与经典力学同模量计算误差变化曲线其各截面和各种应力之间无规律,δ 随 E_p/E_n 变化有大有小有陡有缓,如图 8-18 及图 8-19 所示。这是由于截面整体内力随 E_p/E_n 的变化并无统一规律,应力产生后中性轴发生变动,拉压区随之变化,拉应力、压应力及整体内力的改变互相耦合后,使计算结果的起伏更大。

当计入拉压不同的弹性模量时，超静定结构的内力分布与同模量理论计算所得内力有一定的差异，而且随着 E_p/E_n 的增大，差异也有所增大。图 8-13、图 8-14 及图 8-15、图 8-16 中列出了不同模量理论与经典力学相同模量理论两种方法计算内力的误差随 E_p/E_n 的变化关系。这里列举了 $E_p/E_n=\frac{1}{4}\sim 4$ 之间的内力变化，其两种理论方法计算的差异最大达到 50%，如图 8-17 所示。

8.2 弹性支承超静定结构在外荷作用下的计算

弹性支承下的连续梁及框架，其结构的内力不仅与各杆件的刚度有关，而且与支承结构的刚度有关。当引入拉压不同模量后，各杆件的抗弯刚度 EI 不再为常数（与经典力学不同），而是内力的函数，即该结构内力计算为一非线性问题。本节给出了不同模量连续梁及框架的中性轴公式、内力计算表达式，编制了非线性内力计算迭代程序，进行了实例计算并对比分析了不同模量及经典力学相同模量两种方法的计算结果的差异。

该问题的结构模型、计算方法、中性轴计算公式均同 8.1 节。

8.2.1 结构内力计算

对任一个 n 次超静定结构，则有 n 个多余未知联系（未知力）$x_1, x_2, \cdots, x_n$，根据变形协调条件，可建立 n 个力法典型方程同公式(8-3)。

对弹性支承连续梁或框架，由于支座为弹性，则弹性支承的柔度对结构内力产生影响，其反映在位移系数中。其表达式为

$$\delta_{ij}=\sum\int\frac{\overline{M_i}\cdot\overline{M_j}}{EI}\mathrm{d}s+\sum\bar{x}_i\,\bar{x}_jK,\quad \Delta_{iP}=\sum\int\frac{\overline{M_i}M_P}{EI}\mathrm{d}s+\sum\bar{x}_i\,\bar{x}_jK \tag{8-8}$$

式中，K 为弹性支承的柔度系数；$\bar{x}_i, \bar{x}_j$ 为弹性支承杆在单位力作用下的约束反力。

当计入拉压不同的弹性模量时，截面的中性轴发生变化，导致结构截面的受拉及受压区发生变化，则截面的综合弹性模量随之变化，最终导致内力改变。而内力的改变又影响截面中性轴，因此内力的计算为一非线性问题。

设计入了不同模量后，E_p、E_n 其截面的综合弹性模量为 $\bar{E}$，则有

$$\bar{E}=\frac{E_ph_p+E_n(h-h_p)}{h} \tag{8-9}$$

将式(8-9)代入式(8-8)中可得到不同模量超静定结构在弹性支承下的力法方程中的各系数为

$$\alpha_{ij}=\sum\int\frac{\overline{M_i}\,\overline{M_j}h\,\mathrm{d}s}{[E_ph_p+E_n(h-h_p)]I}+\sum\bar{x}_i\,\bar{x}_jK \tag{8-10}$$

$$\Delta_{iP}^{*}=\sum\int\frac{\overline{M_i}M_ph\mathrm{d}s}{[E_ph_p+E_n(h-h_p)]I}+\sum\bar{x}_i\,\bar{x}_jK$$

将式(8-10)代入式(8-3)中可得不同模量超静定结构在弹性支承下的力法典型方程为

$$\sum_{j=1}^{n}\alpha_{ij}x_j+\Delta_{iP}^{*}=0\quad(i=1,2,3,\cdots,n)\tag{8-11}$$

由上式解出 n 个未知内力后，则体系成为静定结构，其内力计算同8.1节。

8.2.2 算例及结果分析

1. 实例及计算结果

实例Ⅰ：图8-20为弹性支承的三跨连续梁，弹簧系数 $K_1=K_2=4\times10^{-6}\mathrm{kN/m}$，各杆件截面 $b\times h=0.45\mathrm{m}\times0.9\mathrm{m}$，平均弹性模量 $\bar{E}=2.55\times10^{7}\mathrm{kN/m^2}$。取不同弹性模量 $E_p/E_n=1.0,1/1.5,1/2.0,1/2.5,1/3.0,1/4.0$，用经典力学同模量理论及本章所推求的不同模量理论的公式分别计算 E_p/E_n 下的结构内力。

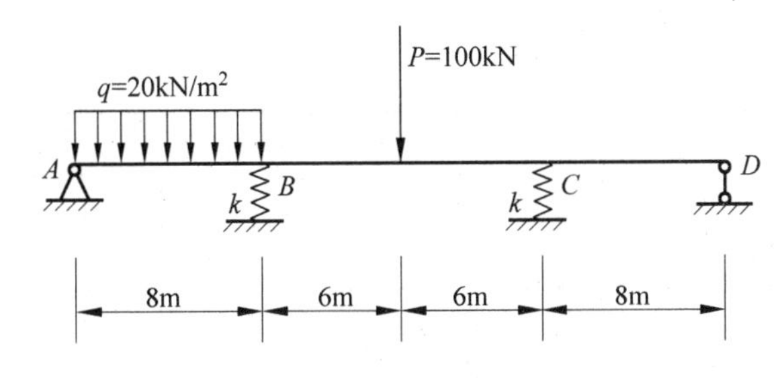

图8-20　外荷载作用下弹性支承的三跨连续梁

计算结果如表8-2及图8-21～图8-32所示。

实例Ⅱ：设图8-20中外荷载梁的跨数及各跨的跨度均不变，截面尺寸及弹性模量均不变，改变 B 及 C 为刚性支座，计算结果如表8-3及图8-33和图8-34所示。

2. 结果分析

弹性支承下的连续梁计入了材料不同模量后，其截面内力 M,Q 及应力 τ,σ 的变化趋势与外荷载下的框架基本一致，但其内力的变化幅度较外荷下的框架更小。该现象反映在 M 及 $Q\sim E_p/E_n$ 的变化曲线较平缓，且不同模量与经典力学同模量理论两种方法计算差异 δ 随 E_p/E_n 变化曲线平缓，最大误差普遍小于框架结构。原因为：第一，由于框架有轴力作用，对截面中性轴改变较大，导致内力变化幅度较大；第二，由于该计算非线性内力中取用的是截面平均模量 $\bar{E}$，而框架计算中取用的是综合抗弯刚度 $(EI)_z$。另注意，该问题如果再考虑支承杆本身的拉压不同模量性，则用不同模量理论与经典力学同模量理论两种方法计算内力的差异将更大。同样条件下的弹性支承梁与刚性支承梁其内力、应力的分布完全相同，不同仅反映在数值大小上，在支承截面弹性支承梁的内力、应力小于刚性支承梁。

表 8-2 不同模量弹性支承连续梁在外荷作用下解析解

E_p/E_n	杆件	截面 x=	M /(kN·m)	Q /kN	σ^p_{max} /(kN/m²)	σ^n_{max} /(kN/m²)	$\bar{\sigma}_p$ /(kN/m²)	$\bar{\sigma}_n$ /(kN/m²)	$\sigma_中$ /(kN/m²)	$\tau_中$ /(kN/m²)	τ_p /(kN/m²)	τ_n /(kN/m²)
1	AB	2.0	−80.8	20.4	−1316.80	1316.80	−658.40	658.40	0.00	151.10	56.67	−56.67
		4.0	−81.6	−19.6	−1343.14	1343.14	−671.57	671.57	0.00	145.18	−54.45	54.45
		6.0	−2.4	−59.6	−39.50	39.50	−19.75	19.75	0.00	441.46	−165.57	165.57
	BC	0	156.79	−99.6	2580.76	−2580.76	1290.38	−1290.38	0.00	737.73	−276.69	276.69
		3.0	−16.3	57.7	−268.30	268.30	−134.15	134.15	0.00	427.38	160.29	−160.29
		6.0	−189.4	−42.3	−3117.52	3117.52	−1558.76	1558.76	0.00	313.32	−117.51	−117.51
		9.0	−62.5	−42.3	−1028.75	1028.75	−514.37	514.37	0.00	313.32	−117.51	117.51
	CD	0	64.45	8.6	1060.85	−1060.85	530.42	−530.42	0.00	63.70	23.89	−23.89
		3.0	40.27	8.6	662.84	−622.84	331.42	−331.42	0.00	63.70	23.89	−23.89
1/1.5	AB	2.0	−80.6	20.3	−1204.16	1477.51	−605.78	743.29	110.01	74.5	52.90	−60.30
		4.0	−81.2	−19.4	−1213.13	1488.51	−610.29	748.82	110.83	71.20	50.55	−57.63
		6.0	−1.80	−59.7	−26.89	33.00	−4.88	5.99	0.89	219.10	−155.56	177.34
	BC	0.0	157.35	−99.7	2355.29	−2889.94	1184.88	−1453.84	215.17	365.90	−259.79	296.16
		3.0	−15.93	57.76	−237.99	292.02	−119.73	146.91	21.74	211.98	−150.51	171.58
		6.0	−189.21	−42.25	−2826.79	3468.43	−1422.08	1744.89	258.24	155.06	110.09	−125.50
		9.0	−62.4	−42.25	−932.26	1143.88	−468.99	575.45	85.17	155.06	−110.09	125.50
	CD	0.0	64.3	8.04	960.64	−1178.71	483.27	−592.97	87.76	29.51	−20.95	23.88
		3.0	40.18	8.04	600.29	−736.55	302.00	−370.54	54.84	29.51	20.95	−23.88

表 8-3 B,C 截面换为刚性支座的三跨连续梁解析解

E_p/E_n	杆件	截面 $x=$	σ_{max}^{p} /(kN/m²)	σ_{max}^{n} /(kN/m²)	$\bar{\sigma}_p$ /(kN/m²)	$\bar{\sigma}_n$ /(kN/m²)	$\sigma_{中}$ /(kN/m²)	$\tau_{中}$ /(kN/m²)	τ_p /(kN/m²)	τ_n /(kN/m²)
1	AB	2	−1254.25	1254.25	−627.13	627.13	0.00	134.59	50.48	−50.48
		6	187.64	−187.64	93.82	−93.82	0.00	548.20	−171.82	171.82
	BC	0	2883.79	−2883.79	1441.90	−1441.90	0.00	754.77	−283.04	283.04
		6	−3011.36	3011.36	−1505.68	1505.68	0.00	298.50	−111.94	111.94
	CD	0	969.49	−969.49	484.75	−484.75	0.00	54.81	54.81	54.81
		3	605.89	−605.89	302.95	−302.95	0.00	54.81	20.55	−20.55
1/1.5	AB	2	−1138.43	1396.85	−572.71	702.71	104.00	66.68	47.34	−53.97
		6	170.32	−208.98	85.68	−105.13	15.56	227.03	−161.19	183.76
	BC	0	2617.49	−3211.66	1316.78	−1615.69	239.12	373.97	−265.52	302.69
		6	−2733.27	3353.73	−1375.03	1687.16	249.60	147.90	−105.01	119.71
	CD	0	879.97	−1079.72	442.68	−543.17	80.39	27.16	19.28	−21.98
		3	549.94	−674.78	276.66	−339.46	50.24	27.16	19.28	−21.98
1/2	AB	2	−1069.85	1514.90	−537.79	761.51	157.63	65.88	45.46	−57.01
		6	160.06	−226.64	80.46	113.93	23.58	224.30	−154.77	194.08
	BC	0	2459.81	−3483.09	1236.50	1750.88	362.43	369.49	−254.95	319.70
		6	−2568.62	3637.16	−1291.19	1828.33	378.46	146.13	−100.83	126.44
	CD	0	826.96	−1170.97	415.69	588.62	121.84	26.83	18.51	−23.21
		3	516.81	−731.81	259.79	367.86	76.15	26.83	18.51	−23.21

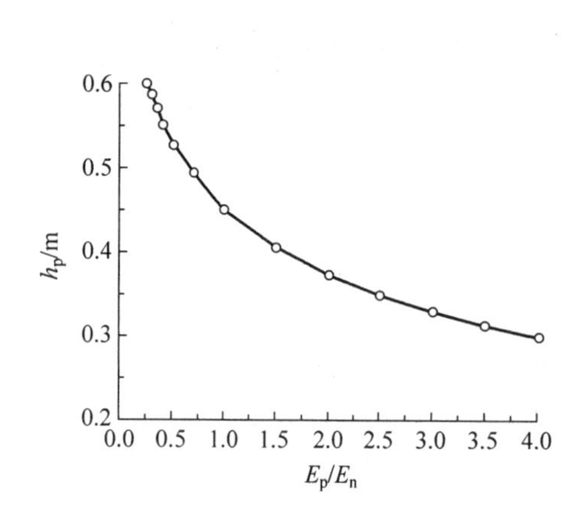

图 8-21 弹性支承梁中性轴随 E_p/E_n 的变化

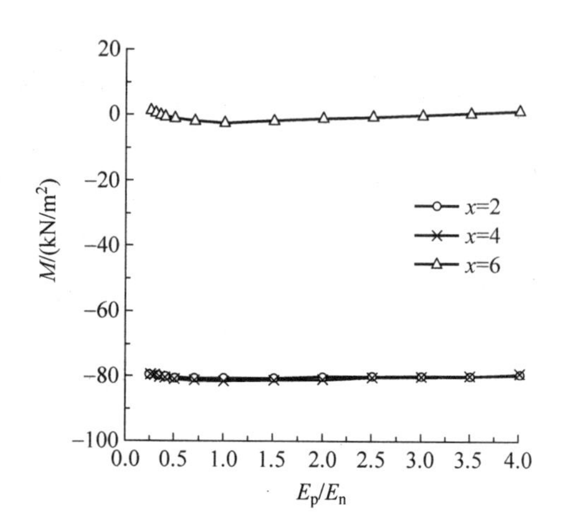

图 8-22 弹性支承梁 *AB* 杆弯矩随 E_p/E_n 的变化

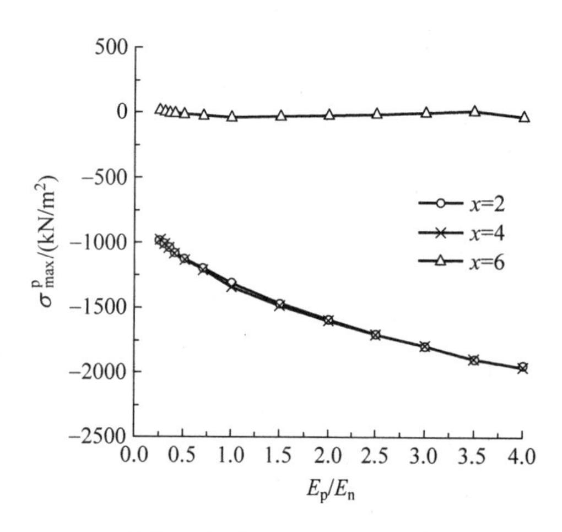

图 8-23 弹性支承梁 *AB* 杆最大正应力(拉)随 E_p/E_n 的变化

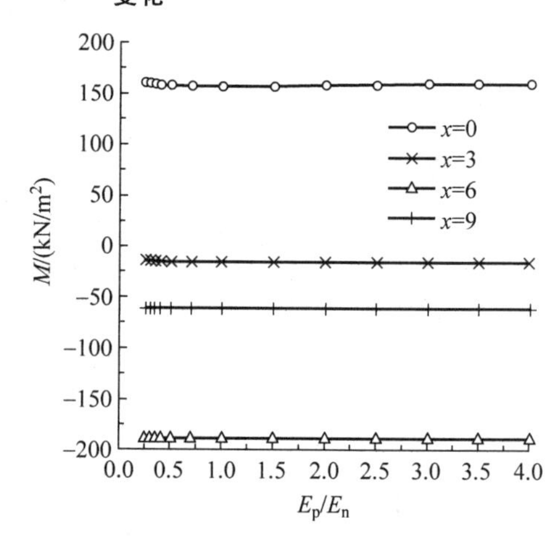

图 8-24 弹性支承梁 *BC* 杆弯矩随 E_p/E_n 的变化

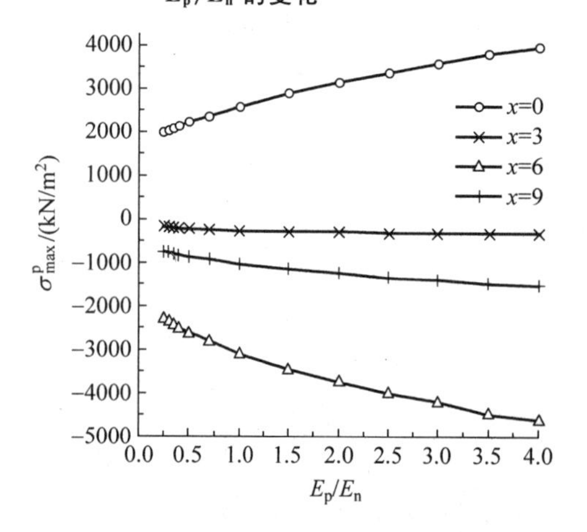

图 8-25 弹性支承梁 *BC* 杆最大正应力(拉)随 E_p/E_n 的变化

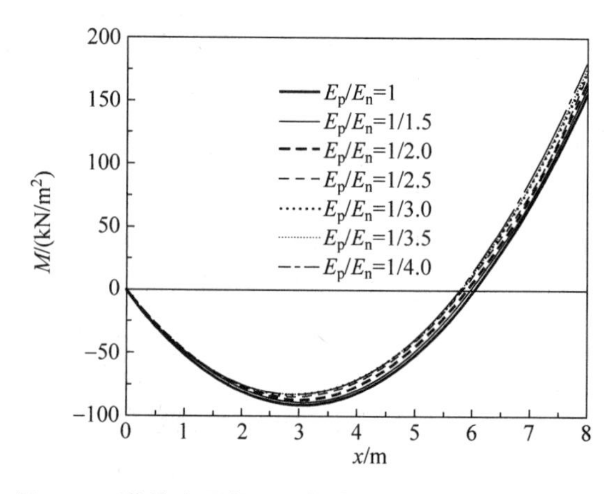

图 8-26 弹性支承梁 *AB* 杆各种 E_p/E_n 值的弯矩响应图

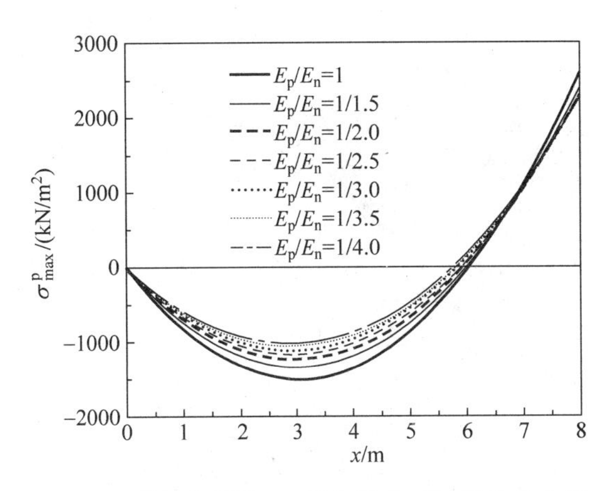

图 8-27 弹性支承梁 *AB* 杆各种 E_p/E_n 值的最大正应力(拉)响应图

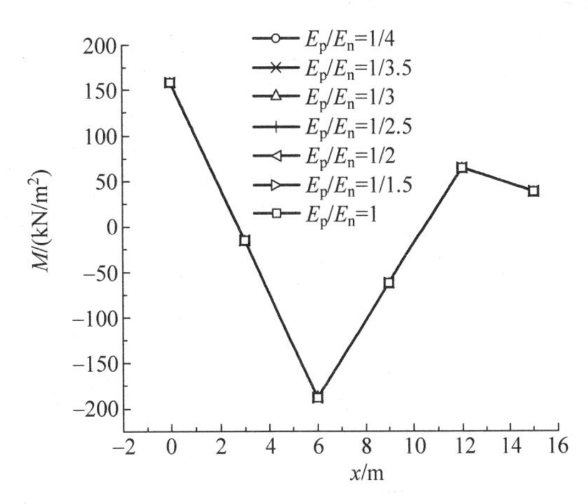

图 8-28 弹性支承梁 *BD* 杆各种 E_p/E_n 值的弯矩响应图

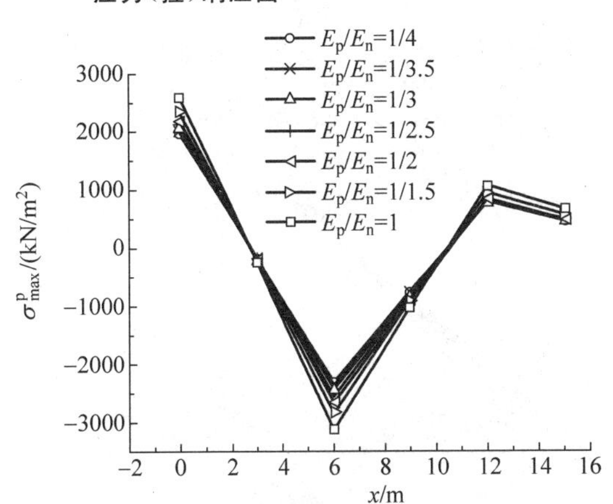

图 8-29 弹性支承梁 *BD* 杆各种 E_p/E_n 值的最大正应力(拉)响应图

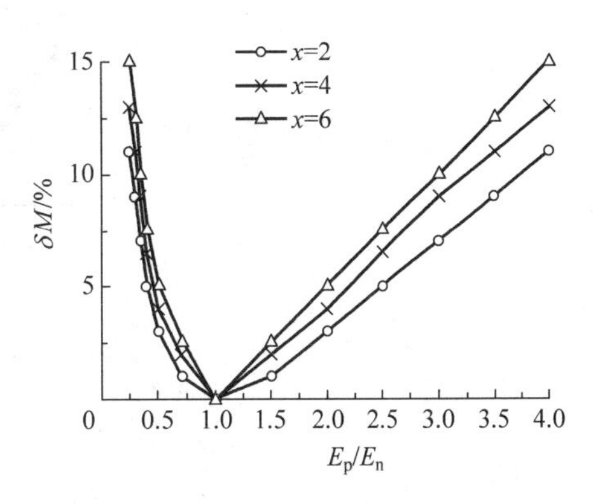

图 8-30 弹性支承梁不同模量与同模量两种方法计算 *AB* 杆弯矩误差随 E_p/E_n 的变化

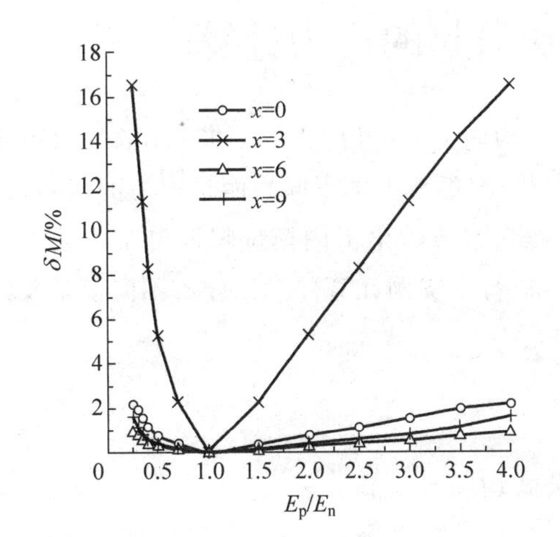

图 8-31 弹性支承梁不同模量与同模量两种方法计算 *BC* 杆弯矩误差随 E_p/E_n 的变化

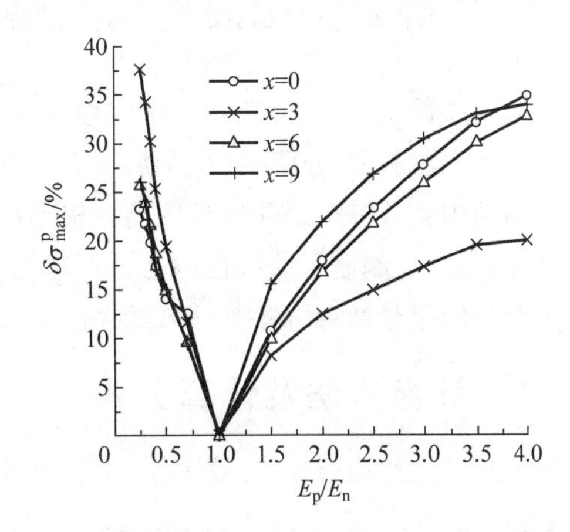

图 8-32 弹性支承梁不同模量与同模量两种方法计算 *BC* 杆最大正应力(拉)误差随 E_p/E_n 的变化

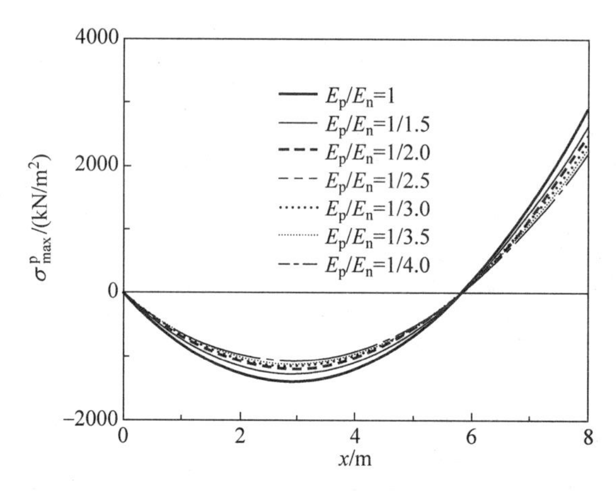

图 8-33 B 及 C 换为刚性支座，各种 E_p/E_n 值 AB 杆最大正应力(拉)响应图

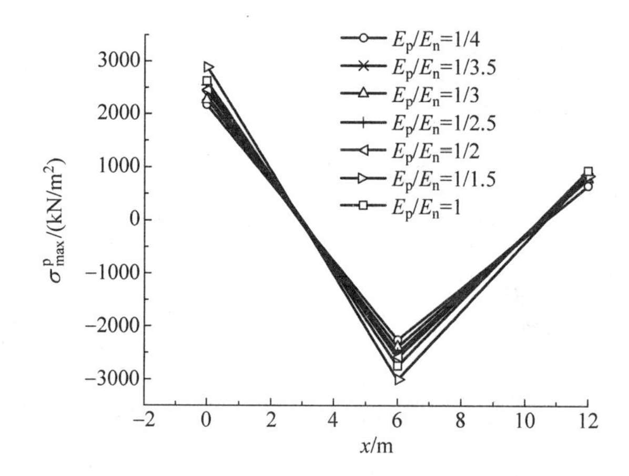

图 8-34 B 及 C 换为刚性支座，各种 E_p/E_n 值 BC 杆最大正应力(拉)响应图

8.3 超静定结构温差及支座移动引起的内力计算

对于超静定结构，温差及支座的移动将引起结构内力，并且内力与刚度 EI 的绝对值有关。当计入材料的拉压不同模量后，EI 不再为常数(与经典力学不同)，而是内力的函数，即该结构的内力计算为一非线性问题。根据这一特点，本节给出不同模量超静定结构的中性轴计算表达式，编制了非线性内力计算迭代程序，进行了实例计算并对比分析不同模量及经典力学相同模量两种方法其计算结果的差异。

8.3.1 计算方法及计算公式

该问题的结构模型、计算方法、中性轴计算公式均同 8.1 节。

8.3.2 结构内力计算及非线性程序框图

当计入材料的拉压不同模量后，由于拉模量 E_p 与压模量 E_n 的分布主要取决于结构构件各截面的拉压分界面(中性层),所以对结构构件的每一截面而言,其弹性模量均不同。令结构构件的任一截面的面积为 A,其截面受拉的面积为 $A_p(x)$,受压的面积为 $A_n(x)$,截面计入了拉压不同模量后的综合弹性模量为 E,则有

$$E=\frac{E_pA_p+E_nA_n}{A}=\frac{E_ph_p+E_n(h-h_p)}{h} \tag{8-12}$$

对于超静定结构,温差及支座移动产生的内力与截面刚度 EI 的绝对值有关(这一点不同于外部产生的内力)。因此,材料的拉压模量的不同对于温差及支座移动下的超静定结构影响较大。由 8.1 节可知,各截面的弹性模量 E 又与各截面的内力有关,即 $E=f[E_p,E_n,h_p=g(M(x),N(x))]$,结构内力的计算为一非线性问题。据此,本节编制非线性迭代程序计算结构内力,其程序框图如图 8-35 所示。

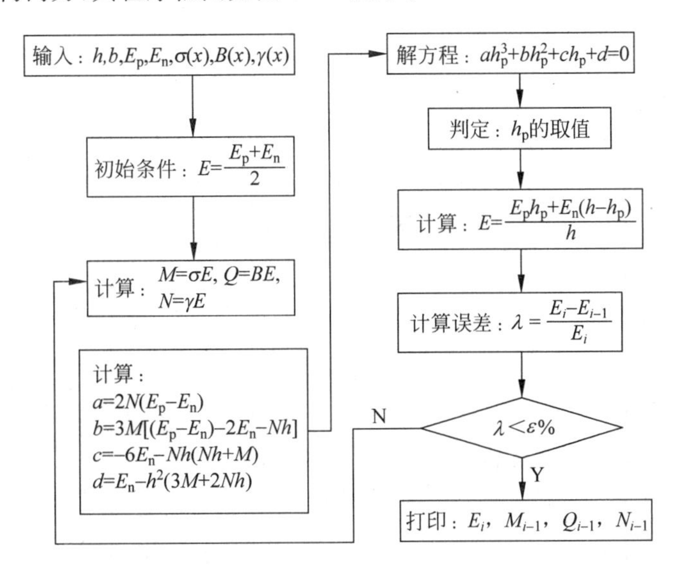

图 8-35 超静定结构温差及支座移动内力计算程序框图

8.3.3 超静定框架由于温差引起的内力计算

1. 实例及计算结果

图 8-36 为一刚架,各杆件截面尺寸为 $b\times h=0.3\text{m}\times0.6\text{m}$,跨度及高度为 6m,刚架外侧温度为 25℃,内侧温度为 35℃,材料的线性膨胀系数 $\alpha=1\times10^{-5}1/(℃)$,材料的平均弹性模量 $E=2.55\times10^7\text{kN/m}^2$,取拉压不同模量 $E_p/E_n=$ 1/4,1/3.5,1/2.5,1/2.0,1/1.5,1.0,1.5,2.0,2.5,3.0,3.5,4.0,分别计算刚架的内力、应力,计算结果如表 8-4 及图 8-37~图 8-44 所示。

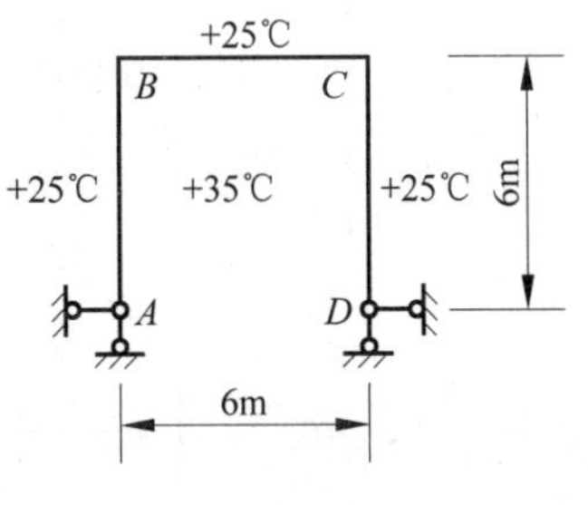

图 8-36 温差作用下的超静定框架

表 8-4 不同模量温差下框架解析解

E_p/E_n	E_p /(kN/m²)	E_n /(kN/m²)	杆件	截面 x=	M /(kN·m)	N /(kN)	σ_{max}^{p} /(kN/m²)	σ_{max}^{n} /(kN/m²)	$\bar{\sigma}_p$ /(kN/m²)	$\bar{\sigma}_n$ /(kN/m²)	$\sigma_{中}$ /(kN/m²)
1	2.55×10^7	2.55×10^7	AB	2.0	10.56	0	586.67	−586.67	293.34	−293.34	0
				3.5	18.47	0	1026.11	−1026.11	513.06	−513.06	0
				5.0	26.39	0	1466.11	−1466.11	733.06	−733.06	0
			BC	3.0	31.67	5.28	1730.11	−1788.77	865.06	−894.39	29.33
1/1.5	2.04×10^7	3.06×10^7	AB	2.0	10.39	0	523.76	−642.64	261.88	−321.33	47.56
				3.5	18.18	0	916.45	−1124.49	458.23	−562.25	83.21
				5.0	25.98	0	1309.65	−1606.94	654.83	−803.47	118.91
			BC	3.0	31.17	5.19	1542.74	−1971.27	771.37	−985.64	114.28
1/2	1.7×10^7	3.4×10^7	AB	2.0	10.03	0	474.95	−673.95	237.48	−336.98	68.74
				3.5	17.55	0	831.05	−1179.25	415.53	−589.63	120.28
				5.0	25.07	0	1187.14	−1684.55	593.57	−842.28	171.82
			BC	3.0	30.08	5.01	1400.04	−2069.63	700.02	−1034.82	182.61

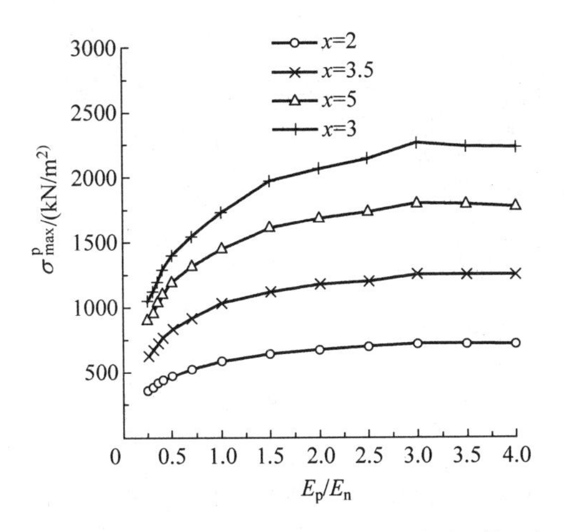

图 8-37 温差框架 AB 杆件最大正应力(拉)随 E_p/E_n 的变化

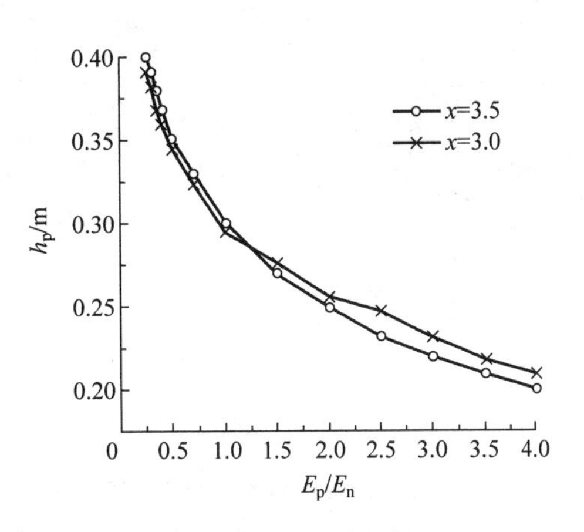

图 8-38 温差框架 AB 杆件中性轴随 E_p/E_n 的变化

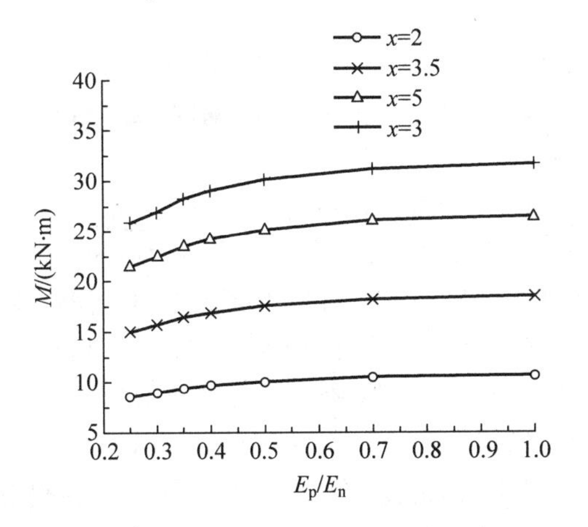

图 8-39 温差框架 AB 杆件弯矩随 E_p/E_n 的变化

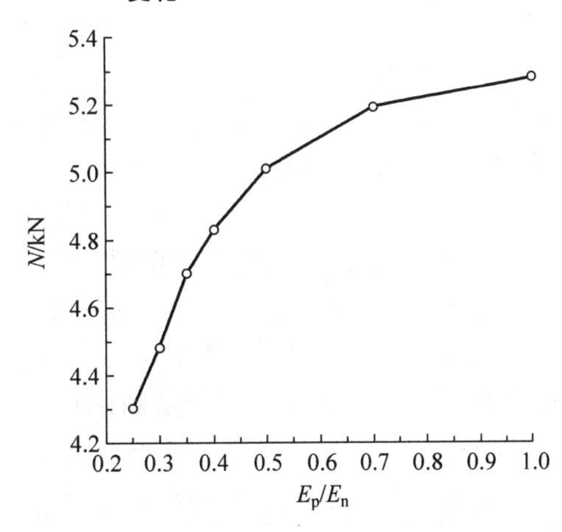

图 8-40 温差框架 BC 杆件轴力随 E_p/E_n 的变化

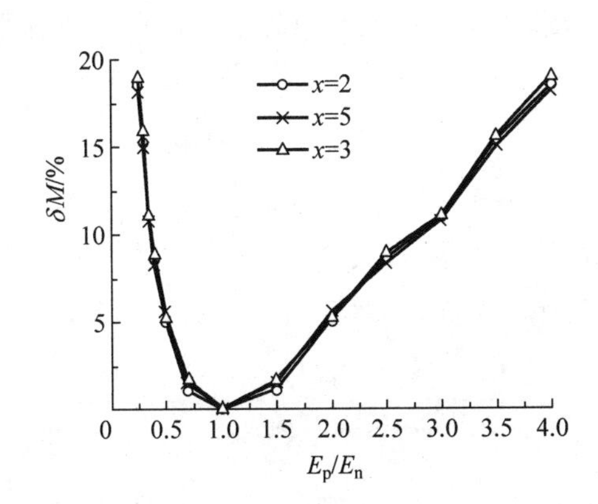

图 8-41 温差框架不同模量与同模量两种方法计算 AB 杆件弯矩误差随 E_p/E_n 的变化

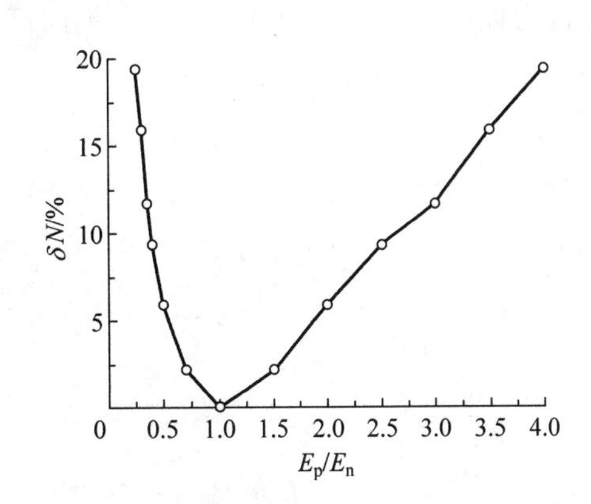

图 8-42 温差框架不同模量与同模量两种方法计算截面轴力误差随 E_p/E_n 的变化

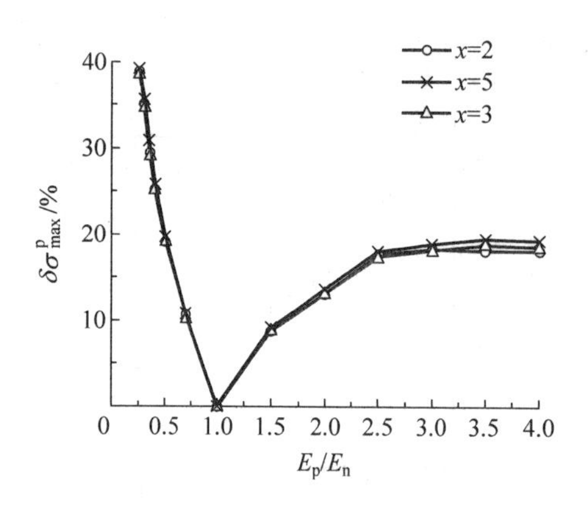

图 8-43　温差框架不同模量与同模量两种方法计算 *AB* 杆件截面最大正应力(拉)误差随 E_p/E_n 的变化

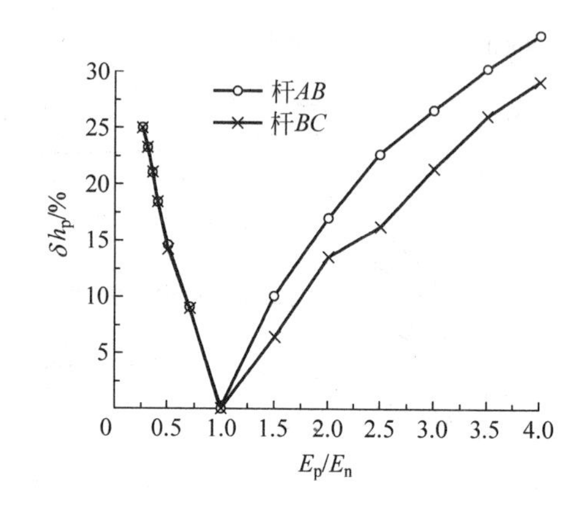

图 8-44　温差框架不同模量与同模量两种方法计算中性轴误差随 E_p/E_n 的变化

引入材料的不同模量,结构各杆件中性轴变化明显,如图 8-38 所示。在 $E_p/E_n=1/4\sim1$ 区域,随 E_p/E_n 的增加,E_p 减小,受拉区高度增加;在 $E_p/E_n=1\sim4$ 区域内,随 E_p/E_n 增大,E_p 增大,受拉区高度随之减小。

各截面的综合平均刚度随 E_p/E_n 的增加而减小,则导致各截面的内力减小,如图 8-39、图 8-40 所示。但各点的应力变化则不同于截面的内力变化,截面内力仅反映出截面整体刚度下降导致内力减小,而应力变化则反映出截面刚度的不均匀性对拉压区应力的不同响应,如图 8-37～图 8-38 所示。在 $E_p/E_n=1/4\sim1$ 区域,随着 E_p/E_n 的增加,E_p 减小,则应力 σ_p 也随之减小(与 $E_p/E_n=1$ 同模量相比)。在 $E_p/E_n=1\sim4$ 区域,随 E_p/E_n 增加,E_p 增加,导致 σ_p 增加,但 E_p/E_n 的增加使综合平均刚度减小又导致内力减小。两者叠加后,使 σ_p 增加在该区域变化较缓,曲线平缓(与 $E_p/E_n=1/4\sim1$ 区域相比较)。但最终曲线反映出随 E_p/E_n 的增加,E_p 增加,σ_n 增加。在 $E_p/E_n=1\sim4$ 区域,随 E_p/E_n 增加,E_n 减小,σ_n 随之减小,但曲线平缓(与 $E_p/E_n=1/4\sim1$ 相比)。

由此可以看出,由于不同材料不同模量的引入更能反映出温差引起的超静定结构截面整体内力以及各点应力的变化状态。不同模量与经典同模量理论两种不同计算应力有明显的差异。

第1篇结论

1. 不同模量弹性结构中性层(轴)判据定理

本篇得到一个重要结论：复杂应力状态下的不同模量弹性结构其剪应力对结构中性层(轴)无贡献。因此可直接用结构正应力作为判据而得到中性层(轴)位置的计算公式。改进了以往有限元计算不同模量结构用主应力判定而多次循环逼近的计算方法。

2. 不同模量结构的正应力、剪应力、位移解析解

对工程中的各类结构(柱、梁、挡土墙、大坝、静定刚架)，推导出结构复合荷载作用下，复杂应力状态下的中性轴计算公式，正应力、剪应力计算公式以及位移计算公式。

3. 解析法解不同模量超静定结构的非线性内力

引入材料的拉压不同模量后，超静定结构的 EI 为内力的函数，使结构内力计算成为完全非线性问题，本篇推求出不同模量超静定结构的内力计算表达式，并用 Mathematica 数学软件编制非线性内力计算迭代程序。

4. 解析解与数值解同时计算实例对比分析拟定

对以上各类结构均选用工程实例进行计算(实例包括平面及空间弯压柱、简支及悬臂梁、挡土墙(挡水坝)、静定平面刚架、外荷作用下的连续梁及超静定刚架、支座移动下的连续梁及温差下的框架、弹性支承下的连续梁)，同时用经典力学同模量理论，本篇所推求的不同模量理论公式以及不同模量有限元的三种方法计算，并对三种结果的误差进行拟定分析。

5. 不同模量弹性理论与经典力学同模量理论两种方法计算结果差异

(1) 两种方法其中性层(轴)的差异

当材料引入拉压不同模量，结构的拉压分界面(中性层)首先改变，其变化规律为：随着 E_p 的增加，受拉区高度减小；反之则增加。两种方法计算的最大差异达到 35%。

(2) 两种方法计算截面内力的差异

计入不同模量后，以弯曲为主的结构，在 $E_p/E_n<1.0$ 的区域，结构的

最大内力 M 得以降低，内力分布更均匀。在 $E_p/E_n=\frac{1}{4}\sim4.0$ 的范围，两种计算方法其结果最大差异达 50%。

(3) 两种计算方法其应力的差异

材料的弹性模量绝对值大小对应力不产生影响，而仅对拉压模量的比值敏感，改变拉压模量比，应力变化明显。正应力随拉压模量比的改变而变化，拉应力 σ_x^p 随 E_p/E_n 的减小而减小，压应力 σ_x^n 随 E_p/E_n 减小而增加，完全吻合刚度调整内力的规律。对静定结构，两种计算方法的应力最大差异为 40%，而超静定结构应力最大差异达 65%。

(4) 两种方法其位移的差异

计入材料的不同模量后，虽然截面的平均模量保持不变，但截面刚度的分配不均匀性使位移增大。具体结构中，位于拉或压区的位移其随 E_p/E_n 的变化趋势不同。拉模量增加，拉区位移减小，但同时又受到截面刚度不均性而位移略增加的影响，两因素耦合叠加后，在 $E_p/E_n=2.0$ 处为转折点。在 $E_p/E_n=1.0\sim\frac{1}{2}$ 区域，增加压弹性模量即可较大幅度减小压区位移，但在过该区域后，增加压弹性模量，压区位移不再减小，而以刚度的不均匀性占主导。在 $E_p/E_n=\frac{1}{4}\sim4$ 区域，两种方法计算位移最大差异达 50%。

6. 不同模量对结构的优化及应用

综上所述，计入不同模量的结构计算与经典力学同模量理论计算结果差异较大，在本篇列举的 $E_p/E_n=\frac{1}{4}\sim4$ 范围内，两种计算其应力误差达到 50%～65%。笔者认为，这一结果应计入材料具有不同模量的结构计算中，以修正经典力学应力计算与弹性模量无关的误差，使结构的计算更吻合实际，并可利用加大压弹性模量而减少拉应力这一规律来优化结构。特别是对于某些拉应力过大的结构，无须提高材料的整体模量，而仅需改变拉压弹性模量的比值则可使拉应力大幅度降低。而对超静定结构，可根据结构的具体受力特点，人为地改变其结构材料的拉压弹性模量比值，可减小结构的最大内力，使其内力分布更趋于均匀合理，以此进一步发挥材料特性并优化结构受力性能。

第 2 篇　不同模量压杆非线性屈曲的解析解、试验及数值模型

拉压不同模量常截面压杆的屈曲分析

10.1 引言

世界上最新发现的具有极高强度的石墨烯是不同模量材料，而高强度材料制成的杆件其破坏往往呈现屈曲失稳。因此，不同模量杆件的屈曲稳定分析将成为人们关注的热点。经典结构的弹性屈曲极限承载力计算一般是基于欧拉公式，弹塑性稳定问题分析是基于 Engesser (1889 年)提出的切线模量理论[17]和 Considère (1891 年)提出的双模量理论[18]。之后，Shanley (1946 年)证明了切线模量屈曲荷载是弹塑性屈曲荷载的下限，而双模量屈曲荷载是上限[19]。这些理论都是基于材料的非弹性本构关系，且不考虑由于拉压区主应力符号在不同方向表现出的不同的弹性性质。计入材料在拉压区不同的弹性性质，即基于不同模量弹性理论分析结构屈曲稳定分析的报道比较少，仅少数几篇报道，且都局限于数值计算分析[20-22]。鉴于此，本章将开展对不同模量常截面杆屈曲稳定问题的解析研究。

对于不同模量细长杆的屈曲稳定分析，其主要难点在于截面抗弯刚度是与中性轴偏移量有关的变量，且截面中性轴位置是一个与屈曲临界荷载及临界挠曲线函数都相关的非线性问题。本章用不同模量理论导出了常截面简支细长杆的屈曲临界荷载半解析解。通过引入无因次参数建立了中性轴偏移量的计算公式，并编制了非线性迭代程序，确定了失稳临界状态时中性轴的位置。结合分段积分法推导出不同模量细长杆的挠曲微分方程，对具体实例进行半解析解计算，并把计算结果与有限元数值模拟结果进行分析对比。最后对不同模量计算结果与经典力学同模量计算结果进行分析研究，得出两种理论计算结果上的差异，并研究了不同模量对常截面简支细长杆稳定性的影响。

10.2 基本假定及结构模型

本章的推导过程主要基于以下两个基本假定：

(1) 假定杆的任一横截面在杆发生屈曲变形后仍为平面，且变形后的截面与杆的轴线正交，横截面只做相对转动。这一假定将半解析解限定在材料力学的框架内。

(2) 假设剪应力对中性轴位置无贡献[23]。此假定基于作者在推导不同模量横力弯曲梁解析解时得出了一个重要的结论：结构的中性层与剪应力无关，因而可用正应力作为判据而得到中性层位置的计算公式，简化了由主应力出发而定义的物理方程，从而方便了求解。

杆件结构如图10-1所示，杆长为L，截面尺寸为$b\times h$。不计入杆自重的作用，当轴心压力F不断增加达到临界荷载F_{cr}时，杆件发生屈曲变形，此时对于不同模量的材料，截面中性轴不再位于截面几何中心线位置，而是产生一定的偏移量。假设截面中性轴距几何中心线的距离为e（以下简称为中性轴偏移量），且当中性轴向受拉区偏移时取为正，反之取为负。并假定yOz平面内的任一截面的坐标轴均通过中性轴，则截面上的应力应变分布如图10-2所示（图示为$E_c<E_t$的情况），其中ε_{bc}和ε_{bt}分别为杆截面x向边缘压应变和拉应变，σ_{bc}和σ_{bt}分别为杆截面x向边缘压应力和拉应力。

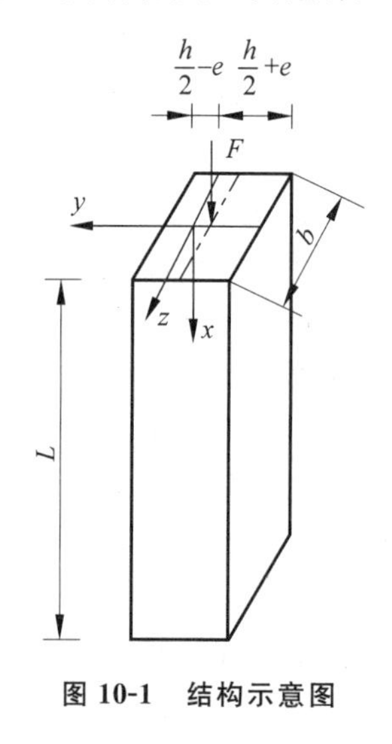

图10-1 结构示意图

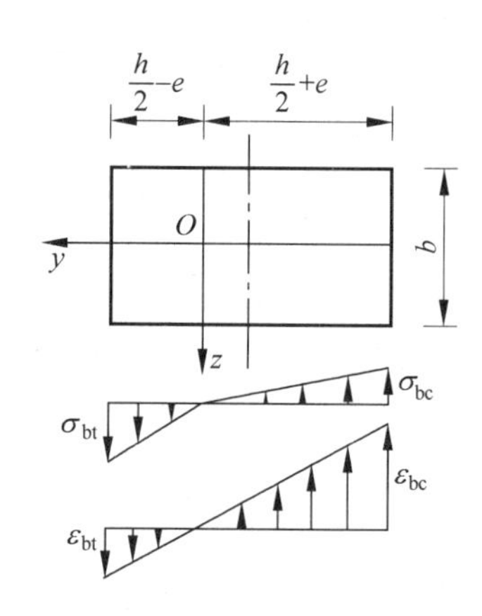

图10-2 任意截面应力应变分布

10.3 中性轴及挠曲微分方程

当不同模量细长杆端部轴心荷载达到临界荷载F_{cr}时，杆件发生屈曲。在本章的研究中，假定杆件不发生轴向变形，只绕着截面某一惯性主轴发生弯曲变形。采用小变形假设，且杆的变形符合平截面假定，即变形后截面仍为平面，并与中性轴正交，同时假定平截面不会改变形状。从杆件中任取一微段$\mathrm{d}x$，微段两端截面间的相对转角为$\mathrm{d}\theta$，中性层的曲率半径为ρ，如图10-3所示，截面上坐标为y的任一点的正应变为

$$\varepsilon_x=\frac{(\rho+y)\mathrm{d}\theta-\rho\mathrm{d}\theta}{\rho\mathrm{d}\theta}=\frac{y}{\rho}=y\frac{\mathrm{d}^2v}{\mathrm{d}x^2}\qquad(10\text{-}1)$$

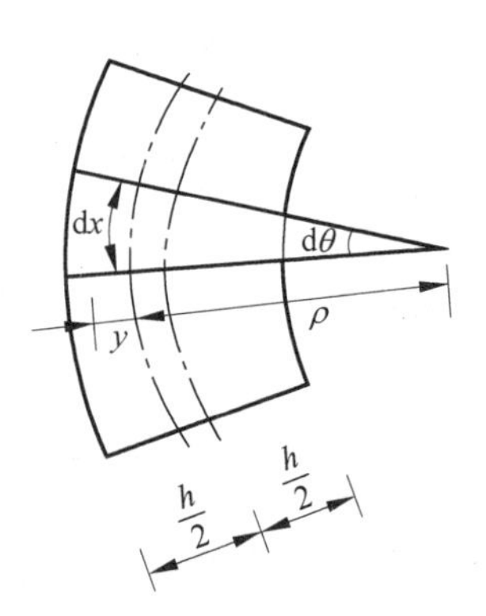

图10-3 结构变形图

式中，v为沿x轴距离原点x处的杆的挠度。由于不考虑剪应力对中性轴的影响，可直接用正应力的正负判定拉压的分界面。

取拉应力为正，压应力为负，根据不同模量弹性理论的双线性本构关系，从中性层分段后分别由胡克定律可得

$$\sigma_{t} = E_{t} \frac{y}{\rho} = E_{t} y \frac{d^{2} v}{dx^{2}}, \quad \sigma_{c} = E_{c} \frac{y}{\rho} = E_{c} y \frac{d^{2} v}{dx^{2}} \tag{10-2}$$

式中，σ_c 和 σ_t 分别为压应力和拉应力；E_c 和 E_t 分别为压缩弹性模量和拉伸弹性模量。

如图 10-2 所示，在 $E_c < E_t$ 的情况下，截面中性轴向受拉区偏移的距离为 e，截面的受拉区高度为 $\frac{h}{2}-e$，受压区高度为 $\frac{h}{2}+e$，取截面微元体以上（包含该截面）作为隔离体。当杆端荷载达到临界值时，杆件发生屈曲失稳变形，如图 10-4 所示。此时由平衡条件有

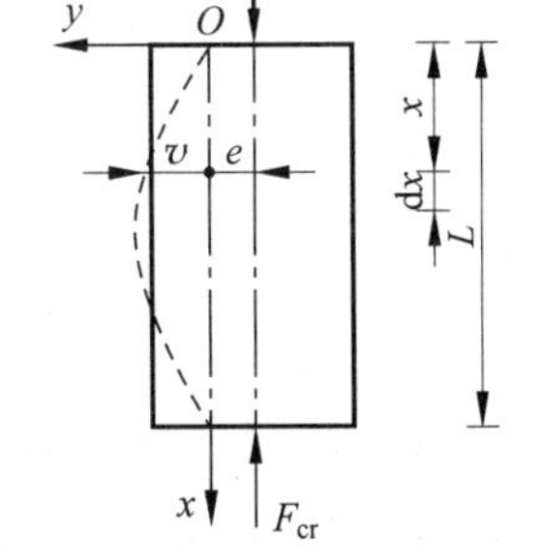

图 10-4 结构屈曲失稳图

$$\int_{-\frac{h}{2}-e}^{0} \sigma_{c} b \mathrm{d}y + \int_{0}^{\frac{h}{2}-e} \sigma_{t} b \mathrm{d}y = F_{cr} \tag{10-3}$$

将式(10-2)代入式(10-3)并进行积分可得

$$\left[E_{t}\left(\frac{h}{2}-e\right)^{2} - E_{c}\left(\frac{h}{2}+e\right)^{2}\right]\frac{b}{2}\frac{d^{2} v}{dx^{2}} = F_{cr} \tag{10-4}$$

由式(10-4)可得（舍去了中性轴在截面外的解）

$$e = \frac{(E_{t}+E_{c})h - 2\sqrt{E_{t}E_{c}h + \frac{2F_{cr}(E_{t}-E_{c})}{b} \Big/ \frac{d^{2} v}{dx^{2}}}}{2(E_{t}-E_{c})} \tag{10-5}$$

由式(10-5)可知中性轴的偏移量 $e=f\left(E_t, E_c, h, b, F_{cr}, \frac{d^2 v}{dx^2}\right)$，它不仅与拉压不同模量、截面尺寸有关，而且还是曲率和屈曲临界荷载的函数，即它们之间存在非线性的关系。为了更清晰地确定这种非线性关系，我们继续进行如下推导：

在屈曲临界变形状态下，由圣维南原理有

$$\int_{-\frac{h}{2}-e}^{0} \sigma_{c} b y \mathrm{d}y + \int_{0}^{\frac{h}{2}-e} \sigma_{t} b y \mathrm{d}y = M \tag{10-6}$$

将式(10-2)代入式(10-6)并进行积分可得任一截面的弯矩为

$$\frac{b}{3}\left[E_{c}\left(\frac{h}{2}+e\right)^{3} + E_{t}\left(\frac{h}{2}-e\right)^{3}\right]\frac{d^{2} v}{dx^{2}} = M \tag{10-7}$$

杆失稳时任一截面弯矩应与轴向荷载对中性轴偏移后的挠度之矩相等，则

$$F_{cr}(v+e) = M \tag{10-8}$$

将式(10-4)和式(10-7)代入式(10-8)得

$$v+e = \frac{M}{F_{cr}} = \frac{\frac{b}{3}\left[E_{c}\left(\frac{h}{2}+e\right)^{3} + E_{t}\left(\frac{h}{2}-e\right)^{3}\right]\frac{d^{2} v}{dx^{2}}}{\frac{b}{2}\left[E_{t}\left(\frac{h}{2}-e\right)^{2} - E_{c}\left(\frac{h}{2}+e\right)^{2}\right]\frac{d^{2} v}{dx^{2}}} \tag{10-9}$$

对式(10-9)进一步简化可得

$$v+e = \frac{M}{F_{cr}} = \frac{2}{3} \cdot \frac{\frac{E_{c}}{E_{t}}\left(\frac{h}{2}+e\right)^{3} + \left(\frac{h}{2}-e\right)^{3}}{\left(\frac{h}{2}-e\right)^{2} - \frac{E_{c}}{E_{t}}\left(\frac{h}{2}+e\right)^{2}} \tag{10-10}$$

经过整理可进一步得到

$$v=\frac{1}{3}\cdot\frac{\frac{E_c}{E_t}\left(\frac{h}{2}+e\right)^2(h-e)+\left(\frac{h}{2}-e\right)^2(h+e)}{\frac{E_c}{E_t}\left(\frac{h}{2}+e\right)^2-\left(\frac{h}{2}-e\right)^2}\tag{10-11}$$

引入无因次参数，令 $\eta=\frac{v}{h}$，$\zeta=\frac{e}{h}$，ζ 为中性轴偏移量的无因次量，η 为杆挠度的无因次量，整理式(10-11)有

$$\eta=\frac{v}{h}=\frac{1}{3}\cdot\frac{\frac{E_c}{E_t}\left(\frac{1}{2}+\zeta\right)^2(1-\zeta)+\left(\frac{1}{2}-\zeta\right)^2(1+\zeta)}{\frac{E_c}{E_t}\left(\frac{1}{2}+\zeta\right)^2-\left(\frac{1}{2}-\zeta\right)^2}\tag{10-12}$$

由式(10-12)可知 ζ 和 η 存在非线性的关系。为了能直观反映 ζ 和 η 的非线性关系，令 $m=E_c/E_t$，取 $m=0.2\sim10$，作出 ζ 和 η 的非线性关系如图 10-5 所示。当 $\zeta=1/2$ 或 $e=h/2$ 时，$\eta=1/6$，此时中性轴位于截面边缘，杆件开始发生弯曲变形($\eta=1/6$)。随后弯曲变形 η 迅速增加，中性轴逐渐向着使受拉区不断扩大(受压区不断减小)的方向移动。当 η 增加到一定值时，对应的 ζ 趋于定值即中性轴停止移动。此时，截面的轴向承载能力达到最大值，即达到了最终的失稳临界状态，在此临界平衡状态下确定的荷载即为屈曲临界荷载。结合式(10-12)可编制非线性迭代程序确定不同模量杆失稳临界状态时中性轴的偏移量以及对应的最大挠度值。非线性迭代程序流程图如图 10-6 所示。图中定义两次迭代中性轴偏移量无因次量的误差表示为 $\lambda=\zeta_{i-1}-\zeta_i$，且 $\lambda<\varepsilon\%$，ε 为设定的误差限值，这里取 $\varepsilon=0.01$。

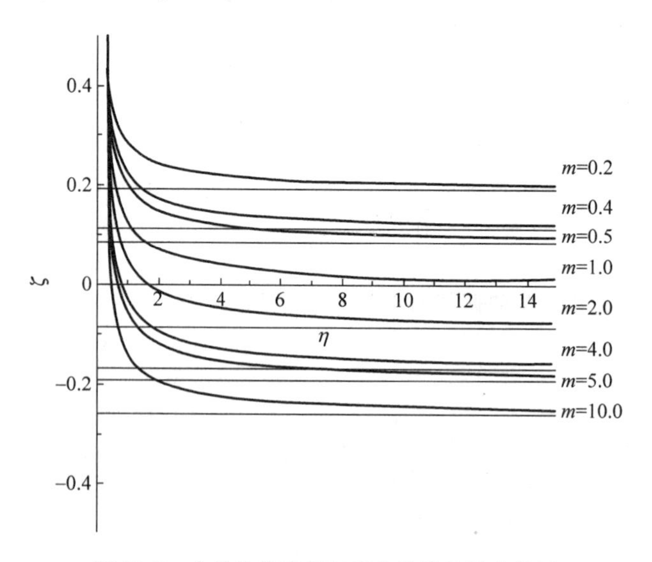

图 10-5　中性轴偏移量与挠曲线的无因次关系

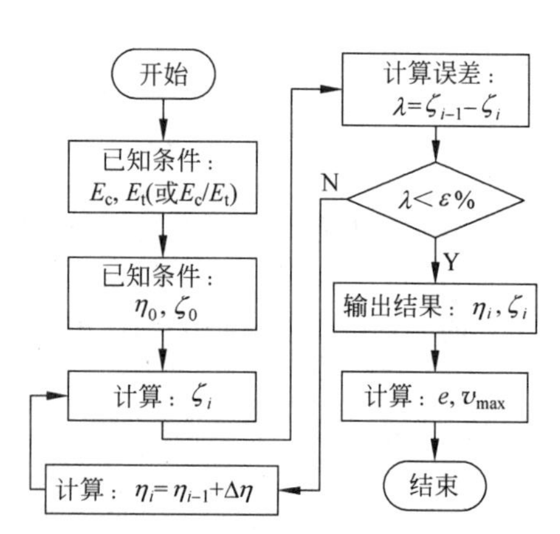

图 10-6　非线性迭代程序流程图

取 m 在 0.1～10 之间变化，计算得到不同压拉模量比对应的不同模量杆在失稳临界状态下的相关参数，如表 10-1 所示。

表 10-1 不同模量杆失稳临界状态时 m 在 0.1～10 之间变化对应的各个参数

$m(E_c/E_t)$	$\zeta(e/h)$	$\eta(v/h)$	v_{max}/m	e/m
0.10	0.28	2.67	2.67h	0.28h
0.20	0.20	2.67	2.67h	0.20h
0.30	0.16	2.67	2.67h	0.16h
0.40	0.12	3.17	3.17h	0.12h
0.50	0.08	3.17	3.17h	0.08h
0.60	0.07	3.17	3.17h	0.07h
0.70	0.05	4.17	4.17h	0.05h
0.80	0.03	4.67	4.67h	0.03h
0.90	0.02	5.17	5.17h	0.02h
1.00	0.01	6.17	6.17h	0.01h
2.00	−0.09	5.17	5.17h	−0.09h
3.00	−0.14	5.17	5.17h	−0.14h
4.00	−0.18	5.17	5.17h	−0.18h
5.00	−0.20	4.17	4.17h	−0.20h
6.00	−0.22	3.17	3.17h	−0.22h
7.00	−0.23	3.17	3.17h	−0.23h
8.00	−0.24	3.17	3.17h	−0.24h
9.00	−0.25	2.67	2.67h	−0.25h
10.00	−0.26	2.67	2.67h	−0.26h

从表 10-1 可反映出，随着压拉模量比 m 的增加，不同模量杆失稳临界状态时的中性轴向着使受拉区不断扩大(受压区不断减小)的方向移动。当 $E_c<E_t$ 时，中性轴向受拉区偏离；当 $E_c>E_t$ 时，中性轴向受压区偏离，如图 10-7 所示。不考虑不同模量的差异(当 $m=1$ 时)，中性轴位于杆的几何中心线的位置，受拉区域和受压区域相等。

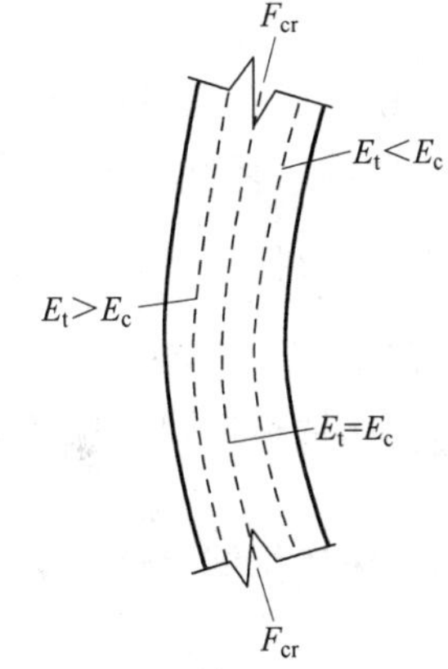

图 10-7 屈曲临界状态时的中性轴

再由杆的内力平衡条件，将式(10-7)代入式(10-10)可得不同模量杆的挠曲线微分方程为

$$\frac{b}{3}\left[E_c\left(\frac{h}{2}+e\right)^3+E_t\left(\frac{h}{2}-e\right)^3\right]\frac{\mathrm{d}^2 v}{\mathrm{d}x^2}+F_{cr}(v+e)=0 \tag{10-13}$$

式(10-13)即为轴心压力作用下，不同模量细长杆挠曲线微分方程。当 $E_c=E_t$ 且 $e=0$ 时，式(10-13)可退回到经典同模量压杆挠曲线微分方程。

10.4 屈曲临界荷载求解

由式(10-13)可知屈曲临界荷载的确定与拉压不同模量、中性轴偏移量、杆的挠度有关。临界状态时中性轴的偏移量以及对应杆的最大挠度值可通过非线性迭代程序(见图 10-6)计算得到，计算结果如表 10-1 所示。一旦中性轴偏移量为已知值，则不同模量杆

的挠曲微分方程(10-13)的通解为

$$v = C\sin(kx) + D\cos(kx) - e \tag{10-14}$$

其中

$$k = \sqrt{\frac{F_{cr}}{\frac{b}{3}\left[E_c\left(\frac{h}{2}+e\right)^3 + E_t\left(\frac{h}{2}-e\right)^3\right]}} \tag{10-15}$$

在这里,取两端简支的约束,相应的边界条件为 $v|_{x=0}=0, v|_{x=L}=0$,可得

$$C = \frac{(1-\cos(kL))e}{\sin(kL)},\quad D = e \tag{10-16}$$

把式(10-16)代入式(10-14)得

$$v = \left[\frac{1-\cos(kL)}{\sin(kL)}\sin(kx) + \cos(kx) - 1\right]e \tag{10-17}$$

两端简支的细长杆最大挠度发生在中点,即 $v_{max}=v(L/2)$,因此有

$$v_{max} = \left[\frac{1-\cos(kL)}{\sin(kL)}\sin\left(\frac{kL}{2}\right) + \cos\left(\frac{kL}{2}\right) - 1\right]e = \left[\sec\left(\frac{kL}{2}\right) - 1\right]e \tag{10-18}$$

对式(10-18)进行反解可求得

$$F_{cr} = \frac{b}{3}\left[E_c\left(\frac{h}{2}+e\right)^3 + E_t\left(\frac{h}{2}-e\right)^3\right]\left[2\arccos\left(\frac{e}{e+v_{max}}\right)\cdot\frac{1}{L}\right]^2 \tag{10-19}$$

式(10-19)即为不同模量简支细长杆屈曲临界荷载的计算公式。当 $E_c=E_t=E$ 且 $e=0$ 时,式(10-19)可退回到经典同模量简支欧拉杆屈曲临界荷载计算公式。

10.5 算例和结果

选用图10-1所示结构模型进行计算,杆长 $L=1\text{m}$,杆的截面尺寸 $b\times h=0.01\text{m}\times0.01\text{m}$,两端简支约束,端部承受轴心压力 F 作用,分别选取以下三种情况的材料弹性模量:

(1) 保持拉、压弹性模量的平均值 $E=\frac{E_c+E_t}{2}=4000\text{MPa}$ 不变,不同模量比 E_c/E_t 和 E_t/E_c 在1～10的范围内变化。

(2) 保持拉伸弹性模量 $E_t=1000\text{MPa}$ 不变,不同模量比 E_c/E_t 在0.1～10的范围内变化。

(3) 保持压缩弹性模量 $E_c=1000\text{MPa}$ 不变,不同模量比 E_t/E_c 在0.1～10的范围内变化。

分别用经典力学相同模量理论解析方法、本章推求的不同模量理论半解析方法以及ANSYS有限元数值模拟方法计算屈曲临界荷载。有限元数值模拟时采用八节点SOLID45单元,沿长度方向(x 方向)划分60个单元,厚度方向(z 方向)划分4个单元,高度方向(y 方向)分10层建立实体模型。根据不同模量比对应的中性轴位置,对临界状态时每一层单元的弹性模量赋予相应的值,简支约束自由度定义在两端截面处的中心节点上,并约束 $z=0$ 面上所有节点沿 z 方向的自由度,采用线性特征值屈曲分析中的Block Lanczos法计算屈曲临界荷载。有限元模拟结果图如图10-8和图10-9所示(仅列出部分计算结果),三种方法计算的屈曲临界荷载结果如表10-2～表10-5所示。

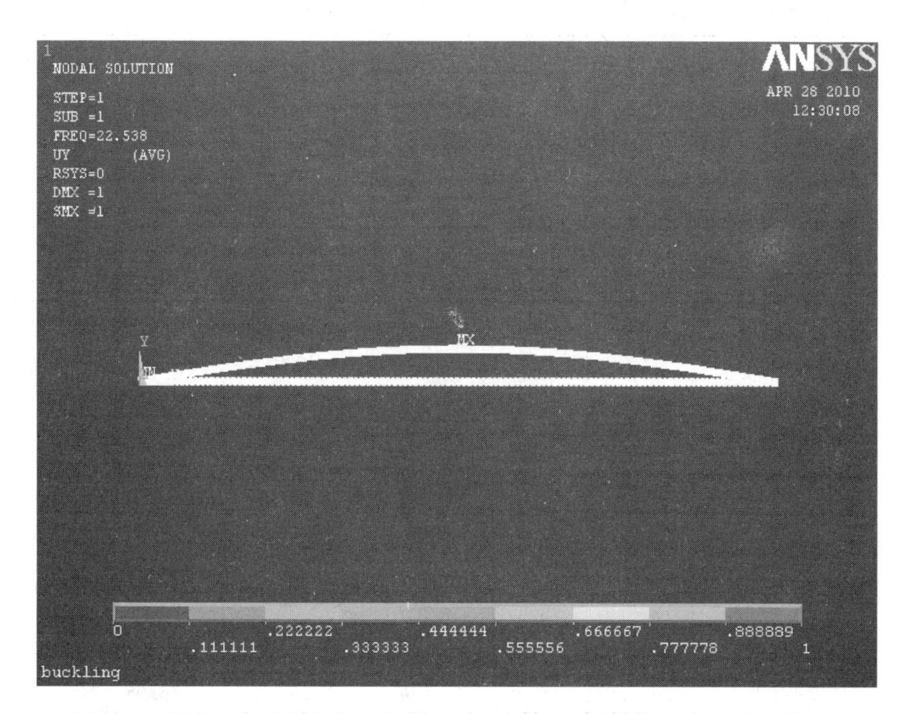

图 10-8 屈曲一阶模态变形图(E_c=1600MPa，E_t=6400MPa，F_{cr}=23.01N)

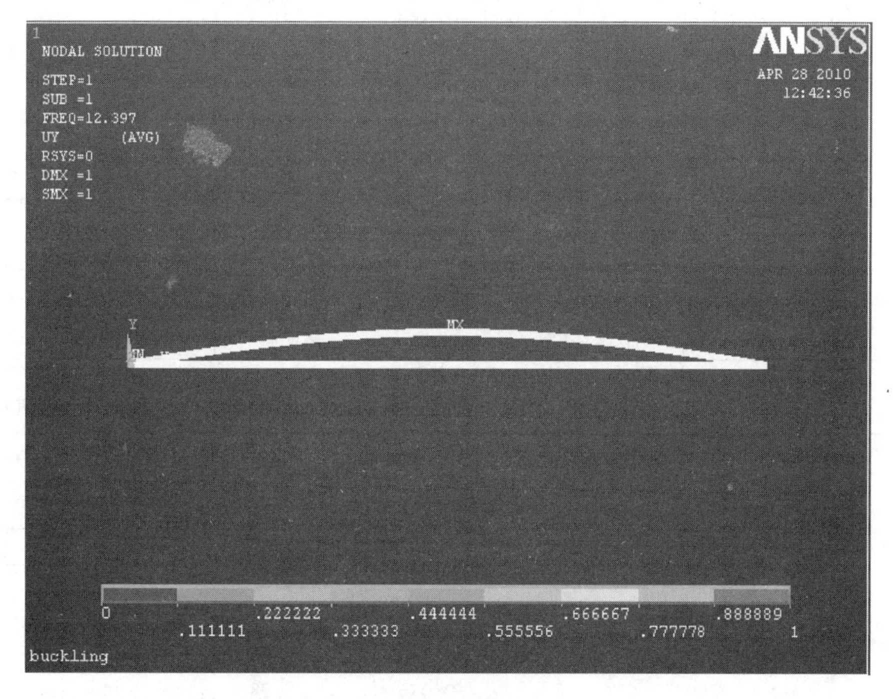

图 10-9 屈曲一阶模态变形图(E_c=6400MPa，E_t=1600MPa，F_{cr}=23.53N)

表 10-2 经典力学相同模量理论的截面中性轴偏移量和屈曲临界荷载

	拉伸弹性模量 E_t/MPa	压缩弹性模量 E_c/MPa	中性轴偏移量 e/m	屈曲临界荷载 F_{cr}/N
保持不同模量比 $E_c/E_t=1.0$ 不变	4000	4000	0	32.90
	1000	1000	0	8.22

表 10-3 保持不同模量平均值 $E=4000$MPa 不变，屈曲临界荷载的半解析解和有限元数值解

	E_t/MPa	E_c/MPa	E_t/E_c	e/m	F_{cr}/N（半解析方法）	F_{cr}/N（有限元）	两种方法的误差 δF_{cr}/%
$E=4000$MPa	7272.7	727.3	10.0	$0.26h$	13.32	13.81	3.68
	7200.0	800.0	9.0	$0.25h$	14.29	14.68	2.75
	7111.1	888.9	8.0	$0.24h$	15.43	15.75	2.09
	7000.0	1000.0	7.0	$0.23h$	16.78	17.05	1.58
	6857.1	1142.9	6.0	$0.22h$	18.41	18.61	1.07
	6666.7	1333.3	5.0	$0.20h$	20.39	20.58	0.93
	6400.0	1600.0	4.0	$0.17h$	22.84	23.01	0.69
	6000.0	2000.0	3.0	$0.13h$	25.97	26.08	0.43
	5333.3	2666.7	2.0	$0.08h$	29.78	29.85	0.24
	4000.0	4000.0	1.0	$0.01h$	32.89	32.91	0.06
	2666.7	5333.3	2.0	$-0.08h$	30.46	30.11	1.15
	2000.0	6000.0	3.0	$-0.13h$	26.95	26.59	1.34
	1600.0	6400.0	4.0	$-0.17h$	23.98	23.53	1.88
	1333.3	6666.7	5.0	$-0.20h$	21.53	20.94	2.74
	1142.9	6857.1	6.0	$-0.22h$	19.55	18.96	3.03
	1000.0	7000.0	7.0	$-0.23h$	17.92	17.33	3.29
	888.9	7111.1	8.0	$-0.24h$	16.53	15.96	3.45
	800.0	7200.0	9.0	$-0.25h$	15.35	14.81	3.52
	727.3	7272.7	10.0	$-0.26h$	14.34	13.81	3.70

表 10-4 保持拉伸弹性模量 $E_t=1000$MPa 不变，屈曲临界荷载的半解析解和有限元数值解

	E_c/MPa	E_c/E_t	e/m	F_{cr}/N（半解析方法）	F_{cr}/N（有限元）	两种方法的误差 δF_{cr}/%
$E_t=1000$MPa	100	0.1	$0.28h$	1.83	1.90	3.83
	200	0.2	$0.20h$	3.06	3.14	2.61
	300	0.3	$0.16h$	4.03	4.12	2.23
	400	0.4	$0.12h$	4.86	4.94	1.65
	500	0.5	$0.08h$	5.58	5.65	1.25
	600	0.6	$0.07h$	6.21	6.27	0.97
	700	0.7	$0.05h$	6.78	6.83	0.74
	800	0.8	$0.03h$	7.30	7.34	0.55

续表

	E_c/MPa	E_c/E_t	e/m	F_{cr}/N（半解析方法）	F_{cr}/N（有限元）	两种方法的误差 δF_{cr}/%
$E_t=1000$MPa	900	0.9	$0.02h$	7.78	7.80	0.26
	1000	1.0	$0.01h$	8.22	8.23	0.12
	2000	2.0	$-0.09h$	11.43	11.29	1.22
	3000	3.0	$-0.14h$	13.48	13.23	1.85
	4000	4.0	$-0.18h$	14.99	14.62	2.47
	5000	5.0	$-0.20h$	16.15	15.71	2.72
	6000	6.0	$-0.22h$	17.10	16.59	2.98
	7000	7.0	$-0.23h$	17.92	17.33	3.29
	8000	8.0	$-0.24h$	18.60	17.96	3.44
	9000	9.0	$-0.25h$	19.19	18.51	3.54
	10000	10.0	$-0.28h$	19.72	18.99	3.70

表 10-5 保持压缩弹性模量 $E_c=1000$MPa 不变，屈曲临界荷载的半解析解和有限元数值解

	E_t/MPa	E_t/E_c	e/m	F_{cr}/N（半解析方法）	F_{cr}/N（有限元）	两种方法的误差 δF_{cr}/%
$E_c=1000$MPa	100	0.1	$-0.26h$	1.97	2.04	3.71
	200	0.2	$-0.20h$	3.24	3.33	2.75
	300	0.3	$-0.15h$	4.21	4.30	2.08
	400	0.4	$-0.12h$	5.03	5.11	1.56
	500	0.5	$-0.08h$	5.71	5.77	1.07
	600	0.6	$-0.07h$	6.33	6.39	0.97
	700	0.7	$-0.05h$	6.88	6.92	0.62
	800	0.8	$-0.03h$	7.37	7.40	0.44
	900	0.9	$-0.02h$	7.82	7.85	0.35
	1000	1.0	$0.01h$	8.22	8.23	0.12
	2000	2.0	$0.08h$	11.17	11.29	1.05
	3000	3.0	$0.13h$	12.98	13.21	1.78
	4000	4.0	$0.17h$	14.28	14.62	2.40
	5000	5.0	$0.20h$	15.29	15.72	2.79
	6000	6.0	$0.22h$	16.11	16.69	3.16
	7000	7.0	$0.23h$	16.78	17.34	3.32
	8000	8.0	$0.24h$	17.36	17.96	3.45
	9000	9.0	$0.25h$	17.87	18.50	3.52
	10000	10.0	$0.26h$	18.31	18.96	3.55

10.6 分析与讨论

10.6.1 模型验证及误差分析

根据本章算例中选取的三种情况下的不同弹性模量的材料，用本章推求的不同模量半解析方法计算相同模量问题（见表10-3～表10-5），与经典力学的相同模量解析解（见表10-2）相比，两者之间的误差仅有0.01%。因此，不同模量杆屈曲临界荷载半解析计算结果可退回到经典力学相同模量理论解析解。此外，本章半解析解与有限元数值模拟结果吻合较好（见图10-10），其误差在3.8%以内（见图10-11），该误差源于有限元数值计算中网格的划分、约束以及单元等诸多因素。其中，网格的划分是引起误差的主要因素，尤其是沿高度 y 方向的网格数。在建模时适当地增加模型沿 y 方向的分层数，可以有效地减小误差，而这又增加了计算时间。综合考虑，本章采用的有限元模型是沿 y 方向分10层建立实体模型，其最大误差也仅有 $3.8\% < 5\%$，因此满足计算所需的精度要求。

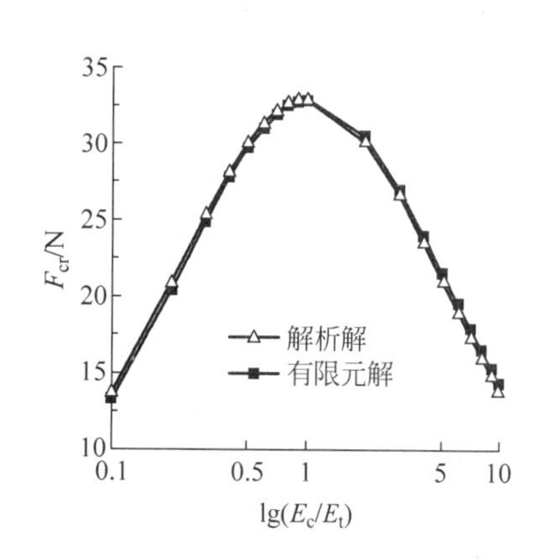

图 10-10 保持平均模量 $E=4000$MPa 不变，两种方法计算结果对比

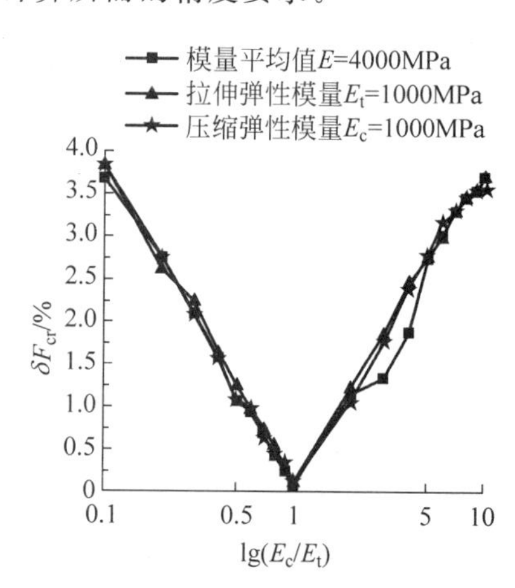

图 10-11 三种材料参数情况下不同模量半解析方法与有限元方法计算结果误差

10.6.2 不同模量与相同模量的差异

计入不同模量后，随着材料的不同模量比 E_c/E_t 变化，杆的中性轴呈有规律的变化，如图10-12所示。随着 E_c/E_t 的增加，中性轴逐渐由受拉区向受压区偏移，受拉区高度不断增加，反之则减少。当 $E_c/E_t=1$ 时，中性轴不发生偏移，而与几何中心线重合。

当不同模量的平均值 $E=4000$MPa 保持不变时，同时改变 E_c 和 E_t，不同模量杆的屈曲临界荷载无论随着 E_c/E_t 增加还是减少，都较同模量（$E_c=E_t=4000$MPa）杆的屈曲临界荷载更小（见图10-10），且减小 E_c 时导致临界荷载的降低较 E_t 引起的临界荷载降低更显著（见图10-13）。

当其中一个弹性模量保持1000MPa不变时，仅仅增加另一个弹性模量，其 F_{cr} 的增加是有区域性的，如图 10-14 和图 10-15 所示。当 E_c 由 100MPa 提高到 1000MPa（提高 10 倍）时，相应的 F_{cr} 从 1.83N 提高到 8.22N（提高 3.5 倍），F_{cr} 增加较为明显；当 E_c 增加到一定值时（$E_c/E_t=1$），F_{cr} 增加较为缓慢，即当 E_c 由 1000MPa 提高到 10000MPa（提高 10 倍）时，F_{cr} 从 8.22N 提高到 19.72N（仅提高 1.40 倍）。当 E_c 不变，E_t 增加时，有类似的现象，如图 10-15 所示。

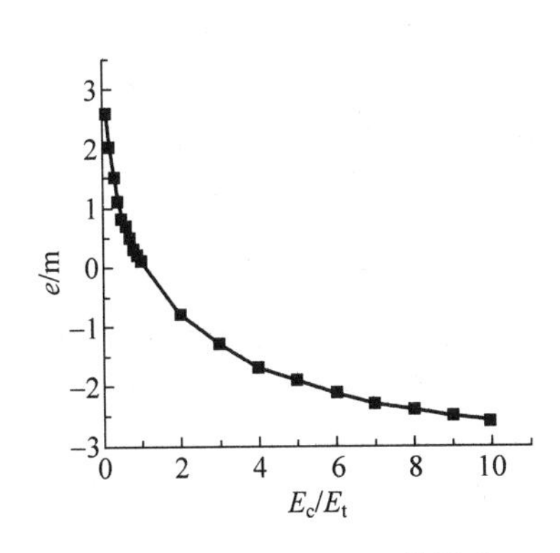

图 10-12　中性轴偏移量随不同模量比 E_c/E_t 的变化关系

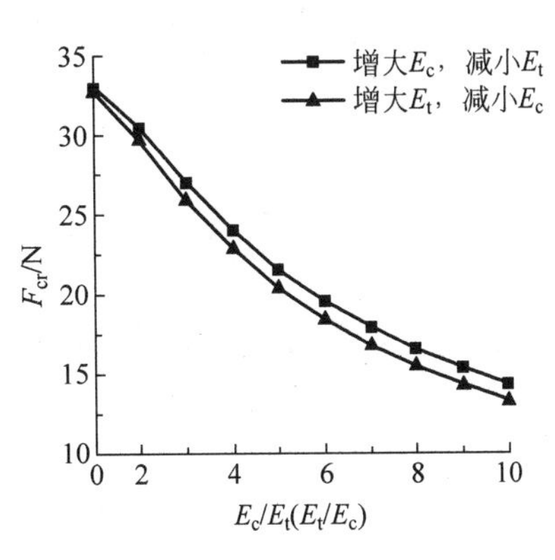

图 10-13　保持平均模量 $E=4000$MPa 不变，屈曲临界荷载随模量比 E_c/E_t（E_t/E_c）变化

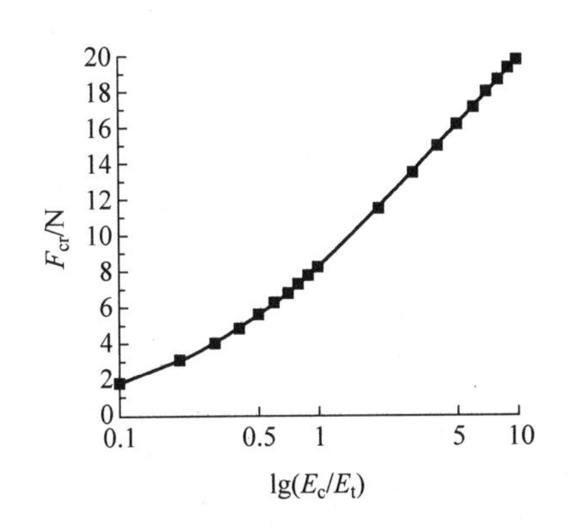

图 10-14　$E_t=1000$MPa 保持不变时，屈曲临界荷载随 E_c/E_t 的变化

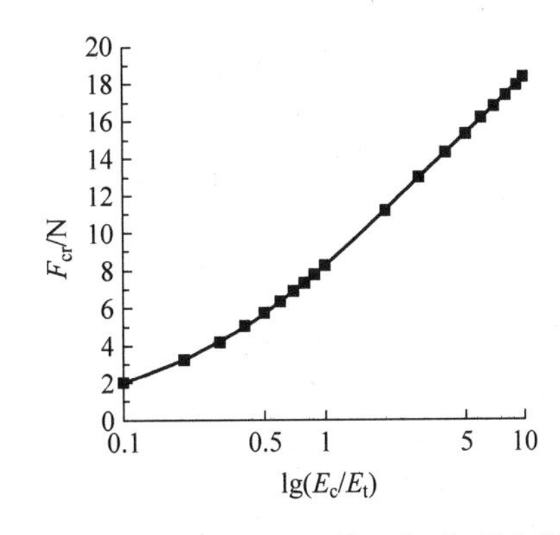

图 10-15　$E_c=1000$MPa 保持不变时，屈曲临界荷载随 E_t/E_c 的变化

当保持 E_c（或 E_t）不变时，仅仅增加 E_t（或 E_c），F_{cr} 的增加呈现出分段不同的性质，如图 10-16 所示。在 E_c/E_t（或 E_t/E_c）小于 2 的范围内，F_{cr} 随着 E_c 增加的曲线与 F_{cr} 随着 E_t 增加的曲线重合，即提高 E_c 或提高 E_t 对 F_{cr} 的影响基本相同；在 E_c/E_t（或 E_t/E_c）超过 2 后，两条曲线开始分离，F_{cr} 随着 E_c 的增加曲线更陡，表明 E_c 的增加对 F_{cr} 的影响更为显著。

对于分别保持平均模量 $E=4000$MPa、拉伸弹性模量 $E_t=1000$MPa 和压缩弹性模量 $E_c=1000$MPa 不变情况下的不同模量材料，用不同模量半解析法计算所得结果与相同模量计算结果相比，当 E_c 为 E_t 的 5 倍时，半解析解与同模量结果相比误差已分别达到 30%、58% 和 78%，如图 10-17 所示。

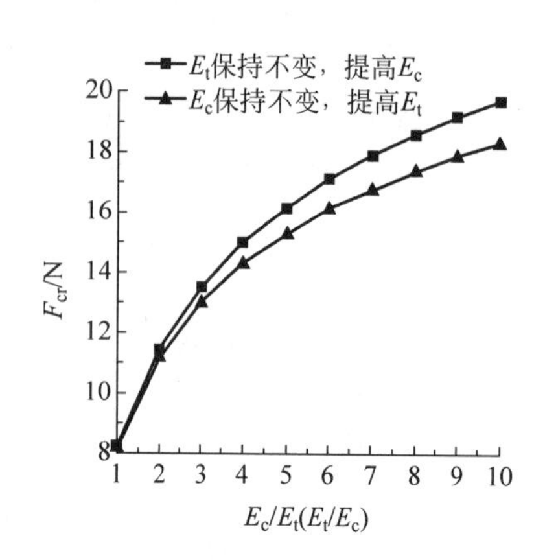

图 10-16 保持 E_t(或 E_c)不变时，屈曲临界荷载随 E_c/E_t(或 E_t/E_c)的变化

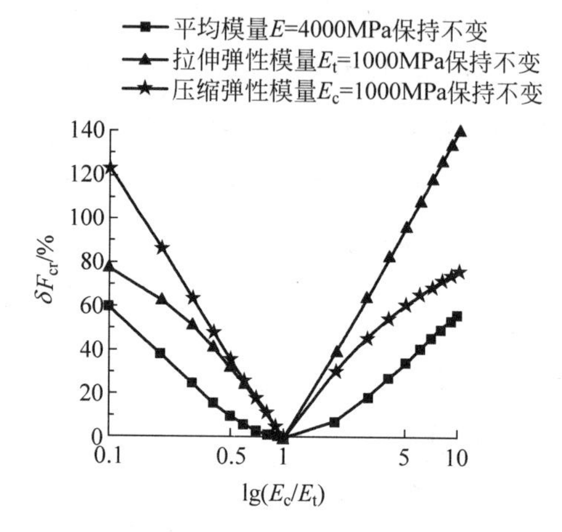

图 10-17 三种情况下不同模量半解析解与同模量解析解误差随 E_c/E_t 的变化

拉压不同模量变截面压杆的屈曲分析

11.1 引言

变截面细长杆由于其节省材料且具有良好的受力特性或出于审美的要求，在工程中被广泛使用，如钢结构优化设计、起重机械、桥梁结构、飞机结构、木结构房屋等。这类构件在受到轴向力作用时容易出现弯曲或失稳。大量研究表明，工程中大多数材料都不同程度地具有拉压不同模量特性，而通过第3章研究已表明材料的不同模量性质对其制成的常截面杆件的稳定性影响显著，因此，可以预想材料的不同模量特性同样对其制成的变截面杆件的稳定性会有很大的影响。对于拉压不同模量变截面压杆的屈曲稳定问题，目前没有发现国内外的学者对此进行研究，鉴于此，本章将进行拉压不同模量变截面压杆屈曲分析。

对于不同模量变截面压杆的屈曲稳定问题，其与不同模量常截面杆的屈曲问题相比，区别在于其截面的中性轴偏移量不仅是拉压不同模量比及截面应力的函数，而且还随着杆截面尺寸的变化而沿杆发生变化，这种双重效应导致沿轴向各个截面的刚度分布更加不均匀，使得杆失稳时最危险截面位置发生改变，从而使得屈曲临界荷载的确定更为复杂，因此，求解时往往要遇到数学上的困难[24-25]。鉴于此，本章将提出一种求解不同模量变截面压杆屈曲临界荷载的半解析方法。首先采用变分原理推导了不同模量变截面细长杆的高阶挠曲线微分方程，通过引入无因次参数以及编制非线性迭代程序确定了失稳临界状态时中性轴的位置，采用变分迭代法求解杆的屈曲临界荷载，同时，用有限元软件数值模拟不同模量变截面杆的屈曲，并把模拟结果与半解析解进行对比，最后在此基础上分析不同模量特性对变截面压杆稳定性的影响。

11.2 基本假定和结构模型

本章基于不同模量弹性理论的基本假定，在推导过程中将继续采用10.2节中给出的基本假定。

本章研究的对象是两端任意支承的连续变截面细长杆，杆长为 L，截面尺寸为 $b\times h$，且沿着杆长按一定形式连续变化，不计杆件自重，杆端中

心作用荷载 F。当杆端外荷载从 0 开始增加时，截面开始出现均匀的压应力，这时杆件只产生轴向压缩变形。随着杆端荷载的继续增加，杆件会发生弯曲变形，截面出现拉应力，随后变形迅速增加，截面的受拉区也不断扩大。当杆端荷载达到临界荷载 F_{cr} 时，杆件达到屈曲临界状态并产生失稳变形，此时截面中性轴不再偏移，截面出现明显不同的受拉区和受压区，如图 11-1 所示。沿 x 轴取任一截面 $A—A$，假设截面中性轴距截面几何中心线的距离为 e（以下简称为中性轴偏移量），且当中性轴向受拉区偏移时取正，反之取为负，如图 11-2 所示，截面上应力应变分布为 $E_c<E_t$ 的情况。由于杆件截面尺寸沿 x 轴连续变化，使得 yOz 平面内的中性轴沿 x 轴变化，即有 $e=f(x)$。因此，为了方便推导，可取流动的坐标系统（每增加 Δx，坐标流动一次），yOz 平面内的每一截面流动后的坐标轴均通过中性轴，如图 11-1 所示。

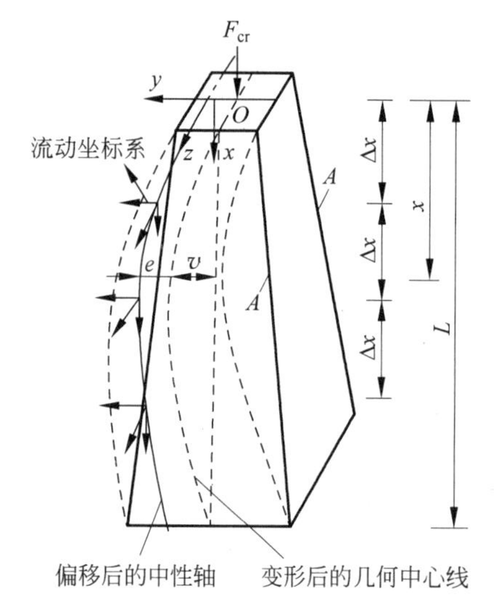

图 11-1 不同模量变截面杆屈曲变形示意图

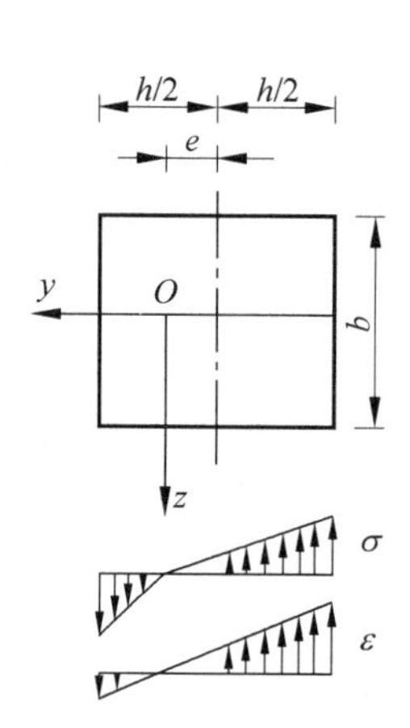

图 11-2 任意 A—A 截面上的应力和应变分布

11.3 挠曲微分方程的推导

假设杆件不发生轴向变形，只绕着截面某一惯性主轴发生弯曲变形，采用小变形假设，且杆变形符合平截面假定，杆件任一截面上任一点由弯曲产生的沿 x 方向的正应变为

$$\varepsilon_x = y\frac{\mathrm{d}^2 v}{\mathrm{d}x^2} \tag{11-1}$$

式中，v 为杆的挠度。根据不同模量弹性理论双线性的本构关系，从中性轴分段后分别由胡克定律可得

$$\sigma_t = E_t y\frac{\mathrm{d}^2 v}{\mathrm{d}x^2},\quad \sigma_c = E_c y\frac{\mathrm{d}^2 v}{\mathrm{d}x^2} \tag{11-2}$$

式中，σ_c 和 σ_t 分别为由弯曲产生的沿 x 方向的压应力和拉应力。变截面杆的弯曲应变能密度为

$$u = \frac{1}{2}\sigma_x\varepsilon_x \tag{11-3}$$

式中，σ_x 为 x 方向的弯曲正应力。将式(11-2)代入式(11-3)中并进行积分得

$$U=\frac{1}{2}\int_0^L\int_{-\frac{b(x)}{2}}^{\frac{b(x)}{2}}\left[\int_{-\left(\frac{h(x)}{2}+e\right)}^{0}E_c\,(yv'')^2\mathrm{d}y+\int_0^{\left(\frac{h(x)}{2}-e\right)}E_t\,(yv'')^2\mathrm{d}y\right]\mathrm{d}z\mathrm{d}x \tag{11-4}$$

简化式(11-4),杆的弯曲应变能为

$$U=\frac{1}{2}\int_0^L\frac{b(x)}{3}\left[E_c\left(\frac{h(x)}{2}+e\right)^3+E_t\left(\frac{h(x)}{2}-e\right)^3\right](v'')^2\mathrm{d}x \tag{11-5}$$

定义$(EI)^*$为不同模量变截面杆的综合抗弯刚度,并且有

$$(EI)^*=\frac{b(x)}{3}\left[E_c\left(\frac{h(x)}{2}+e\right)^3+E_t\left(\frac{h(x)}{2}-e\right)^3\right] \tag{11-6}$$

则式(11-5)变为

$$U=\int_0^L\frac{(EI)^*}{2}(v'')^2\mathrm{d}x \tag{11-7}$$

式(11-7)为整根杆的弯曲应变能。外力 F 做的功为

$$V=-\int_0^L\frac{F}{2}(v')^2\mathrm{d}x \tag{11-8}$$

由式(11-7)和式(11-8)可知系统的总势能为

$$U+V=\int_0^L\left[\frac{(EI)^*}{2}(v'')^2-\frac{F}{2}(v')^2\right]\mathrm{d}x \tag{11-9}$$

根据变分原理,设存在一个变形形态 $v(x)$,对这个变形形态总势能有驻值,即函数 $v(x)$能使 $\delta(U+V)=0$,且此函数 $v(x)$必须是连续函数且满足边界条件。为了确定 $v(x)$,须建立一组同 $v(x)$进行比较邻近的函数族 $n(x)$,这一族曲线可以通过选择任意函数 $\eta(x)$,并把它乘以微量参数 ε 后同 $v(x)$相加得到,于是有

$$n(x)=v(x)+\varepsilon\eta(x) \tag{11-10}$$

式中,$\eta(x)$是一个任意连续的且任意阶可微的函数。对于给定的函数 $\eta(x)$,每一个不同的 ε 值描述式(11-10)曲线族中的一条曲线。通过广义位移 $n(x)$代替式(11-9)中的 $v(x)$,可得

$$U+V=\int_0^L\left[\frac{(EI)^*}{2}(v''+\varepsilon\eta''(x))^2-\frac{F}{2}(v'+\varepsilon\eta'(x))^2\right]\mathrm{d}x \tag{11-11}$$

式中,$\eta'(x)$ 和 $\eta''(x)$分别表示 $\eta(x)$的第一阶和第二阶导数。

对于一个给定的 $\eta(x)$,势能是参数 ε 的函数。此外,$\varepsilon=0$ 时 $n(x)$变成 $v(x)$,而 $v(x)$是曲线族中使 $U+V$ 取极值的曲线。因此,当 $\varepsilon=0$ 时,总势能对 ε 有极值,即

$$\left|\frac{\mathrm{d}(U+V)}{\mathrm{d}\varepsilon}\right|_{\varepsilon=0}=0 \tag{11-12}$$

此时,变分问题就转化为一个微分计算中的普通最小值问题。将式(11-11)代入式(11-12)中有

$$\int_0^L((EI)^*v''\eta''(x)-Fv'\eta'(x))\mathrm{d}x=0 \tag{11-13}$$

为了简化式(11-13),用分部积分消去式中积分号里 $\eta(x)$的导数,最终得到如下表达式:

$$\int_0^L[(EI)^*v^{iv}+2((EI)^*)'v'''+[F+((EI)^*)'']v'']\eta(x)\mathrm{d}x+$$
$$((EI)^*v''\eta'(x))\Big|_0^L-[Fv'+((EI)^*)'v''+(EI)^*v''']\eta(x)\Big|_0^L=0 \tag{11-14}$$

因为 $\eta(x)$在满足边界条件前提下是任意选取的。因此,只有当式(11-14)各项分别都为零时,这个方程才能得到满足,即

$$\int_0^L [((EI)^*)v^{iv}+2((EI)^*)'v'''+[F+((EI)^*)'']v'']\eta(x)\mathrm{d}x=0$$
$$((EI)^*v''\eta'(x))\Big|_0^L=0;[Fv'+((EI)^*)'v''+(EI)^*v''']\eta(x)\Big|_0^L=0 \tag{11-15}$$

注意到 $\eta(x)$和 $\eta'(x)$不恒为零,因此有

$$[(EI)^*]v^{iv}+2[(EI)^*]'v'''+\{F+[(EI)^*]''\}v''=0 \tag{11-16}$$

考虑杆件两端不同的边界条件(见图 11-3),$v(x)$必须满足相应的关系式:

一端自由,一端固定:$\overline{EI}v''|_{x=0}=0;(Fv'+\overline{EI}v''')|_{x=0}=0;v|_{x=L}=0;v'|_{x=L}=0$ (11-17)

两端简支:$(EI)^*v''|_{x=0}=0;v|_{x=0}=0;v|_{x=L}=0;(EI)^*v''|_{x=L}=0$ (11-18)

一端铰支,一端固定:$v|_{x=0}=0;(EI)^*v''|_{x=0}=0;v|_{x=L}=0;v'|_{x=L}=0$ (11-19)

一端滑移,一端固定:$v|_{x=0}=0;v'|_{x=0}=0;v|_{x=L}=0;v'|_{x=L}=0$ (11-20)

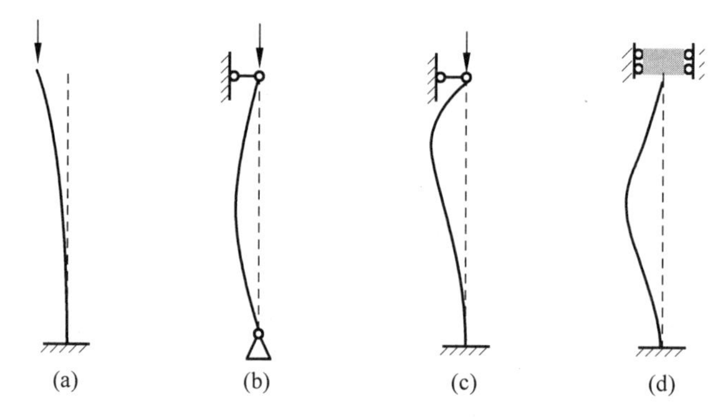

图 11-3 杆两端的约束形式

(a) 一端自由,一端固定;(b) 两端简支;(c) 一端铰支,一端固定;(d) 一端滑移支座,一端固定

式(11-16)即为任意边界条件下不同模量变截面轴向受压杆的挠曲线微分方程,可看出该方程为四阶非线性变系数微分方程。当 $E_c=E_t=E$ 且 $e=0$ 时,式(11-16)可退回到任意边界条件下的同模量变截面压杆挠曲线微分方程,即

$$E\tilde{I}v^{iv}+2(E\tilde{I})'v'''+[F+(E\tilde{I})'']v''=0 \tag{11-21}$$

式中,$E_c=E_t=E$,$\tilde{I}=\dfrac{b(x)h^3(x)}{12}$。当杆截面不变化且为常截面时(即 b 和 h 为常数),式(11-21)可退回到经典同模量常截面轴向受压杆的挠曲线微分方程,即

$$EIv^{iv}+Fv''=0 \tag{11-22}$$

式中,$E_c=E_t=E$,$I=bh^3/12$。式(11-16)中的$(EI)^*$与中性轴偏移量 e 有关,11.4 节将推求 e 的表达式。

11.4 中性轴偏移量的确定

从图 11-1 所示的杆件中取任意 A—A 截面,该截面的应力应变分布如图 11-2 所示。由内力平衡条件有

$$\int_{-\left(\frac{h(x)}{2}+e\right)}^{0}\sigma_c b(x)\mathrm{d}y+\int_0^{\frac{h(x)}{2}-e}\sigma_t b(x)\mathrm{d}y=F_{cr} \tag{11-23}$$

将式(11-2)代入式(11-23)并进行积分得

$$\left[E_{\mathrm{t}}\left(\frac{h(x)}{2}-e\right)^{2}-E_{\mathrm{c}}\left(\frac{h(x)}{2}+e\right)^{2}\right]\frac{b(x)}{2}\frac{\mathrm{d}^{2}v}{\mathrm{d}x^{2}}=F_{\mathrm{cr}} \tag{11-24}$$

由上式可解得

$$e=\frac{(E_{\mathrm{t}}+E_{\mathrm{c}})h(x)-2\sqrt{E_{\mathrm{t}}E_{\mathrm{c}}h(x)+\left(\frac{2F_{\mathrm{cr}}(E_{\mathrm{t}}-E_{\mathrm{c}})}{b(x)}\Big/\frac{\mathrm{d}^{2}v}{\mathrm{d}x^{2}}\right)}}{2(E_{\mathrm{t}}-E_{\mathrm{c}})} \tag{11-25}$$

由式(11-25)可知，$e=f(E_{\mathrm{t}},E_{\mathrm{c}},h(x),b(x),F_{\mathrm{cr}},v'')$，中性轴的偏移量 e 不仅与拉压不同模量、截面尺寸有关，而且还是挠曲函数 v 及失稳临界荷载 F_{cr} 的函数，即它们之间存在非线性的关系。为了确定这种非线性的关系，我们继续进行如下推导。

设在屈曲临界状态下，由圣维南原理可得任意截面 $A—A$ 的弯矩为

$$\int_{-\left(\frac{h(x)}{2}+e\right)}^{0}\sigma_{\mathrm{c}}b(x)y\mathrm{d}y+\int_{0}^{\frac{h(x)}{2}-e}\sigma_{\mathrm{t}}b(x)y\mathrm{d}y=M \tag{11-26}$$

将式(11-2)代入式(11-26)并进行积分得

$$\left[E_{\mathrm{c}}\left(\frac{h(x)}{2}+e\right)^{3}+E_{\mathrm{t}}\left(\frac{h(x)}{2}-e\right)^{3}\right]\frac{b(x)}{3}\frac{\mathrm{d}^{2}v}{\mathrm{d}x^{2}}=M \tag{11-27}$$

同时，依据平衡条件，如图 11-1 所示，任意截面弯矩还可以表示为

$$-F_{\mathrm{cr}}(v+e)=M \tag{11-28}$$

将式(11-24)和式(11-27)一并代入式(11-28)中并整理得到

$$(m_{\mathrm{c}}-1)\zeta^{3}+3\beta(1+m_{\mathrm{c}})\zeta^{2}+\left[\frac{3}{4}(1-m_{\mathrm{c}})+3\beta(1+m_{\mathrm{c}})\right]\zeta+\left[-\frac{1}{4}(1+m_{\mathrm{c}})+\frac{3}{4}\beta(m_{\mathrm{c}}-1)\right]=0 \tag{11-29}$$

式中，$\beta=v/h$，$\zeta=e/h$ 且 $m_{\mathrm{c}}=E_{\mathrm{c}}/E_{\mathrm{t}}$。其中，$\zeta$ 为中性轴偏移量的无因次量，β 为杆挠度的无因次量。式(11-29)反映出对应不同的 m_{c} 值，ζ 和 β 存在非线性关系。

ζ 和 β 的非线性关系如图 11-4 所示，当 $\zeta=1/2$ 或 $e=h/2$ 时，$\beta=1/6$，此时中性轴位于

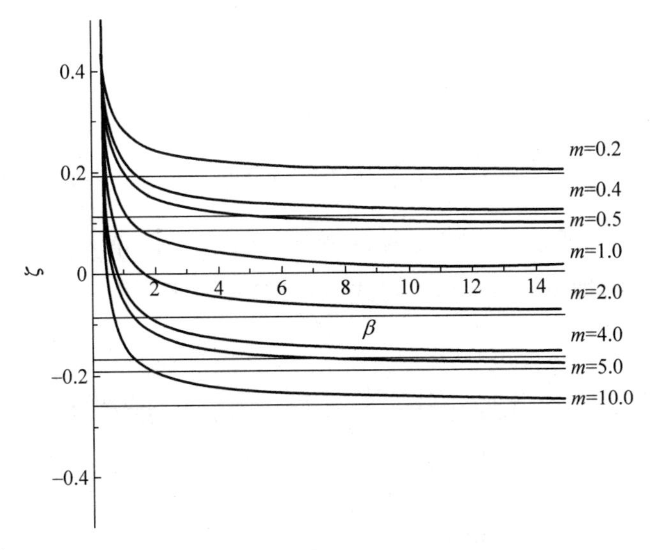

图 11-4　中性轴偏移量与挠曲的无因次关系

截面边缘，杆件有弯曲变形。随后弯曲变形迅速增加，中性轴逐渐向着使受拉区不断扩大(受压区不断减小)的方向移动。当β增加到一定值时，对应的ζ趋于定值且中性轴停止移动。此时，截面的轴向承载能力达到最大值，即达到了失稳临界状态，在此临界状态下确定的荷载即为失稳临界荷载。通过编制非线性迭代程序可确定不同模量杆失稳临界状态时中性轴的偏移量，非线性迭代程序流程如图11-5所示。在图11-5中，β的初始值取为1/6，取不同的m_c值，可计算得到不同模量比对应的不同模量变截面杆在失稳临界状态时的中性轴偏移量和挠度值。

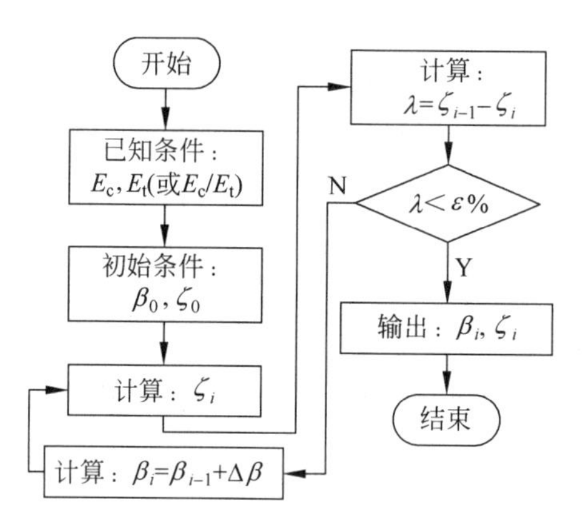

图11-5 非线性迭代程序流程图

11.5 屈曲临界荷载的求解

一旦失稳临界状态时不同模量变截面杆中性轴偏移量被确定，我们将其连同式(11-6)一并代入式(11-16)中，得到变系数的四阶非线性微分方程。以下采用变分迭代法[26]求解此类边值问题的高阶非线性微分方程。

由变分迭代法基本原理，对于一般的非线性问题，都可以表示为

$$L[v(x)]+N[v(x)]=g(x) \tag{11-30}$$

式中，L为线性算子；N为非线性算子；$g(x)$为非齐次项。

根据变分迭代法的基本特性，可以建立修正方程为

$$v_{n+1}=v_n+\int_0^x \lambda(\xi)\{L[v_n(\xi)]+N[\overline{v_n}(\xi)]-g(\xi)\}\mathrm{d}\xi \tag{11-31}$$

式中，λ为一般拉格朗日乘子，可由变分原理确定；下标n表示第n阶近似值；$\overline{v_n}(\xi)$表示一个受限制条件的变分，即$\delta\overline{v_n}(\xi)=0$。将式(11-16)代入式(11-31)中，展开后得到迭代方程为

$$v_{n+1}=v_n+\int_0^x \lambda(\xi)\left\{v(\xi)^{(4)}+2\frac{[(EI)^*(\xi)]'}{(EI)^*(\xi)}\bar{v}(\xi)'''+\left\{\frac{[(EI)^*(\xi)]''}{(EI)^*(\xi)}+\frac{F_{\mathrm{cr}}}{(EI)^*(\xi)}\right\}\bar{v}(\xi)''\right\}\mathrm{d}\xi \tag{11-32}$$

通过对式(11-32)进行变分得到

$$\delta v_{n+1}(x)=\delta v_n(x)+\delta\int_0^x\lambda(\xi)\left\{v_n(\xi)^{(4)}+2\frac{[(EI)^*(\xi)]'}{(EI)^*(\xi)}\overline{v_n}(\xi)'''+\right.$$

$$\left.\left\{\frac{[(EI)^*(\xi)]''}{(EI)^*(\xi)}+\frac{F_{cr}}{(EI)^*(\xi)}\right\}\overline{v_n}(\xi)''\right\}d\xi=0 \quad (11\text{-}33)$$

对式(11-33)进行整理可得带边界条件的四阶微分方程为

$$\begin{cases}\lambda^{(4)}(\xi)\mid_{\xi=x}=0\\1-\lambda'''(\xi)\mid_{\xi=x}=0\\\lambda(\xi)\mid_{\xi=x}=0\\\lambda'(\xi)\mid_{\xi=x}=0\\\lambda''(\xi)\mid_{\xi=x}=0\end{cases} \quad (11\text{-}34)$$

通过求解式(11-34)最终得到 λ 的形式为

$$\lambda(\xi)=\frac{1}{6}(\xi^3-3x\xi^2+3x^2\xi-x^3) \quad (11\text{-}35)$$

将式(11-35)代入式(11-32)中进行方程的迭代求解,其中迭代的初始挠曲线可取为含有四个未知系数的三次多项式形式:

$$v_0=Ax^3+Bx^2+Cx+D \quad (11\text{-}36)$$

式中包含四个未知数,可由边界条件求得,边界条件表达式见式(11-17)~式(11-20)。

对于本章研究的问题,通过对式(11-32)迭代10次所得的挠曲线方程作为最终迭代结果,把四个边界条件代入最终迭代方程中,每一个边界条件的代入得到一个含有四个未知系数的代数方程,最终得到一个含有四个方程四个未知系数的代数方程组。在此,把原问题由解四阶非线性微分方程转化为求解一个代数方程组,这个代数方程组用矩阵表示为

$$[M(F_{cr})][Q]=[0] \quad (11\text{-}37)$$

式中,$[Q]=[A\quad B\quad C\quad D]^T$,要得到非平凡解,其系数矩阵的行列式必为零。因此,得到一个关于屈曲临界荷载 F_{cr} 的特征方程,方程中最小的正根所确定的 F_{cr} 即为轴心压力作用下,不同模量变截面杆的屈曲临界荷载。

11.6 算例和结果

选择如图11-3(b)中两端简支的结构模型进行计算与分析,杆长 $L=1$m,截面宽 $b=0.1$m,截面高 $h=\alpha\times\exp[-\gamma(1-x)]$(其中,$\alpha=0.1$,$\gamma=2$,$0<x<L$),$m_c=E_c/E_t$,$m_t=E_t/E_c$。分别选取以下三种情况的材料弹性模量:

(1) 保持拉、压弹性模量的平均值 $E=\frac{E_c+E_t}{2}=4000$MPa 不变,不同模量比 m_c 和 m_t 在 0.2~5 的范围内变化。

(2) 保持拉伸弹性模量 $E_t=1000$MPa 不变,不同模量比 m_c 在 0.2~5 的范围内变化。

(3) 保持压缩弹性模量 $E_c=1000$MPa 不变,不同模量比 m_t 在 0.2~5 的范围内变化。

分别采用经典力学相同模量理论、本章推求的不同模量半解析法以及二次开发ANSYS有限元数值模拟方法计算两端简支的变截面细长杆屈曲临界荷载。对于经典同模

量变截面杆分别采用能量法[27]和本章推求的不同模量半解析法进行求解。有限元数值模拟时首先建立三维几何模型,沿 x 轴变化的截面高度曲线通过均匀选取 20 个点进行多项式曲线拟合画出。采用八节点 SOLID45 单元,通过工作平面切分对实体模型在长度方向划分 60 个单元,厚度方向划分 4 个单元,高度方向根据截面变化形式划分相应的单元数,简支约束自由度定义在两端截面处的中心节点上,并约束 $z=0$ 面上所有节点沿 z 方向的自由度。采用非线性屈曲分析求解(NLGEOM, ON),杆端承受轴心作用外荷载,为了实现模型的初始扰动,对变截面杆的侧面施加均布荷载,使得杆件发生初始的侧向小变形。求解过程中运用重分析技术,编写了宏文件 bilinear 并写入 APDL 文件中,该宏文件实现的命令将对每一次非线性分析后得到的所有单元主应力符号进行判断,并重新赋予不同区域相应的材料弹性模量,循环求解,直至前后两次拉压不同区域相同(中性轴偏移量相同)为止。实体模型及模拟结果如图 11-6 和图 11-7 所示(仅列出部分计算结果),三种方法计算结果如表 11-1～表 11-4 所示。

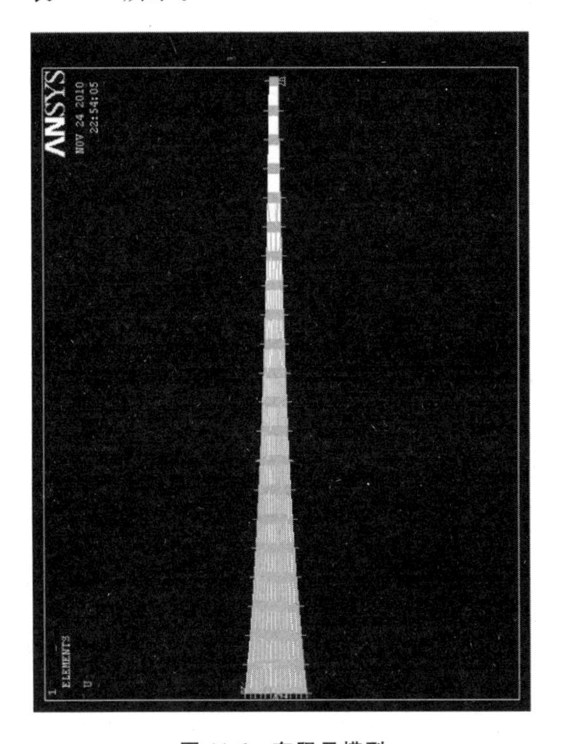

图 11-6 有限元模型

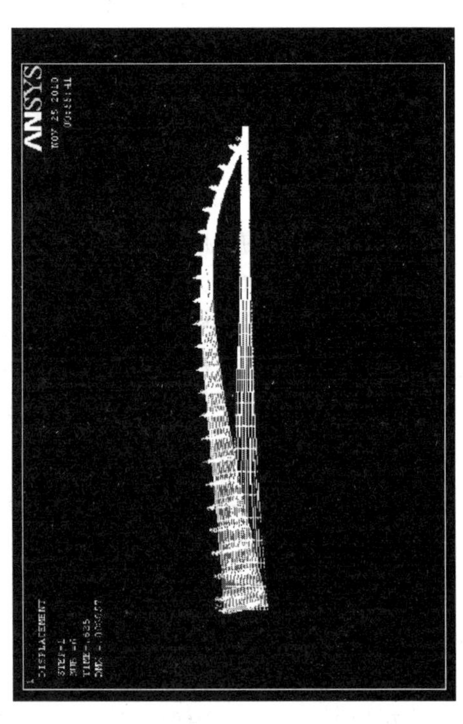

图 11-7 变截面杆的屈曲变形($E_c=3000$MPa, $E_t=5000$MPa, $F_{cr}=5.70$kN)

表 11-1 经典力学相同模量理论变截面杆的中性轴偏移量和屈曲临界荷载

保持压拉模量比	拉伸弹性模量 E_t/MPa	压缩弹性模量 E_c/MPa	中性轴偏移量 e/m	失稳临界荷载 F_{cr}/kN(能量法)	失稳临界荷载 F_{cr}/kN(半解析法)
$m_c=1.0$ 不变	4000	4000	0	6.39	6.31
	1000	1000	0	1.60	1.57

表 11-2 保持不同模量平均值 E=4000MPa 不变杆屈曲临界荷载的半解析解和有限元数值解

	拉伸弹性模量 E_t/MPa	压缩弹性模量 E_c/MPa	拉压模量比 m_t	中性轴偏移量无因次量 e/h	失稳临界荷载 F_{cr}/kN（半解析解）	失稳临界荷载 F_{cr}/kN（有限元解）	两种方法的误差 δF_{cr}/%
保持拉、压弹性模量的平均值 E 为 4000 MPa 不变	6666.7	1333.3	5.0	0.199	3.85	3.80	1.30
	6400.0	1600.0	4.0	0.175	4.30	4.26	0.99
	6000.0	2000.0	3.0	0.142	4.86	4.82	0.82
	5333.3	2666.7	2.0	0.0937	5.54	5.49	0.77
	4000.0	4000.0	1.0	0	6.31	6.27	0.63
	3789.5	4210.5	0.9	−0.00497	6.31	6.26	0.75
	3555.6	4444.4	0.8	−0.0197	6.26	6.21	0.80
	3294.1	4705.9	0.7	−0.0363	6.17	6.12	0.93
	3000	5000	0.6	−0.0554	6.02	5.95	1.16
	2666.7	5333.3	0.5	−0.0778	5.79	5.72	1.19
	2285.7	5714.3	0.4	−0.105	5.42	5.34	1.48
	1846.2	6153.8	0.3	−0.139	4.87	4.80	1.58
	1333.3	6666.7	0.2	−0.183	4.02	3.95	1.74
	拉伸弹性模量 E_t/MPa	压缩弹性模量 E_c/MPa	压拉模量比 m_c	中性轴偏移量无因次量 e/h	失稳临界荷载 F_{cr}/kN（半解析解）	失稳临界荷载 F_{cr}/kN（有限元解）	两种方法的误差 δF_{cr}/%
	6153.8	1846.2	0.3	0.154	4.66	4.58	1.72
	5714.3	2285.7	0.4	0.120	5.19	5.11	1.43
	5333.3	2666.7	0.5	0.0937	5.53	5.46	1.27
	5000	3000	0.6	0.0715	5.76	5.70	1.13
	4705.9	3294.1	0.7	0.0526	5.90	5.85	0.85
	4444.4	3555.6	0.8	0.0360	5.99	5.94	0.86
	4210.5	3789.5	0.9	0.0213	6.03	5.98	0.83
	4000.0	4000.0	1.0	0	6.31	6.27	0.63
	2666.7	5333.3	2.0	−0.0778	5.78	5.74	0.69
	2000	6000	3.0	−0.126	5.08	5.04	0.85
	1600.0	6400.0	4.0	−0.159	4.49	4.45	0.89
	1333.3	6666.7	5.0	−0.183	4.02	3.98	0.99

表 11-3 保持拉伸弹性模量 E_t=1000MPa 不变杆屈曲临界荷载的半解析解和有限元数值解

	压缩弹性模量 E_c/MPa	压拉模量比 m_c	中性轴偏移量无因次量 e/h	失稳临界荷载 F_{cr}/kN（半解析解）	失稳临界荷载 F_{cr}/kN（有限元解）	两种方法的误差 δF_{cr}/%
保持拉伸弹性模量 E_t 为 1000 MPa 不变	200	0.2	0.199	0.57	0.56	1.75
	300	0.3	0.154	0.76	0.75	1.32
	400	0.4	0.120	0.90	0.89	1.11
	500	0.5	0.0937	1.04	1.03	0.96
	600	0.6	0.0715	1.15	1.14	0.87
	700	0.7	0.0526	1.26	1.25	0.79
	800	0.8	0.0360	1.34	1.33	0.75
	900	0.9	0.0213	1.43	1.42	0.70
	1000	1.0	0	1.57	1.57	0
	2000	2.0	−0.0778	2.17	2.16	0.46
	3000	3.0	−0.126	2.54	2.52	0.79
	4000	4.0	−0.159	2.81	2.79	0.71
	5000	5.0	−0.183	3.01	2.98	1.00

表 11-4　保持压缩弹性模量 $E_c=1000$MPa 不变杆屈曲临界荷载的半解析解和有限元数值解

	拉伸弹性模量 E_t/MPa	拉压模量比 m_t	中性轴偏移量无因次量 e/h	失稳临界荷载 F_{cr}/kN（半解析解）	失稳临界荷载 F_{cr}/kN（有限元解）	两种方法的误差 δF_{cr}/%
保持压缩弹性模量 E_c 为 1000 MPa 不变	200	0.2	−0.183	0.60	0.59	2.01
	300	0.3	−0.139	0.79	0.78	1.78
	400	0.4	−0.105	0.95	0.93	1.50
	500	0.5	−0.0778	1.08	1.07	1.23
	600	0.6	−0.0554	1.20	1.19	1.10
	700	0.7	−0.0363	1.31	1.30	0.76
	800	0.8	−0.0197	1.41	1.40	0.77
	900	0.9	−0.00497	1.50	1.49	0.67
	1000	1.0	0	1.58	1.57	0.58
	2000	2.0	0.0937	2.08	2.06	0.96
	3000	3.0	0.142	2.43	2.41	0.72
	4000	4.0	0.175	2.69	2.67	0.74
	5000	5.0	0.199	2.89	2.86	1.05

11.7　分析与讨论

11.7.1　半解析模型验证及误差分析

用本章推求的不同模量半解析法计算相同模量变截面杆屈曲临界荷载（见表 11-2～表 11-4），与经典同模量问题用能量法的计算结果相比（见表 11-1），两者之间的误差仅有 1.3%。用能量法计算的结果偏大，其主要原因可能是能量法中假定的挠曲线形式实际增大了杆件的刚度，使其临界荷载相对较高。由于误差还是在允许的范围之内，因此，不同模量变截面杆屈曲临界荷载半解析计算结果可退回到经典力学相同模量理论计算结果。本文半解析解与有限元模拟结果吻合较好（见图 11-8），其误差在 2%以内（见图 11-9）。

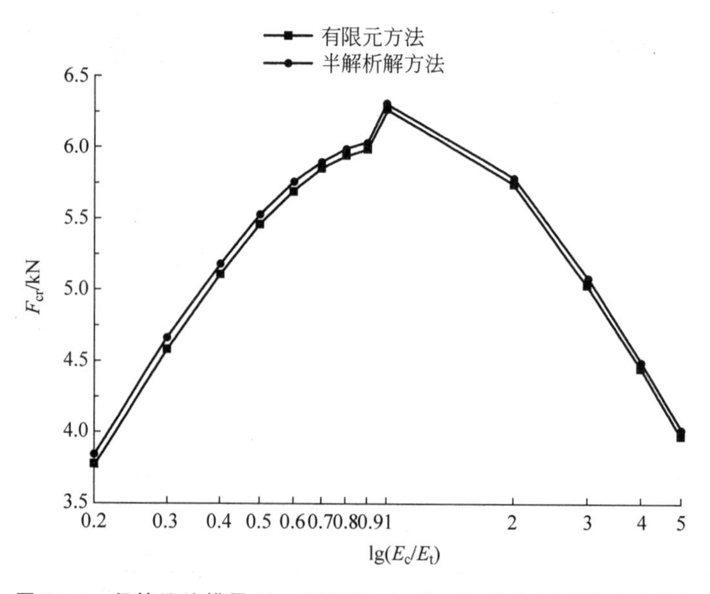

图 11-8　保持平均模量 $E=4000$MPa 不变时两种方法计算结果对比

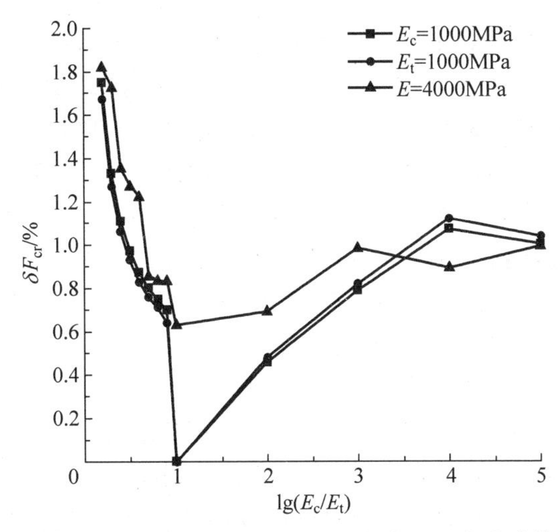

图 11-9 三种情况下不同模量半解析方法与有限元方法计算结果误差

该误差主要源于网格的划分、模型的建立、迭代以及终端值产生等诸多因素。从计算结果(见表 11-2～表 11-4)可知,有限元非线性屈曲分析计算结果与半解析法计算结果相比普遍偏小,这是由于有限元模拟时进行了大变形分析所致。本章半解析方法计算结果偏于保守,但在误差允许的范围内。因此,该方法是准确且可靠的。

11.7.2 不同模量与相同模量的差异

计入不同模量后,随着材料不同模量比 m_c 的变化,失稳临界状态时变截面杆的中性轴呈有规律的变化,如图 11-10 所示。随着 m_c 的增加,中性轴逐渐由受拉区向受压区偏移,受拉区高度不断增加,反之则减少,这与不同模量常截面杆的中性轴偏移规律一致。对于不同模量变截面杆,失稳临界状态时中性轴偏移量均沿杆发生变化,且变化规律与杆的截面变化规律相似。

不同模量简支变截面杆失稳临界状态时挠曲线呈现特殊的变化形式,如图 11-7 所示(图中仅列出 $E_c=3000$MPa, $E_t=5000$MPa 的情况,其他不同模量材料有类似的情形),最大挠度位于杆的上半段区间内(这一点不同于常截面杆),挠曲线沿杆的具体变化形式由式(11-32)中挠曲线最终迭代结果确定。由于篇幅所限,这里没有给出具体的表达式。

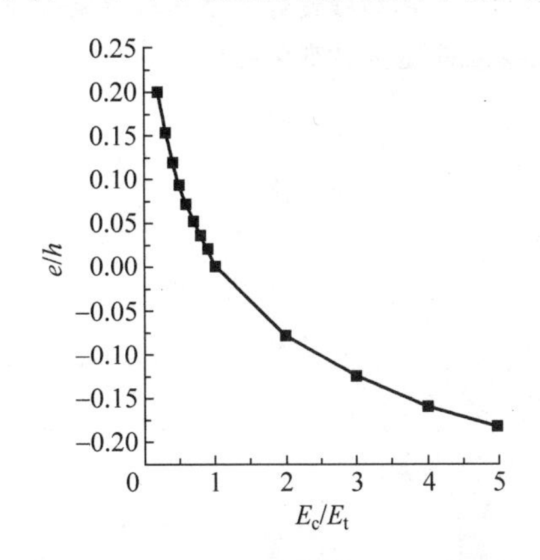

图 11-10 中性轴偏移量随不同模量比的变化关系

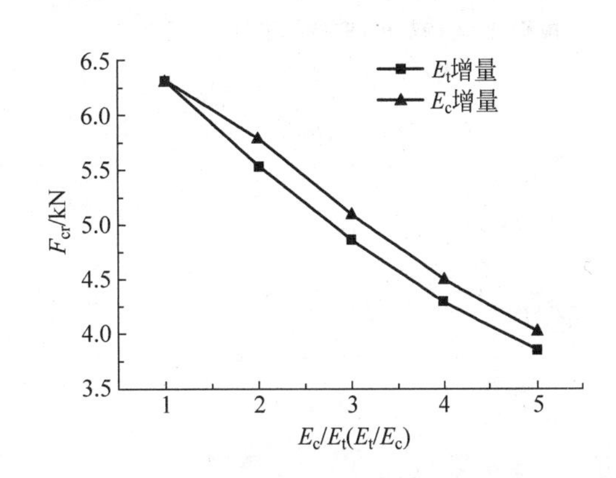

图 11-11 平均模量 E 保持 4000MPa 时,屈曲临界荷载随不同模量比 m_c(或 m_t)的变化关系

当平均模量 $E=4000\text{MPa}$ 保持不变时，同时改变 E_c 和 E_t，不同模量变截面杆的屈曲临界荷载不论随着 m_c 增加还是减少，都比同模量（$E_c=E_t=4000\text{MPa}$）问题的临界荷载小，且减少 E_c 时导致的临界荷载的降低较减少 E_t 引起的临界荷载降低更显著（见图 11-11）。

当其中一个弹性模量保持 1000MPa 不变，仅仅增加另一个弹性模量时，其 F_{cr} 的增加是有区域性的，如图 11-12 所示。当 E_c 由 200MPa 提高到 1000MPa（提高至原来的 5 倍）时，相应的 F_{cr} 从 0.57kN 提高到 1.57kN（提高至原来的 2.75 倍），F_{cr} 增加较为明显；当 E_c 增加到一定值，与 E_t 的比值超过 1 时，F_{cr} 增加较为缓慢，即当 E_c 由 1000MPa 提高到 5000MPa（同样提高至原来的 5 倍）时，F_{cr} 从 1.57kN 提高到 3.01kN（仅提高至原来的 1.92 倍）。当 E_t 增加时，有类似的规律。在 m_c（或 m_t）超过 1 时，两条曲线开始分离，F_{cr} 随着 E_c 的增加曲线更陡，表明 E_c 的增加对 F_{cr} 的影响更为显著。

对于分别保持平均模量 $E=4000\text{MPa}$、拉伸弹性模量 $E_t=1000\text{MPa}$ 和压缩弹性模量 $E_c=1000\text{MPa}$ 不变情况下的不同模量材料，用不同模量半解析法计算所得结果与相同模量计算结果相比，当 E_c 为 E_t 的 5 倍时，三种情况下不同模量半解析解与相同模量计算结果误差已分别达 31.5%（$E=1000\text{MPa}$）、81.6%（$E_c=1000\text{MPa}$）和 91.7%（$E_t=1000\text{MPa}$），如图 11-13 所示。

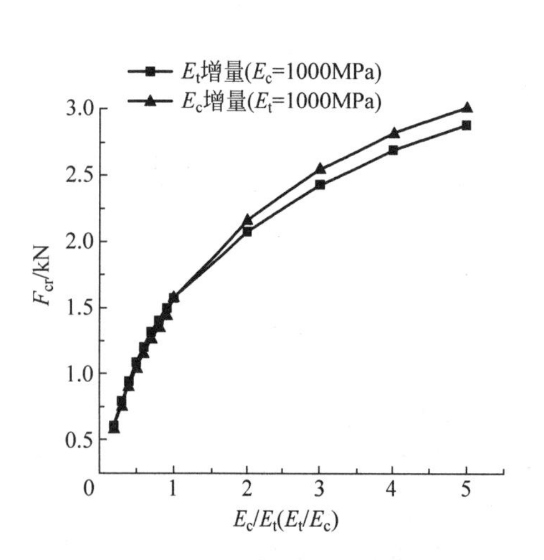

图 11-12 两种情况下屈曲临界荷载随不同模量比 m_c（或 m_t）的变化关系

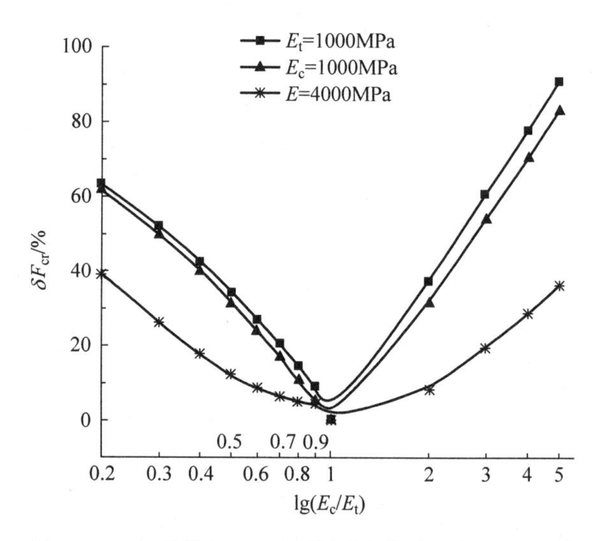

图 11-13 三种情况下不同模量计算结果与同模量计算结果误差随 m_c 的变化关系

拉压不同模量压杆的试验研究

12.1 引言

本书在第3章和第4章提出了求解拉压不同模量常截面杆和变截面杆的屈曲临界荷载的半解析模型,并用有限元软件数值模拟了不同模量杆的屈曲失稳过程。对于解析模型或半解析模型的建立,需要对模型进行简化和假定必要的条件,但是它的优点是简单易行,且能给出解的具体的函数形式以便进行参数的影响性分析。而对于建立的有限元模型,本书很好地利用了有限元软件的功能,在此基础上对软件进行二次开发,数值模拟了不同模量杆的屈曲变形,但是计算耗时长,且迭代过程中容易出现不收敛、稳定性差等缺点。迄今为止,我国关于不同模量问题的研究主要集中在解析及数值计算结构的力学行为等方面,而有关试验研究却鲜为报道。

为了进一步更准确地验证本书半解析计算方法以及有限元数值模拟方法的正确性,本章将对具有不同模量特性的石墨烯的原材料——石墨做成的常截面杆件和变截面杆件进行屈曲试验研究。为了证明石墨是不同模量材料,本章首先对石墨进行了材料性质试验,测定了石墨材料的拉伸弹性模量、压缩弹性模量、拉伸破坏强度、压缩破坏强度以及计算了不同模量比,然后根据材料性质试验测定的数据用本篇半解析模型和有限元数值模型进行计算,最后把计算结果与屈曲试验结果进行对比,验证计算模型的合理性和正确性。

12.2 材料性质试验

不同型号的石墨材料,其不同弹性模量比值不相同,本试验选用的是型号为MSL82的石墨。

首先进行材料不同模量的测定,本试验在上海大学材料学院材料力学性能实验室及上海大学力学实验室进行,设备为CMT5306电子万能试验机(图12-1)及WDW-E100电子万能试验机(图12-2),对型号为MSL82的石墨试件分别进行单轴拉伸试验和单轴压缩试验。石墨材料分别制成4组截面直径$\phi=10\text{mm}$、长$L=50\text{mm}$的圆柱形试件(单轴拉伸试验)和4组截面直径$\phi=10\text{mm}$、长为$L=200\text{mm}$的圆柱形试件(单轴压缩试验)，如图 12-3 所示。试验的测试内容包括：极限抗拉强度、极限抗压强度、压缩弹性模量、拉伸弹性模量以及计算不同模量比 E_c/E_t。试验结果如表 12-1 所示，试验所得的石墨材料弹性阶段的应力-应变关系曲线如图 12-4 所示。

图 12-1 CMT5306 电子万能试验机

图 12-2 WDW-E100 电子万能试验机

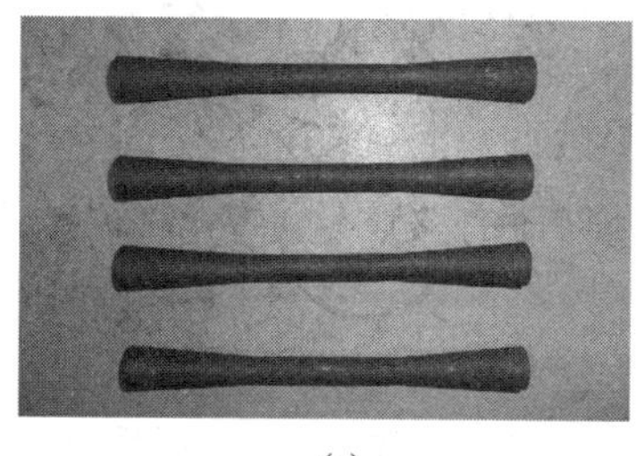

(a)

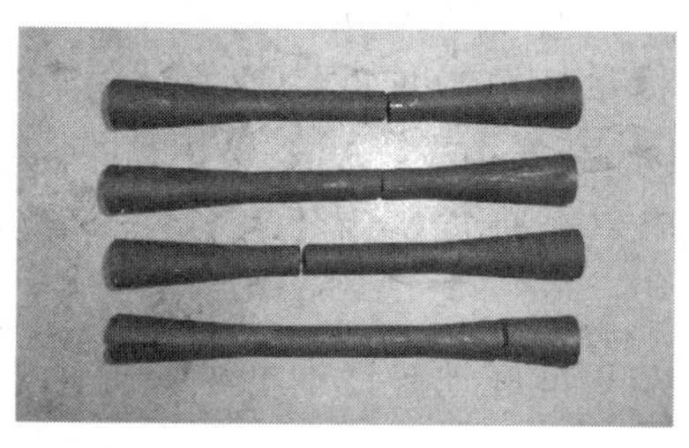

(b)

图 12-3 材性试验的石墨试件

(a) 石墨原试件；(b) 破坏后试件

表 12-1 MSL82 型号石墨材料力学性能试验结果

试件编号	抗拉极限强度/MPa	抗压极限强度/MPa	拉伸弹性模量/GPa	压缩弹性模量/GPa	压拉模量比 E_c/E_t
1	83.89	228.58	8.62	11.90	1.38
2	96.46	214.80	8.59	12.32	1.43
3	90.38	204.26	8.84	12.58	1.42
4	83.89	222.91	8.73	12.26	1.40
平均值	88.66	217.64	8.70	12.27	1.41

由表 12-1 可知，MSL82 石墨的拉伸弹性模量 $E_t=8.70$GPa，压缩弹性模量 $E_c=12.27$GPa，不同模量比 E_c/E_t 为 1.41，证实了该材料具有不同模量特性，即应力-应变曲线在原点处的斜率不连续。这也意味着该材料的弹性阶段的应力-应变曲线为双线性的，与 Ambartsumyan 提出的双线性模型是一致的，该材料双线性的弹性行为反映在图 12-4 中。

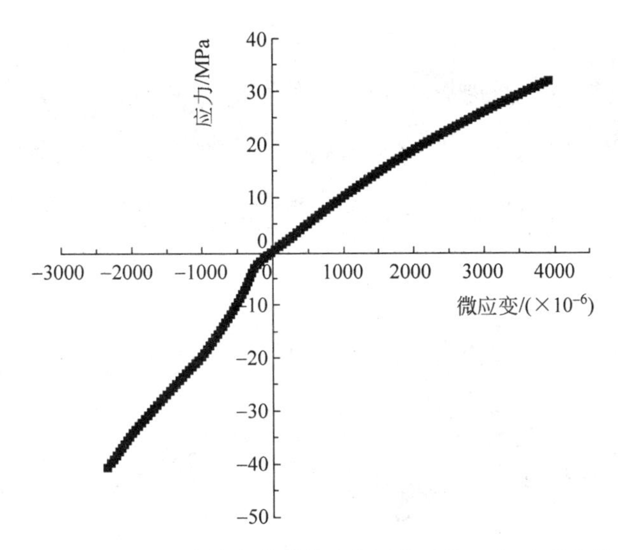

图 12-4 MSL82 石墨材料弹性阶段双线性的应力-应变曲线

12.3 常截面压杆稳定试验

MSL82 型号的石墨材料压杆稳定试验采用的是上海大学力学实验室的 WDW-E100 电子万能试验机，如图 12-5 所示，制成三组试件，尺寸都为长×宽×高＝500mm×30mm×30mm(见图 12-6 和图 12-7)。值得一提的是，由于试验机高度所限，杆件长度只取了 500mm，但已满足细长杆的要求。压杆两端为简支约束，且一端受到轴心压力作用，试验结果如表 12-2 和图 12-8 所示。

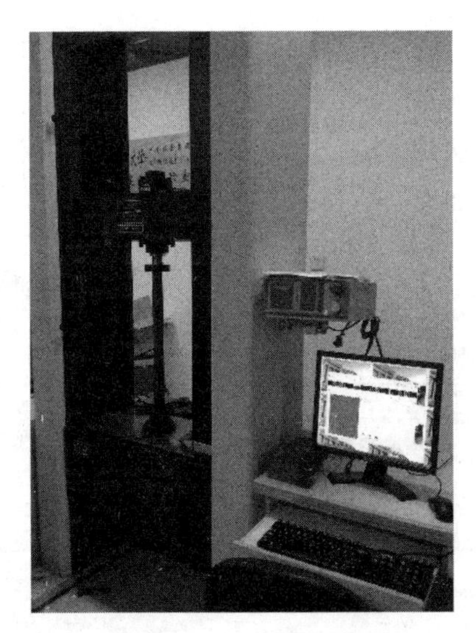

图 12-5 压杆稳定试验

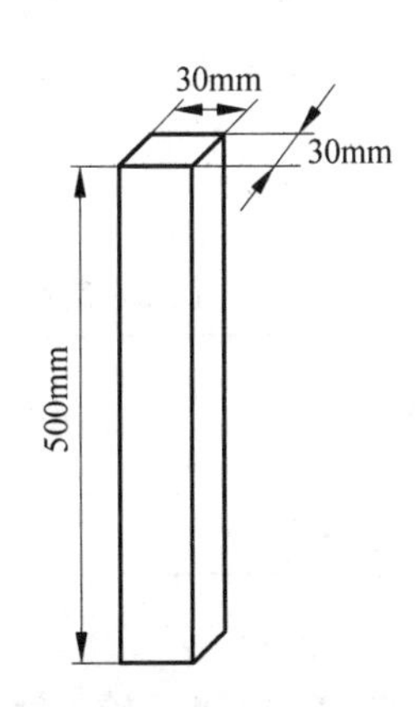

图 12-6 试件尺寸

由表 12-2 可知，石墨常截面压杆的屈曲临界荷载试验值为 31.58kN，与半解析解(F_{cr}＝28.51kN)和有限元结果(F_{cr}＝28.32kN)相比，误差分别为 9.7%和 9.9%。试验结果

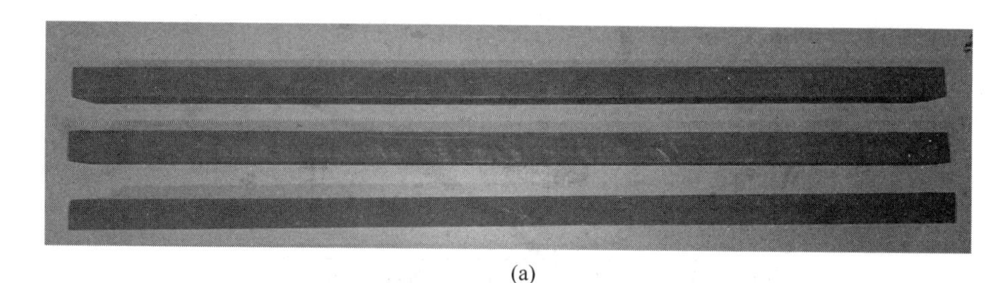

(a)

(b)

图 12-7 MSL82 型号石墨杆件

(a) 试验前的试件；(b) 破坏后的试件

与前述的半解析解和有限元解较吻合，由此验证了本文半解析模型和有限元模型的正确性。此外，可以看出试验结果值普遍偏大，这可能是因为半解析模型和有限元模型没有考虑杆的压缩变形对临界荷载的影响，而试验中杆件两端为简支约束，能允许杆件一端发生压缩变形，从而使得试验测得的屈曲临界荷载值较高。图 12-8 反映了轴向荷载和轴向位移的关系，在荷载不断增加的过程中，轴向位移呈线性的增加，直至荷载达到屈曲临界荷载时，试件突然坍塌发生破坏，此时荷载随着变形的继续增加有微小的下降段。

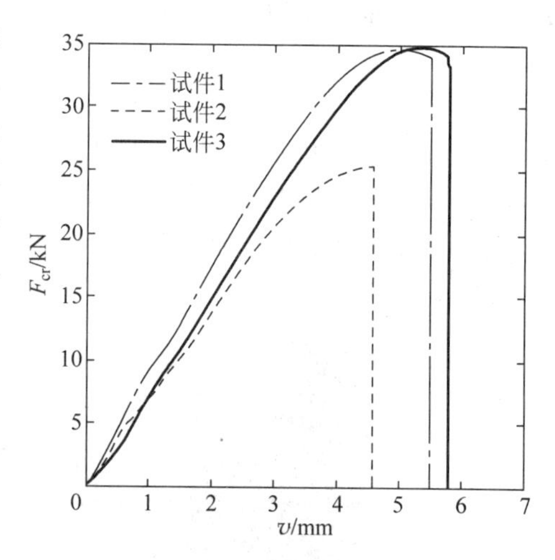

图 12-8 试验荷载与轴向位移关系曲线

表 12-2 屈曲临界荷载试验结果、半解析解及有限元解

试验杆件序号	1	2	3	试验结果平均值	半解析解	有限元解
屈曲临界荷载/kN	34.58	25.38	34.78	31.58	28.51	28.45

12.4 变截面压杆稳定试验

MSL82 型号的石墨变截面压杆的屈曲稳定试验装置如图 12-5 所示，石墨材料制成了 4 组试件，且都为横截面尺寸连续变化的四棱柱。试件长为 500mm，顶面尺寸和底面尺寸分别为 18mm×18mm 和 50mm×50mm（见图 12-9 和图 12-10）。

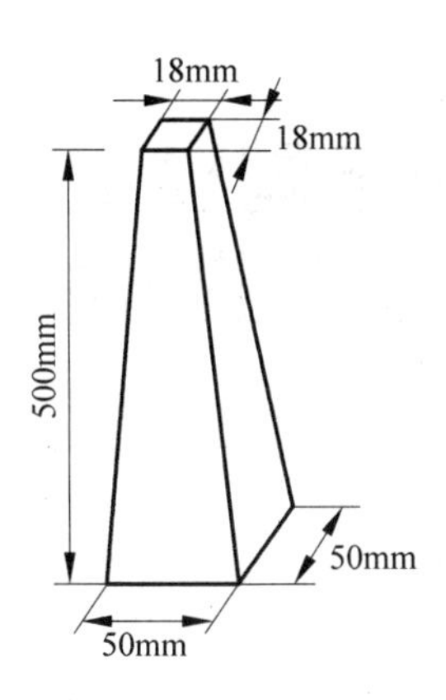

图 12-9 试件尺寸

图 12-10 MSL82 石墨变截面杆

压杆两端为简支约束，且一端受到轴心压力作用，试验测定了外荷载和杆端轴向位移的关系，试验结果如表 12-3 和图 12-11 所示。

表 12-3 屈曲临界荷载试验结果、半解析解及有限元解

杆件序号	1	2	3	4	试验平均值	半解析解	有限元解
屈曲临界荷载/kN	10.92	13.62	10.55	14.97	12.52	11.43	11.28

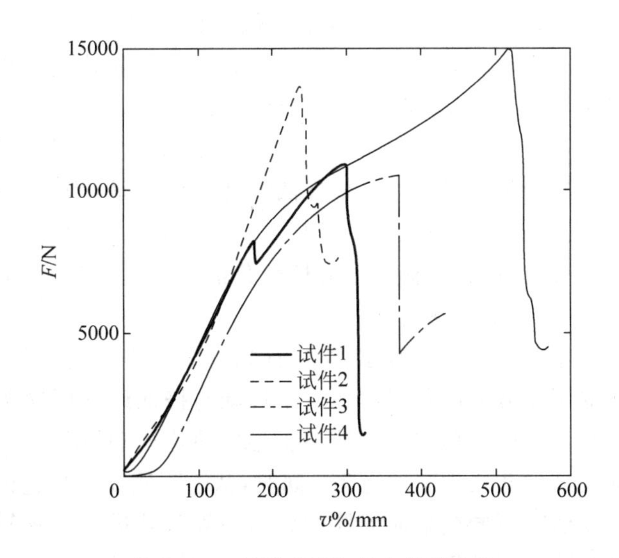

图 12-11 试验荷载与轴向位移曲线

由表 12-3 可知，石墨变截面压杆的屈曲临界荷载试验值为 12.52kN，与半解析解（F_{cr}=11.43kN）和有限元结果（F_{cr}=11.28kN）相比，误差分别为 8.7%和 9.9%。试验结果与本篇半解析解和有限元解较吻合，由此验证了半解析模型和有限元模型在求解不同模量变截面屈曲临界荷载的正确性。

基于大变形不同模量压杆的非线性屈曲分析

13.1 引言

屈曲问题本质上属于几何非线性问题。对于不同模量杆的屈曲问题，由于拉压的分界层(中性轴)不仅取决于材料本身的性质，而且决定于各点的主应力状态。因此，中性轴的确定是一个复杂的双重非线性问题。在小变形假设下，只有变形在一定范围内，求解结果才具有一定精确性。不同模量杆在达到屈曲临界状态时，实际上其变形已超出了小变形的范畴，提出在大变形假设下的计算模型才能更真实地反映实际问题。

在小变形假定中，中性层的曲率与截面中线上的曲率近似相等，并且用挠曲线函数的二阶导数来近似，简化了推导过程，从而使计算变得简单。而实际上只有当拉伸弹性模量与压缩弹性模量相等时，此假定才能满足，对于不同模量大变形屈曲的推导，应取消此假定。同时，在小变形的求解方法中，只考虑了杆中央最大挠度位置处截面的中性轴，并以此截面中性轴偏移量代表整根杆的中性轴偏移量，当杆件截面不沿长度变化时，此假定认为中性轴沿杆是不发生变化的。而实际上在失稳临界状态时，杆的中性轴偏移量是沿杆变化的。因此，在大变形求解中，将取消此假定，进行更精确的推导和分析。

鉴于以上几点考虑，本章首先基于内力平衡条件和圣维南原理分别推导了在截面内和截面外时中性轴与挠曲线无因次关系表达式，通过挠曲线形式的合理假定和轴向位移的简化处理，用变分法分析了不同模量简支杆的非线性屈曲行为；同时，基于不同模量理论的有限元方法，采用弧长法对不同模量简支杆的屈曲临界荷载进行了求解，并把计算结果与能量法计算结果做对比分析；最后，采用本篇模型分析了不同模量对简支杆非线性屈曲过程的影响。

13.2 基本假定和结构模型

本章取消了小变形假定的限制，在推导过程中将继续采用10.2节中给出的基本假定。

文章研究的对象为常截面弹性细长杆，杆长为 L，截面尺寸为 $b\times h$，如图 13-1 所示。不计入杆自重的作用，杆端中心沿 x 轴作用荷载 F，假设截面中性轴距几何中心线的距离为 e（以下简称为中性轴偏移量），且当中性轴向受拉区偏移时取为正，反之取为负，图 13-2 反映了任意 A—A 截面上的应力应变分布情况。由于杆发生屈曲变形时，中性轴偏移量沿杆是变化的，即有 $e=f(x)$。因此，为了方便推导可取流动的坐标系统（每增加 Δx，坐标流动一次），yOz 平面内的每一截面，流动后的坐标轴均通过变形后的几何中心线，如图 13-1 所示。中性轴在偏移时可能在截面外或截面内，由此引起的杆件的变形行为将不同，下面将对这两种情况分别进行讨论。

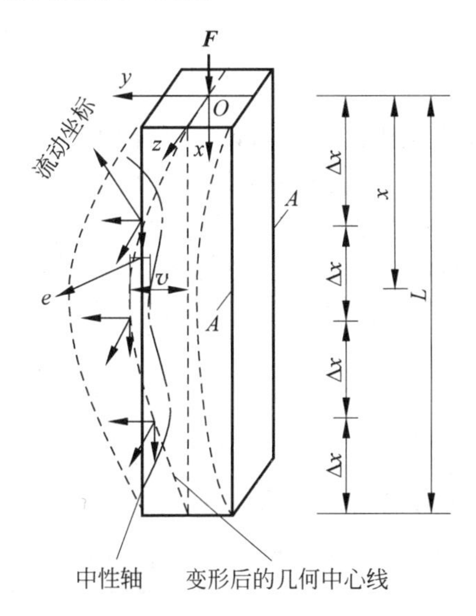

图 13-1　结构示意图

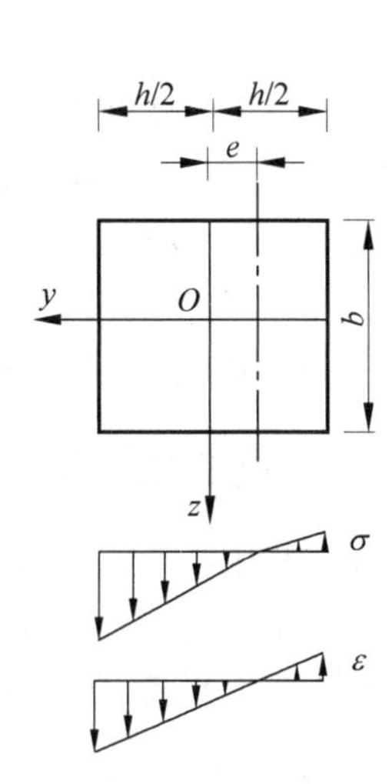

图 13-2　任意 A—A 截面上应力和应变分布

13.3　中性轴偏移量与挠曲线无因次关系的推导

13.3.1　中性轴在截面外

杆件任意截面上任一点的正应变表示为

$$\varepsilon_x=\frac{y-e}{\rho} \tag{13-1}$$

式中，ρ 为中性层的曲率半径，且有

$$\frac{1}{\rho}=\frac{\mathrm{d}^2\bar{v}}{\mathrm{d}x^2}\Big/\left[1+\left(\frac{\mathrm{d}\bar{v}}{\mathrm{d}x}\right)^2\right]^{3/2} \tag{13-2}$$

式中，$\bar{v}=e+v$；v 为杆沿 y 轴的变形；$\bar{v}$ 为杆变形后的中性轴相对变形前几何中心线的位移。由于杆件截面上全为压应力（见图 13-3），因此根据经典同模量弹性理论的本构关系可得

$$\sigma_c=E_c\frac{y-e}{\rho} \tag{13-3}$$

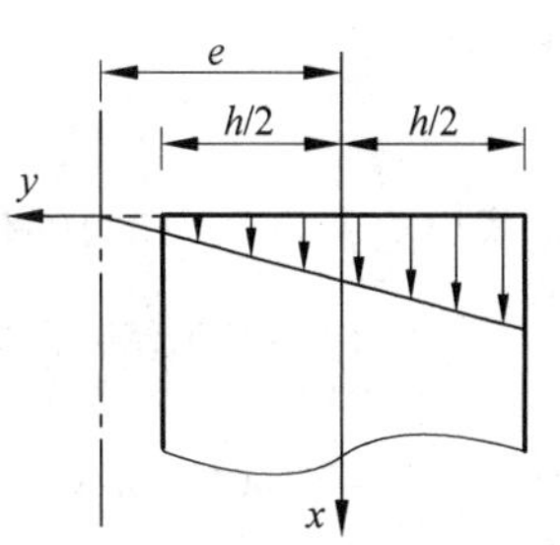

图 13-3　中性轴在截面外时应力分布

式中，σ_c 为由弯曲产生沿 x 轴的压应力。取包含 A—A 截面及

其以上的杆件部分作为隔离体，由内力平衡条件有

$$F=\int_{-h/2}^{h/2}E_{\mathrm{c}}\frac{b(y-e)}{\rho}\mathrm{d}y=\frac{E_{\mathrm{c}}bh^{2}}{2\rho}[(\zeta+1/2)^{2}-(1/2-\zeta)^{2}] \tag{13-4}$$

式中，$\zeta=e/h$，由圣维南原理，可知 A—A 截面弯矩为

$$M=\int_{-h/2}^{h/2}E_{\mathrm{c}}\frac{b(y-e)^{2}}{\rho}\mathrm{d}y=\frac{E_{\mathrm{c}}bh^{3}}{3\rho}[(1/2-\zeta)^{3}+(\zeta+1/2)^{3}] \tag{13-5}$$

由外力平衡条件知

$$F\bar{v}=M \tag{13-6}$$

将式(13-4)和式(13-5)代入式(13-6)中，并令 $\eta=v/h$，经整理可得

$$\zeta=\frac{1}{12\eta} \tag{13-7}$$

由式(13-7)可知当中性轴在截面外时，ζ 与 η 为反比例函数的关系，即随着杆变形的增大，中性轴偏移量将减小。此时，截面处于全受压状态，对应第一类区域。由于中性轴偏移量沿杆是变化的，且随着变形的增加，同一截面上的中性轴也是不断偏移的。当中性轴由截面外移动到截面内时，与杆的几何边界会出现交叉点。对于两端简支的杆而言，有两个位置会交叉(见图 13-1)。此时，部分截面出现受拉区，意味着杆开始承受拉应力。

13.3.2　中性轴在截面内

杆件任意截面上任一点正应变及曲率的表达式见式(13-1)和式(13-2)，在此不赘述。由于杆件截面上存在受拉区和受压区(见图 13-4)，根据不同模量弹性理论双线性的本构关系，从中性轴分段后分别由胡克定律得

$$\sigma_{\mathrm{t}}=E_{\mathrm{t}}\frac{y-e}{\rho},\quad \sigma_{\mathrm{c}}=E_{\mathrm{c}}\frac{y-e}{\rho} \tag{13-8}$$

式中，σ_{t} 为由弯曲产生沿 x 轴的拉应力。取包含 A—A 截面及其以上部分的杆件作为隔离体，由内力平衡条件有

$$\begin{aligned}F&=\int_{-h/2}^{e}E_{\mathrm{c}}\frac{b(y-e)}{\rho}\mathrm{d}y+\int_{e}^{h/2}E_{\mathrm{t}}\frac{b(y-e)}{\rho}\mathrm{d}y\\&=\frac{bh^{2}}{2\rho}[-E_{\mathrm{c}}(1/2+\zeta)^{2}+E_{\mathrm{t}}(1/2-\zeta)^{2}]\end{aligned} \tag{13-9}$$

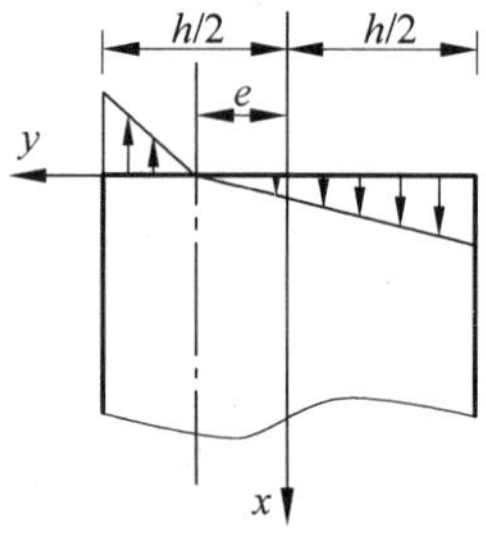

图 13-4　中性轴在截面内时的应力分布

由圣维南原理，可知 A—A 截面弯矩为

$$\begin{aligned}M&=\int_{e}^{h/2}E_{\mathrm{t}}\frac{b(y-e)^{2}}{\rho}\mathrm{d}y+\int_{-h/2}^{e}E_{\mathrm{c}}\frac{b(y-e)^{2}}{\rho}\mathrm{d}y\\&=\frac{bh^{3}}{3\rho}[E_{\mathrm{t}}(1/2-\zeta)^{3}+E_{\mathrm{c}}(1/2+\zeta)^{3}]\end{aligned} \tag{13-10}$$

将式(13-9)和式(13-10)代入式(13-6)中，令 $E_{\mathrm{c}}/E_{\mathrm{t}}=m$，经整理可得

$$\begin{aligned}&5(1-m)\zeta^{3}+[3\eta(1-m)-6(m+1)]\zeta^{2}+3\left[\frac{3}{4}(1-m)-\eta(m+1)\right]\zeta+\\&\frac{1}{4}[3\eta(1-m)-(m+1)]=0\end{aligned} \tag{13-11}$$

由式(13-11)可知 ζ,η,m 之间存在复杂的非线性的关系，即中性轴偏移量随着压拉模量比、挠曲线函数变化而变化，有关 ζ 的具体表达式可通过一些数学方法或者 Mathematica

软件[28]求得,由于篇幅所限,在此不列出。对式(13-11)进行整理,同样可得

$$\left[3(1-m)\zeta^2-3(m+1)\zeta+\frac{3}{4}(1-m)\right]\eta+5(1-m)\zeta^3-6(m+1)\zeta^2+$$

$$\frac{9}{4}(1-m)\zeta-\frac{1}{4}(m+1)=0 \tag{13-12}$$

由式(13-12)可知,当压拉模量比 m 为已知值时,随着挠曲线无因次量的增加,中性轴偏移量无因次量也不断变化,但中性轴不会无限制地移动。当 $\eta\rightarrow+\infty$时,要使得 ζ 有界,式(13-12)中 η 的系数应该为零,即有

$$3(1-m)\zeta^2-3(m+1)\zeta+\frac{3}{4}(1-m)=0 \tag{13-13}$$

从而可以解得中性轴偏移量无因次量的最终稳定值为

$$\zeta_1=\frac{-(m+1)+2\sqrt{m}}{2(m-1)},\quad \zeta_2=\frac{-(m+1)-2\sqrt{m}}{2(m-1)}(\text{舍去}) \tag{13-14}$$

不同模量杆中性轴的位置沿杆是变化的,可能在截面内或截面外,具体变化形式可由式(13-7)和式(13-11)求得。在确定了中性轴与挠曲线的无因次关系表达式后,我们可以通过变分法进一步计算外荷载与杆中心挠度的关系,从而确定杆的失稳临界荷载。

13.4 变分法求解

假设杆的中性轴全在截面外,且不考虑杆件轴向应变时,杆件应变能全为弯曲应变能,于是势能泛函为

$$\begin{aligned}U&=\frac{1}{2}\int_0^{L-d}\int_{-h/2}^{h/2}\frac{bE_c(y-e)^2}{\rho^2}\mathrm{d}y\mathrm{d}x\\&=\frac{bE_c}{2}\int_0^{L-d}\frac{1}{\rho^2}\frac{1}{3}[(e+h/2)^3-(e-h/2)^3]\mathrm{d}x\end{aligned} \tag{13-15}$$

式中,d 为杆端轴向位移。由$\bar{v}=e+v$,$\zeta=e/h$,$\eta=v/h$,式(13-2)以及式(13-4),且令$\bar{x}=x/(L-d)$,于是式(13-15)可简化为

$$U=\frac{2F^2(L-d)}{3bhE_c}\int_0^1\frac{[(1/2+\zeta)^3-(\zeta-1/2)^3]}{[(\zeta+1/2)^2-(1/2-\zeta)^2]^2}\mathrm{d}\,\bar{x} \tag{13-16}$$

根据式(13-7),式(13-16)可进一步化简为

$$U=\frac{2F^2(L-d)}{bhE_c}\int_0^1\left(3\eta^2+\frac{1}{4}\right)\mathrm{d}\,\bar{x} \tag{13-17}$$

假设杆的中性轴全在截面内,且不考虑杆件轴向应变时,杆件应变能为

$$\begin{aligned}U&=\frac{b}{2}\int_0^{L-d}\left[\int_e^{h/2}E_t\frac{(y-e)^2}{\rho^2}\mathrm{d}y+\int_{-h/2}^{e}E_c\frac{(y-e)^2}{\rho^2}\mathrm{d}y\right]\mathrm{d}x\\&=\frac{bE_t}{6}\int_0^{L-d}\frac{1}{\rho^2}[(h/2-e)^3+m(h/2+e)^3]\mathrm{d}x\end{aligned} \tag{13-18}$$

同样,对式(13-18)进行简化可得

$$U=\frac{2F^2(L-d)}{3bhE_t}\int_0^1\frac{[(1/2-\zeta)^3+m(1/2+\zeta)^3]}{[(1/2-\zeta)^2-m(1/2+\zeta)^2]^2}\mathrm{d}\,\bar{x} \tag{13-19}$$

根据式(13-6),式(13-19)可进一步化简为

$$U=\frac{3F^2(L-d)}{2bhE_t}\int_0^1\frac{(\eta+\zeta)^2}{(1/2-\zeta)^3+m(1/2+\zeta)^3}\mathrm{d}\,\bar{x} \tag{13-20}$$

外荷载 F 作用引起的外力功为

$$W=F\cdot d \tag{13-21}$$

当外力功不断增加，直到外荷载达到临界荷载时，此时外力功与增加的变形能相等，由变分原理有 $\Delta U-\Delta W=0$。对于两端简支不同模量杆，在分别距杆两端距离为 a 的范围内时，中性轴在截面外，此时应根据式(13-17)建立变形能方程；反之，则根据式(13-20)建立变形能方程，于是有

$$\begin{aligned}F\cdot d=&\frac{3F^2(L-d)}{2bhE_t}\int_a^{1-a}\frac{(\eta+\zeta)^2}{(1/2-\zeta)^3+m\,(1/2+\zeta)^3}\mathrm{d}\,\bar{x}+\\&\frac{2F^2(L-d)}{bhE_c}\left[\int_0^a\left(3\eta^2+\frac{1}{4}\right)\mathrm{d}\,\bar{x}+\int_{1-a}^1\left(3\eta^2+\frac{1}{4}\right)\mathrm{d}\,\bar{x}\right]\end{aligned} \tag{13-22}$$

经简化整理得

$$\frac{F(L-d)}{dbhE_t}=\frac{1}{3\int_a^{1-a}\frac{(\eta+\zeta)^2}{(1/2-\zeta)^3+m\,(1/2+\zeta)^3}\mathrm{d}\,\bar{x}+\frac{12\times 2}{m}\left(\int_{1-a}^1\eta^2\mathrm{d}\,\bar{x}+\frac{1}{12}a\right)} \tag{13-23}$$

式(13-23)即为不同模量杆的外荷载与挠曲线之间的关系式，为确定压杆在屈曲变形过程中非线性的力学行为，还需要确定轴向位移 d、参数 a 以及挠曲线的形式。此外，对于式中复杂的积分运算采用龙贝格积分方法求解。

由于不考虑杆件的轴向压缩变形，因此有

$$L=\int_0^{L-d}\sqrt{1+\left(\frac{\mathrm{d}v}{\mathrm{d}x}\right)^2}\,\mathrm{d}x \tag{13-24}$$

通过泰勒级数展开并化简可得

$$\frac{(L-d)^3}{L^3}-\frac{(L-d)^2}{L^2}+\frac{h^2}{L^2}\frac{1}{2}\int_0^1\left(\frac{\mathrm{d}\eta}{\mathrm{d}x}\right)^2\mathrm{d}x\left(\frac{L-d}{L}\right)=0 \tag{13-25}$$

由上式可知，为确定轴向位移 d，首先需要已知 η。在此，假定两端简支杆的挠曲线形式为

$$\eta=\frac{v_m}{h}\sin\left(\frac{\pi x}{L}\right) \tag{13-26}$$

式中，v_m 为杆的挠度值。将式(13-26)代入式(13-25)可求得轴向位移 d。

13.5　有限元求解

对于不同模量杆屈曲问题，由于杆材料非线性的影响，使其几何非线性行为变得更加复杂。对于这类双重非线性问题，13.4 节中采用了近似的能量法来计算，本节将采用有限元数值模拟方法来求解。有限元数值模拟时采用八节点 SOLID45 单元，沿长度方向(x 方向)划分 60 个单元，厚度方向(z 方向)划分 4 个单元，高度方向(y 方向)划分 20 个单元。简支约束自由度定义在两端截面处的中心节点上，并约束 $z=0$ 面上所有节点沿 z 方向的自由度。杆端承受轴心作用的荷载，为了实现模型的初始扰动，对变截面杆的侧面施加均布荷载

使得杆件发生初始的侧向小变形。求解过程中运用重分析技术，编写了宏文件 bilinear 并写入 APDL 文件中。该宏文件实现的命令将对每一次非线性分析后得到的所有单元主应力符号进行判断，并重新赋予不同区域相应的材料弹性模量，循环求解，直至前后两次拉压不同区域相同(中性轴偏移量相同)为止。在结构非线性问题求解中，各类以弧长法为代表的增量迭代技术已证明能很好地跟踪结构的非线性平衡路径。特别地，当一般的荷载增量和位移增量方法不能解决非线性平衡路径中存在极值点，出现突跳(snap-through)或突回(snap-back)现象，以及无法描述后屈曲的平衡路径时，利用弧长法能顺利地求解这些问题。因此，将采用弧长法对不同模量杆的稳定性进行非线性有限元分析。

13.5.1 弧长法的具体实施

结构非线性平衡路径与加载方式有关，本节限于研究等比例加载。在该加载方式下，结构的平衡方程可表示为

$$\boldsymbol{R}(\boldsymbol{u},\lambda)=\boldsymbol{q}(\boldsymbol{u})-\lambda\cdot\boldsymbol{P}=\boldsymbol{0} \tag{13-27}$$

式中，$\boldsymbol{u}$ 为结构节点位移向量；$\boldsymbol{q}(\boldsymbol{u})$ 为结构发生节点位移向量 $\boldsymbol{u}$ 时在该位置上结构给节点提供的反力向量(即内力向量)；λ 是等比例加载的荷载参数；$\boldsymbol{P}$ 为荷载向量(为一常数向量)；$\boldsymbol{R}(\boldsymbol{u},\lambda)$ 为不平衡力向量。

式(13-27)是关于 $\boldsymbol{u}$ 和 λ 的非线性方程组，共有 $n+1$ 个未知量(n 为节点位移变量个数)，而方程只有 n 个，所以还需补充一个条件，即

$$f(\boldsymbol{u},\lambda)=\Delta l \tag{13-28}$$

式中，Δl 为弧长半径。根据不同的约束条件，可得到各种弧长增量法。本节采用柱面弧长法，即

$$\Delta\boldsymbol{u}_{(n)}^{\mathrm{T}}\Delta\boldsymbol{u}_{(n)}=\Delta l^2 \tag{13-29}$$

式中，$\Delta\boldsymbol{u}_{(n)}$ 为第 n 级加载和第 $n-1$ 级加载时的结构节点位移矢量的差值。

如图 13-5 所示，第 n 级加载中的第 $r-1$ 次迭代的增量解($\delta\boldsymbol{u}_n^r,\delta\lambda_n^r$)可用以下方程表示为

$$\begin{aligned}\delta\boldsymbol{u}_n^r&=-\left[\boldsymbol{K}_\tau(\boldsymbol{u}_n^{r-1})\right]^{-1}\{R(\boldsymbol{u}_n^{r-1},\lambda_n^{r-1})-\delta\lambda_n^r\boldsymbol{P}\}\\&=\delta\bar{\boldsymbol{u}}_n^r+\delta\lambda_n^r\delta\boldsymbol{u}_{nt}^r\end{aligned} \tag{13-30}$$

$$a_1(\delta\lambda_n^r)^2+a_2\delta\lambda_n^r+a_3=0 \tag{13-31}$$

式中，$\boldsymbol{K}_\tau(\boldsymbol{u}_n^{r-1})$ 为第 n 级加载第 $r-1$ 次迭代时的拉压不同模量切线刚度矩阵，且有

$$\begin{aligned}\delta\bar{\boldsymbol{u}}_n^r&=-\left[\boldsymbol{K}_\tau(\boldsymbol{u}_n^{r-1})\right]^{-1}\boldsymbol{R}(\boldsymbol{u}_n^{r-1},\lambda_n^{r-1}),\\\delta\boldsymbol{u}_{nt}^r&=\left[\boldsymbol{K}_\tau(\boldsymbol{u}_n^{r-1})\right]^{-1}\boldsymbol{P}\end{aligned} \tag{13-32}$$

$$\begin{aligned}a_1&=\delta\boldsymbol{u}_{nt}^r\cdot\delta\boldsymbol{u}_{nt}^r;a_2=2\delta\boldsymbol{u}_{nt}^r\cdot(\Delta\boldsymbol{u}_n^{r-1}+\delta\bar{\boldsymbol{u}}_n^r),\\a_3&=(\Delta\boldsymbol{u}_n^{r-1}+\delta\bar{\boldsymbol{u}}_n^r)\cdot(\Delta\boldsymbol{u}_n^{r-1}+\delta\bar{\boldsymbol{u}}_n^r)-\Delta l^2\end{aligned} \tag{13-33}$$

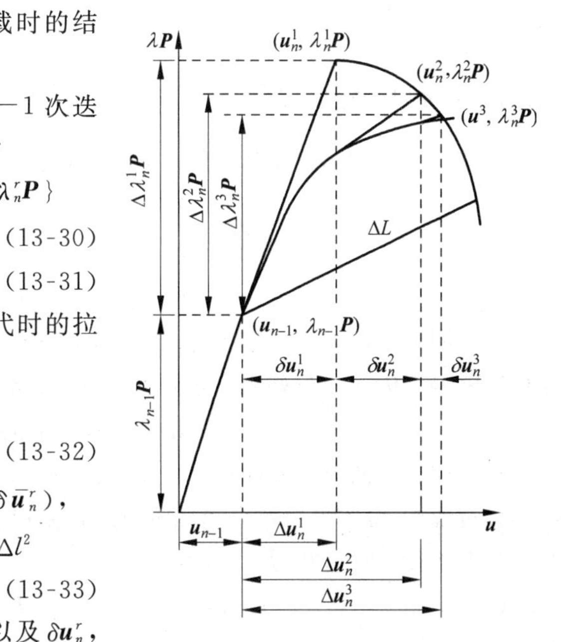

图 13-5 单自由度系统弧长法图解与注释

在得到第 $n-1$ 级加载时的 $\boldsymbol{u}_{n-1}$，λ_{n-1} 以及 $\delta\boldsymbol{u}_n^r$，$\delta\lambda_n^r$ 时，新一轮 n 级加载第 r 次迭代的解可写为

$$\boldsymbol{u}_n^r = \boldsymbol{u}_{n-1} + \Delta\boldsymbol{u}_n^{r-1} + \delta\boldsymbol{u}_n^r; \quad \lambda_n^r = \lambda_{n-1} + \Delta\lambda_n^{r-1} + \delta\lambda_n^r \tag{13-34}$$

通过求解式(13-32)可得到两个解 $\delta\lambda_{n1}^r$、$\delta\lambda_{n2}^r$，为了避免沿着平衡路径原路折回，应选择使得 $\Delta\boldsymbol{u}_{n-1}$ 和 $\Delta\boldsymbol{u}_n^r$ 夹角最小的解，即选择使下式最大的解

$$\cos\theta = \frac{\Delta\boldsymbol{u}_{n-1}^{\mathrm{T}}\Delta\boldsymbol{u}_n^r}{\Delta l^2} = \frac{\Delta\boldsymbol{u}_{n-1}^{\mathrm{T}}(\Delta\boldsymbol{u}_{n-1} + \delta\bar{\boldsymbol{u}}_n^r)}{\Delta l^2} + \delta\lambda_n^r\frac{\Delta\boldsymbol{u}_{n-1}^{\mathrm{T}}\delta\boldsymbol{u}_{nt}^r}{\Delta l^2} = \frac{a_4 + a_5\delta\lambda_n^r}{\Delta l^2} \tag{13-35}$$

其中，

$$a_4 = \Delta\boldsymbol{u}_{n-1}^{\mathrm{T}}\delta\bar{\boldsymbol{u}}_n^r + \Delta\boldsymbol{u}_{n-1}^{\mathrm{T}}\Delta\boldsymbol{u}_{n-1}; \quad a_5 = \Delta\boldsymbol{u}_{n-1}^{\mathrm{T}}\delta\boldsymbol{u}_{nt}^r \tag{13-36}$$

对于初始迭代值的选取通常为

$$\Delta\lambda_n^1 = \pm\frac{\Delta l}{\sqrt{\delta\boldsymbol{u}_{nt}^{r\mathrm{T}}\delta\boldsymbol{u}_{nt}^r}} \tag{13-37}$$

式中，当 $K_\tau(\boldsymbol{u}_n^1)$ 为正定时，取"+"；反之，取"−"。

为了避免平衡路径出现回飘现象，弧长半径可按如下公式进行自动选择

$$\Delta l^n = \Delta l^{n-1}\sqrt{J^d/J^{n-1}} \tag{13-38}$$

式中，J^d 是该级荷载增量下希望的迭代次数，一般取 1～6 次；J^{n-1} 是上次荷载增量下实际的迭代次数。采用式(13-38)可在非线性程度高的区域内减小弧长半径，而在非线性程度低的区域内加大弧长半径。

对于收敛性的判断，这里采用不平衡力准则。具体表达式为

$$\|\boldsymbol{R}_n^i\|_2 \leqslant \alpha\|\boldsymbol{P}_n^i\|_2 \tag{13-39}$$

式中，$\|\boldsymbol{R}_n^i\|_2$ 表示第 i 次迭代后不平衡力的 Euclid 范数；$\|\boldsymbol{P}_n^i\|_2$ 表示第 i 次迭代后外荷的 Euclid 范数；α 为残余力收敛容差，取 0.001。

由于弧长法本身并不能直接定位路径上的临界点，因此采用了直接求解临界点的牛顿法。

13.5.2 有限元计算流程

本节采用弧长法来计算拉压不同模量杆件的失稳临界荷载，其总体计算的迭代格式为

$$\begin{cases}\lambda_n^r = \lambda_{n-1} + \Delta\lambda_n^r \\ \boldsymbol{K}_\tau(\boldsymbol{u}_{n-1} + \Delta\boldsymbol{u}_n^{r-1})\Delta\boldsymbol{u}_n^r = \lambda_n^r\boldsymbol{P} \\ \boldsymbol{u}_n^r = \boldsymbol{u}_{n-1} + \Delta\boldsymbol{u}_n^r\end{cases} \tag{13-40}$$

与相同模量计算模型相比，由于拉压不同模量问题中本构关系是与应力状态有关的，即弹性矩阵 $\bar{\boldsymbol{D}}=\bar{\boldsymbol{D}}(\boldsymbol{\sigma})$，位移刚度矩阵 $\boldsymbol{K}_{DL}$ 不再是常刚度矩阵，可写为

$$\boldsymbol{K}_{DL} = \boldsymbol{K}_{DL}(\boldsymbol{\sigma}) = \boldsymbol{K}_{DL}(\boldsymbol{u}) \tag{13-41}$$

对于拉压不同模量大位移有限元，与一般几何非线性有限元计算流程不同的是，在每一次迭代过程中，都需要对每个单元重新进行主应力状态的判别，以便获得相应的弹性矩阵。其增量型平衡方程形式为

$$\begin{aligned}\boldsymbol{K}_\tau(\boldsymbol{u}_{n-1} + \Delta\boldsymbol{u}_n^{r-1})\Delta\boldsymbol{u}_n^r &= (\boldsymbol{K}_{DL}(\boldsymbol{u}_{n-1} + \Delta\boldsymbol{u}_n^{r-1}) + \boldsymbol{K}_{DNL}(\boldsymbol{u}_{n-1} + \Delta\boldsymbol{u}_n^{r-1}) + \boldsymbol{K}_\sigma(\boldsymbol{u}_{n-1} + \Delta\boldsymbol{u}_n^{r-1}))\Delta\boldsymbol{u}_n^r \\ &= \lambda_n^r\boldsymbol{P}\end{aligned} \tag{13-42}$$

在每一增量步计算过程中，首先求解平衡方程$(\boldsymbol{K}_{DL}(\boldsymbol{u}_{n-1}+\Delta\boldsymbol{u}_n^{r-1}))\Delta\boldsymbol{u}_n^r=\lambda_n^r\boldsymbol{P}$，得到小位

移模式下的初始增量位移，然后再求解大位移有限元的平衡方程。

为确保计算中能正确反映材料非线性和几何非线性的相互影响，在几何非线性迭代的每一步中，也需要多次迭代得到相应的拉压不同模量本构关系。

图 13-6 给出了第 n 级加载增量步的具体计算流程。其中，r 表示求解方程$(\boldsymbol{K}_{DL}(\boldsymbol{u}_{n-1}+\Delta\boldsymbol{u}_n^{r-1}))\Delta\boldsymbol{u}_n^r=\lambda_n^r\boldsymbol{P}$ 的迭代步数；j,k 分别表示求解方程 $\boldsymbol{K}_\tau(\boldsymbol{u}_{n-1}+\Delta\boldsymbol{u}_n^{r-1})\Delta\boldsymbol{u}_n^r=\lambda_n^r\boldsymbol{P}$ 的材料非线性迭代步数和几何非线性迭代步数。

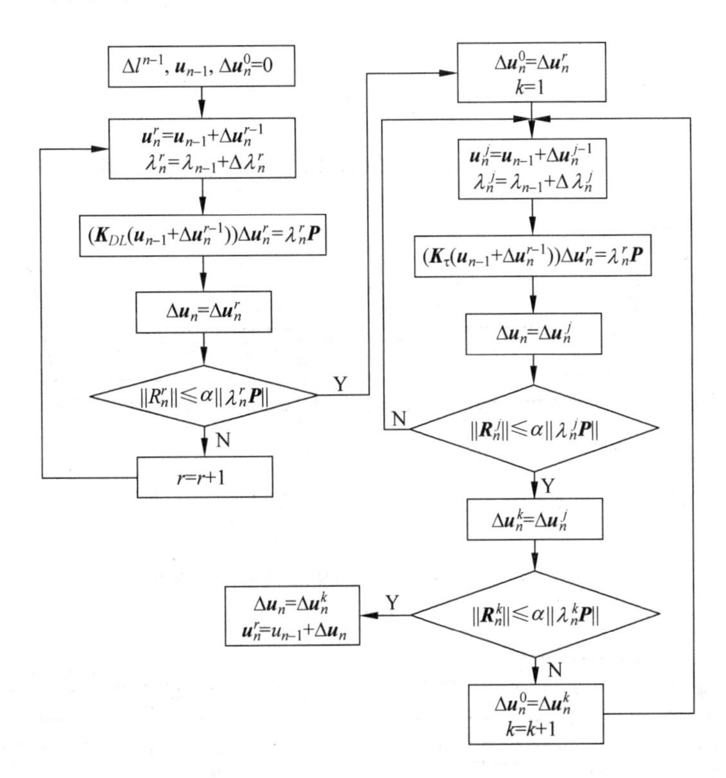

图 13-6 拉压不同模量大位移有限元计算流程

13.6 算例和结果

下面将分别用本篇解析方法和有限元数值模拟方法，对具体算例进行计算。选取简支杆，杆长 $L=1\text{m}$，截面尺寸 $b\times h=0.01\text{m}\times0.01\text{m}$，杆端中心受集中荷载 $\boldsymbol{F}$ 作用。分别选取以下三种情况下的材料弹性模量：

(1) 保持 $E=(E_c+E_t)/2=4000\text{MPa}$ 不变，E_c/E_t 和 E_t/E_c 在 0.2～5 范围内变化；

(2) 保持 $E_t=1000\text{MPa}$ 不变，E_c/E_t 在 0.2～5 范围内变化；

(3) 保持 $E_c=1000\text{MPa}$ 不变，E_t/E_c 在 0.2～5 范围内变化。

用变分法对本算例进行求解，得到中性轴随杆挠度变化情况(见图 13-7)、最终稳定状态时中性轴沿杆的变化(见图 13-8)以及杆的荷载与挠度的非线性关系(见图 13-9～图 13-11)。有限元数值模拟计算结果如图 13-12～图 13-14 所示。用变分法和有限元数值模拟方法对试验模型(见图12-6)进行计算,所得结果与试验结果如表13-1所示。

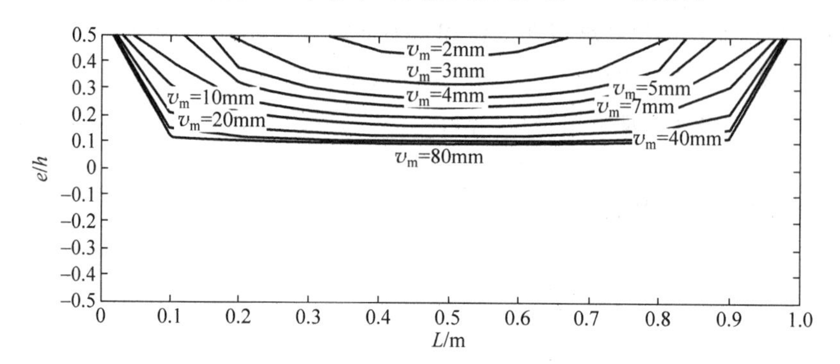

图13-7 中性轴随杆挠度的变化(图中为 $m=0.5$ 时的情况)

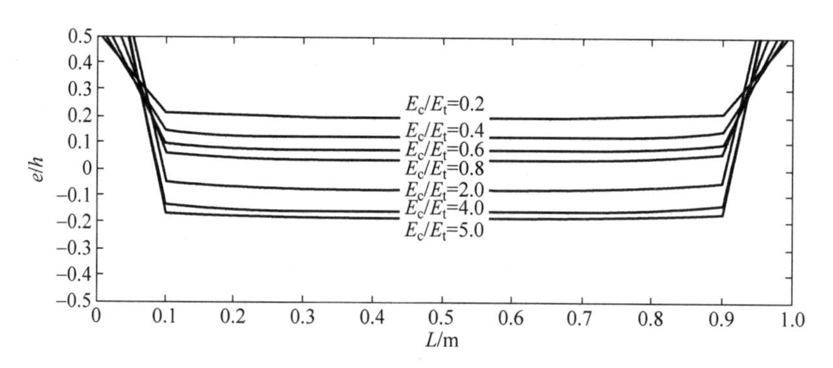

图13-8 最终稳定状态时中性轴沿杆的变化

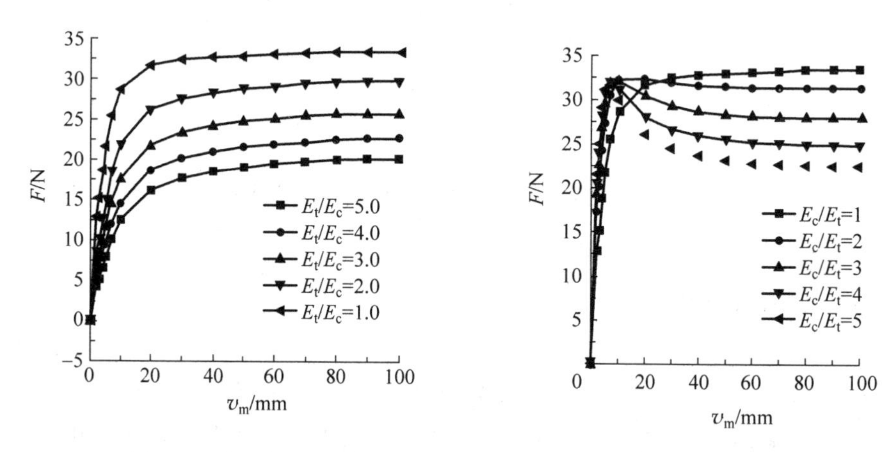

图13-9 保持平均模量 $E=4000$MPa 不变时,杆的荷载-挠度关系

表13-1 屈曲临界荷载试验结果、变分法解及有限元解

试验杆件序号	1	2	3	试验平均值	变分法解	有限元解
失稳临界荷载/kN	34.58	25.38	34.78	31.58	32.53	32.09

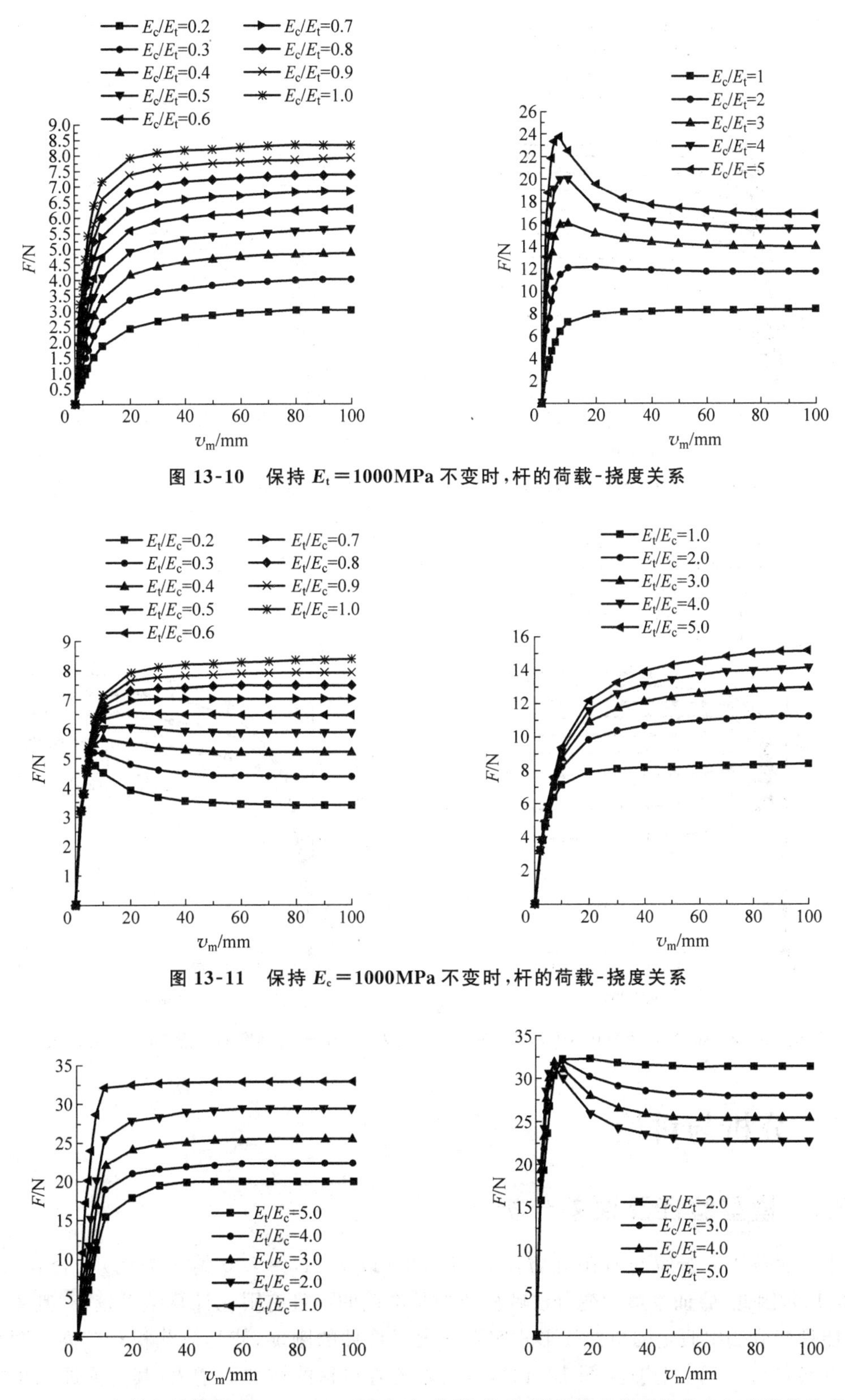

图 13-10 保持 E_t=1000MPa 不变时，杆的荷载-挠度关系

图 13-11 保持 E_c=1000MPa 不变时，杆的荷载-挠度关系

图 13-12 保持平均模量 E=4000MPa 不变时，荷载-位移(发生最大挠度的节点 361)变化响应

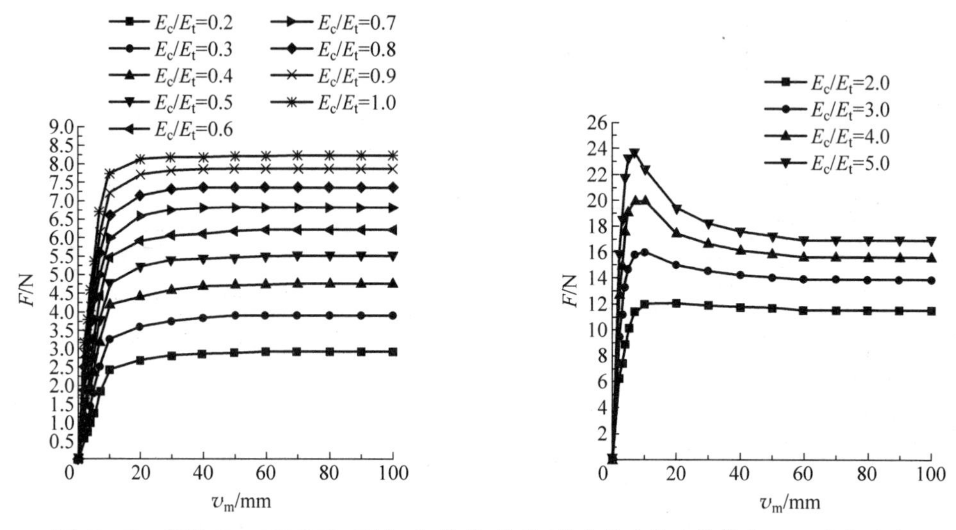

图 13-13 保持 $E_t=1000\text{MPa}$ 不变时，荷载-位移（发生最大挠度的节点 361）变化响应

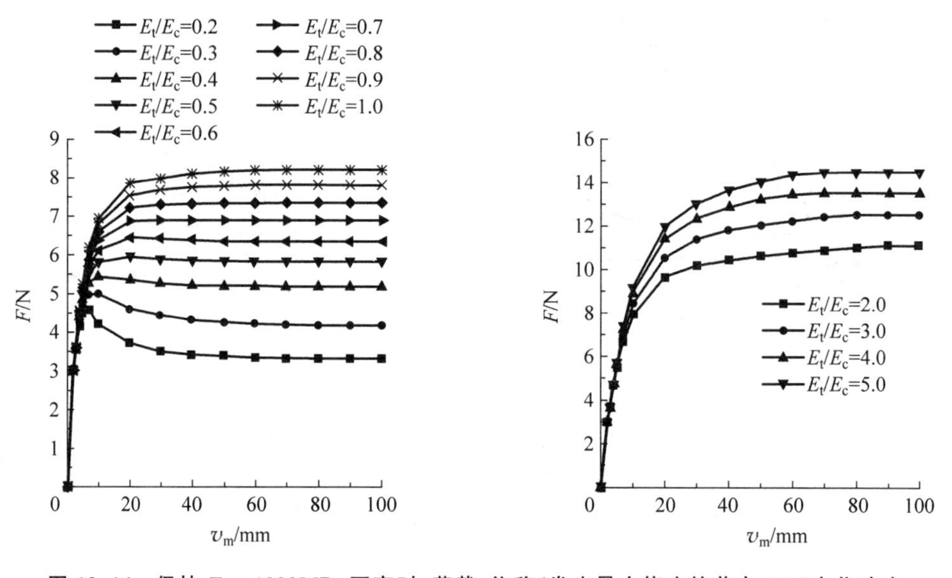

图 13-14 保持 $E_c=1000\text{MPa}$ 不变时，荷载-位移（发生最大挠度的节点 361）变化响应

13.7 分析与讨论

13.7.1 模型验证及误差分析

本篇变分法解析解与有限元方法计算结果（以 $E_c/E_t=5.0$ 情况为例）吻合较好（见图 13-15），因此，验证本篇的变分法解析模型是准确的。且有限元计算结果较小，其主要原因可能是变分法中假定的挠曲线形式实际增大了杆件的刚度，使其荷载相对较高。两种模型计算误差在 5.5%以内（见图 13-16），且误差随着位移的增加而增大，其主要原因可能是变分法中假定的挠曲线形式与有限元方法中计算的各点位移变化形式不完全一致，且随着位移的增加，这种不一致性更加凸显。

考虑大变形下的变分解和有限元解(见表 13-1)与试验结果误差为 3%,其值比小变形下的计算结果误差 9.7%(见表 12-2)更小,说明基于大变形下的变分解更反映结构的实际受力性状,这里的变分法解析模型与有限元数值模型是可行且准确的。

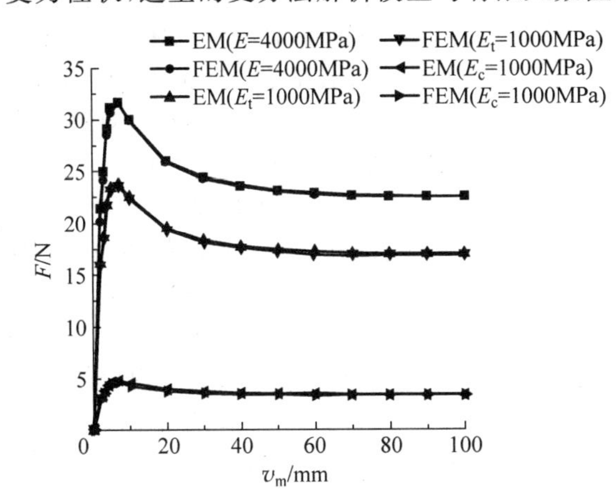

图 13-15 EM 和 FEM 方法计算荷载-位移关系

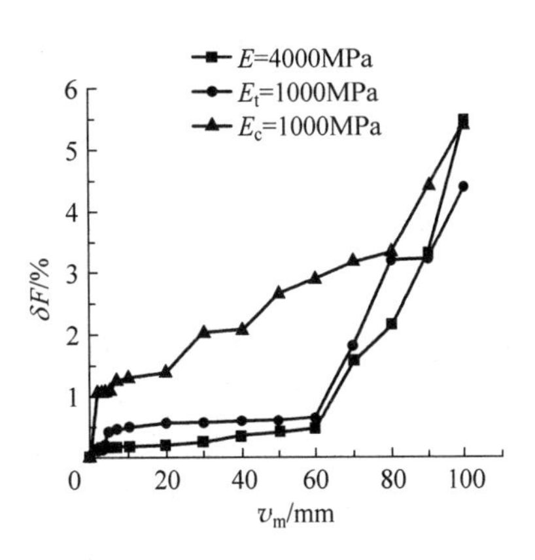

图 13-16 两种方法荷载-位移曲线误差

13.7.2 不同模量与相同模量的差异

1. 中性轴

计入不同模量后,随着杆变形挠度 v_m 的增加,中性轴沿杆呈有规律的变化(见图 13-7),且变化逐渐趋于稳定,当挠度达到某一定值时,中性轴达到稳定平衡的位置不再移动(见图 13-8)。随着压拉模量比 m 的增加,中性轴逐渐由受拉区向受压区偏移,受拉区高度不断增加,反之则减少。

2. 保持不同模量的平均值 $E=4000$MPa 不变

如图 13-9 和图 13-12 所示,当 E_t/E_c 在 1.0~5.0 范围内变化时,随着挠度的增加,荷载开始迅速呈线性增加,且随着 E_t/E_c 的减小,增加速度越来越快。随着挠度的继续增加,荷载呈非线性增加直至稳定值而不再改变,此时杆件处于失稳临界状态(超临界屈曲失稳状态[2])。随着不同模量比 E_t/E_c 的增加,杆的失稳临界荷载不断减小。

当 E_c/E_t 在 1.0~5.0 范围内变化时,随着挠度一开始微小的增加,荷载直线上升至最大值,且对应不同的 E_c/E_t,荷载最大值差别不大,此时杆件处于失稳临界状态(亚临界失稳状态[2])而不能承受更大的荷载。随着挠度的继续增加,荷载呈非线性的减少,且随着压拉模量比 E_c/E_t 的增加,荷载减小的速度越来越快,并最终达到稳定值,此时杆件能继续承受部分荷载。

不论 E_c/E_t 是增加还是减小,不同模量杆的屈曲临界荷载较同模量杆的小,且减小 E_c 导致临界荷载的降低较减小 E_t 更显著(见图 13-17)。

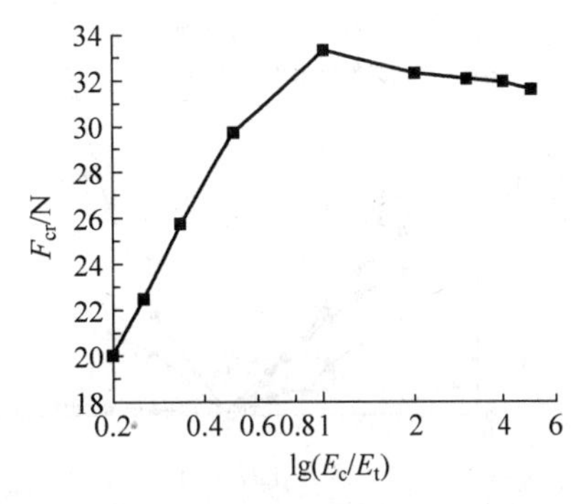

图 13-17 屈曲临界荷载随压拉模量比变化曲线

3. 保持 $E_t(E_c)$= 1000MPa 不变

如图 13-10 和图 13-13 所示，当保持 E_t=1000MPa 不变时，对应不同的 E_c/E_t，荷载随挠度的变化关系不尽相同。在 $E_c/E_t \leqslant 1.0$ 时，荷载一开始随挠度的增加而迅速增加，随着 E_c 的增大，增加的速度越来越快，并最终至稳定值，屈曲临界荷载随着 E_c 的增加而增大；在 $E_c/E_t > 1.0$ 时，荷载一开始增加至最大值，随着 E_c 的增大，荷载增加越来越快，且最大值点也相应上升，并最终减少至稳定值，杆件最终承受的荷载随着 E_c 的减小而减少。

如图 13-11 和图 13-14 所示，保持 E_c=1000MPa 不变时，随 E_t 的增加，荷载随挠度的变化形式逐渐发生转变。当 $E_t/E_c \leqslant 0.6$（即 $E_c/E_t \geqslant 1.667$）时，荷载开始随着挠度的增加而呈直线上升至最大值，增加的速度大致相同，但随着 E_t 的提高，荷载最大值也相应提高，并最终减少到稳定值，E_t 的增加同样能提高杆件最终承受的荷载值；当 $E_t/E_c > 0.6$（即 $E_c/E_t < 1.667$）时，随着 E_t 的增加，荷载一开始迅速增加，并随着挠度的增加最终缓慢地增加至稳定值。

当其中一个弹性模量保持不变，仅增加另一个弹性模量时，失稳临界荷载 F_{cr} 的增加有区域性，如图 13-18 所示。即当 E_c 从 200MPa 提高到 1000MPa（提高至原来的 5 倍），相应地，F_{cr} 从 2.75N 增加至 8.20N（增加至原来的 3 倍），F_{cr} 呈非线性增加较为明显；当 E_c 从 1000MPa 提高到 5000MPa（提高至原来的 5 倍）时，F_{cr} 从 8.20N 增加至 23.20N（增加至原来的 2.8 倍），F_{cr} 呈线性增加，且与之前相比较为缓慢。当 E_t 增加时，F_{cr} 增加的区域性体现得更加明显，且与 E_c 相比，对 F_{cr} 提高的贡献相对较小。

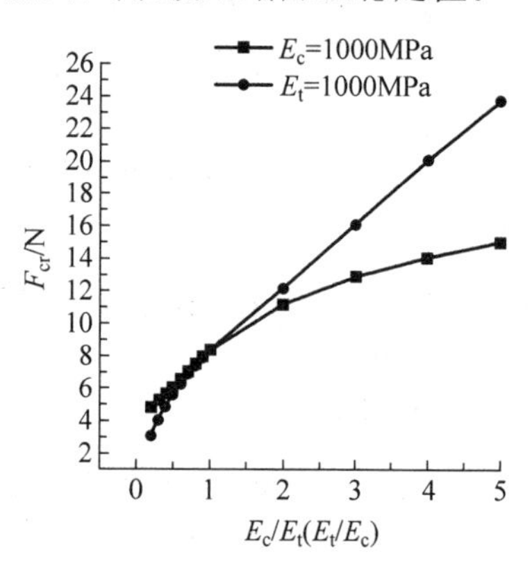

图 13-18 屈曲临界荷载随模量比变化曲线

在以上三种情况下，当不同模量比 E_c/E_t 为 4 时，不同模量下屈曲临界荷载与同模量计算结果误差已分别达到 3.8%、140.7%和 40.8%，如图 13-19 所示。把第 12 章推导的小变形计算结果与大变形计算结果进行对比，如图 13-20 所示，可以看出，当 $E_c/E_t \leqslant 1.0$ 时，大变形计算结果与小变形计算结果几乎相同；当 $E_c/E_t > 1$ 时，大线性计算结果偏大，且随着 E_c/E_t 的增加，误差也越大。当 $E_c/E_t=5$ 时，最大误差已达到 46.9%。

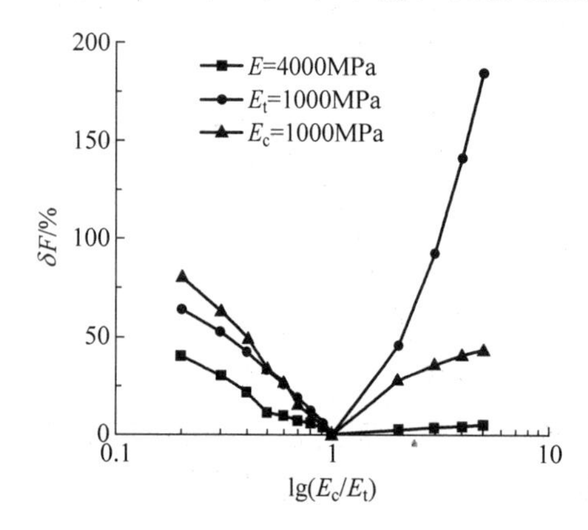

图 13-19 不同模量问题与同模量计算结果误差随压拉模量比的变化

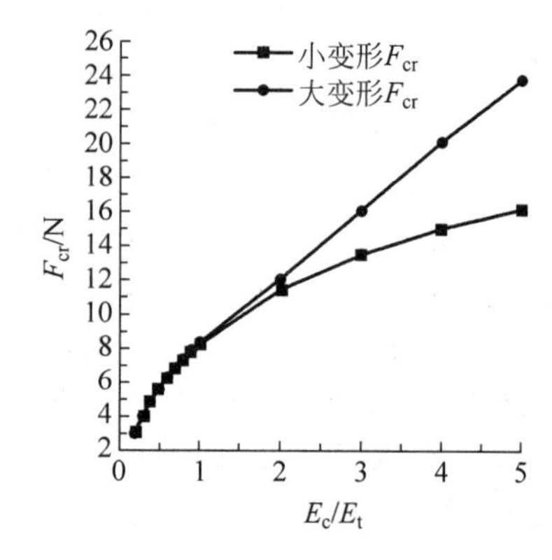

图 13-20 不同模量大变形与小变形计算结果对比（保持 E_t=1000MPa 不变时）

第2篇结论

不同模量弹性问题首先是材料非线性问题，本篇基于不同模量弹性理论，分别建立了材料非线性、几何线性的不同模量常截面杆、变截面杆屈曲稳定半解析计算模型，同时建立了材料和几何同时非线性的大变形不同模量常截面杆屈曲稳定半解析计算模型。利用有限元软件和自编的二次开发程序数值模拟了不同模量杆的线性屈曲过程和非线性屈曲过程。对具有不同模量弹性性质的 MSL82 型号石墨进行了性能试验及压杆屈曲试验研究。通过三种方法结果的相互对比，验证本篇所建立不同模量弹性压杆屈曲分析半解析模型的准确性。最后通过实例分析并讨论了不同模量性对屈曲临界荷载以及非线性屈曲失稳过程的影响。主要结论如下：

(1) 在同模量与不同模量的平均值相同的情况下，无论是常截面杆或者变截面杆的屈曲临界荷载较同模量杆的临界荷载都更小。这主要是因为拉压不同模量差异性导致截面内刚度的离散性(不均匀性)，对杆件抵抗失稳的能力有削弱作用，且当以减小压缩弹性模量为代价来增大拉压不同模量差异性时，这种削弱作用体现得更加明显。因此，不同模量压杆的稳定性分析尤为重要。

(2) 当不同模量中的一个模量保持不变时，仅单方面增加另一个模量，屈曲临界荷载的增加是有区域性的。在 E_c/E_t(或 E_t/E_c)为 0.1～1 区域内，临界荷载增加速度较快，即此区域内压(拉)弹性模量的增加，不仅增大了截面刚度，而且使其变得均匀，两者都有利于提高杆件的抗失稳能力。E_c/E_t(或 E_t/E_c)大于 1 时，临界荷载增加缓慢，即此区域内压(拉)弹性模量的增加，导致截面刚度增大的同时其不均匀性也增加，使得杆件的抵抗失稳的能力提高缓慢。增大压缩弹性模量对临界荷载的提高比拉伸弹性模量更敏感，表明压缩弹性模量 E_c 的提高，能抵抗杆件承受轴向压力引起的轴向变形，从而提高杆件抵抗屈曲能力。因此，对于不同模量结构，可利用增加压缩弹性模量的方法来提高结构的稳定性，从而优化结构。

(3) 目前土木工程中应用的大部分材料，不同模量比 E_c/E_t 集中在 1～2.5 区域。当 $E_c/E_t=2.5$ 时，比较不同模量方法与经典同模量计算结果误差已很大，所以对于这种区域的材料如沿用经典同模量理论计算压杆稳定的临界荷载则存在不安全的隐患。因此，应该采用不同模量理论来计算这类结构。

（4）对于目前发现的强度最高的材料石墨烯，在应用这种材料时，我们不能仅仅看到它强度最高的一面，还应该考虑到，由于它的不同模量性导致抵抗屈曲行为较强度弱的一面。因此，只有采用不同模量弹性理论分析石墨烯材料制成结构的屈曲力学行为，才能反映出该材料真实的屈曲失稳极限承载力。

（5）当 $E_c/E_t \leqslant 1.0$ 时，大变形计算结果与小变形计算结果几乎相同，因此对于此材料区域内的极限承载力计算，可以任意选用大变形或者小变形的计算方法；当 $E_c/E_t > 1$ 时，大变形极限承载力计算结果偏大，且随着 E_c/E_t 的增加，误差也越大。表明在此材料区域内，如继续采用小变形计算方法，则是偏于保守的，而大变形计算方法更能充分发挥材料的潜力，更真实地反映非线性的力学行为。因此，对于 $E_c/E_t > 1$ 的情况，建议采用不同模量大变形计算方法进行计算。

（6）与以往通过反复迭代逼近的数值方法相比，本篇的半解析计算模型耗时少，且简单易行，克服了以往数值算法稳定性差、不易收敛等缺点，为分析不同模量结构非线性力学行为提供了一种快速有效的解析方法。同时为计算分析其他不同模量结构的复杂受力问题提供了一种新的求解思路。

第3篇　不同模量地基梁及圆筒的温度应力的解析解及数值模型

不同模量温度应力计算程序的二次开发

ABAQUS软件被广泛地认为是功能最强的有限元分析软件之一，得益于其丰富的单元库和材料库，可用于完成复杂条件下结构的非线性静力响应、动力响应、黏弹/塑性、热、疲劳、多物理场耦合等问题的分析。然而，对不同模量弹性问题，ABAQUS目前尚缺乏相应的本构模型。以往的做法是事先按照同模量理论计算求得结构的拉、压分界面(中性轴)，以中性轴为界，将结构看做由两种相异的材料组成，求解结构内部的应力场。确定新的中性轴位置后，重新手动划分结构内的拉区和压区(即两种材料的分布区域)。重复上述计算，直至连续两次中性轴位置差异达到满足的精度，计算耗时费力。

值得注意的是，ABAQUS提供了42个用户子程序接口和13个应用程序接口，可扩展性较强。充分利用其开放的用户子程序，可方便地定义不同模量材料的本构模型，在可视化界面直接定义出材料的拉、压弹性模量和泊松比。结构仅由这一种不同模量材料组成，直接建立其有限元模型并求解，即可得到可靠的计算数据用于工程实践。

15.1 单元位移模式和插值函数

为提高计算精度，防止剪力自锁，采用三维20节点的高阶单元进行不同模量结构的计算，如图15-1所示为单元示意图。

设20节点的编号为1,2,3,…,20，则节点位移分量为

$$\boldsymbol{d}_i^e = [u_i \quad v_i \quad w_i]^{\mathrm{T}} \quad (i = 1,2,\cdots,20) \tag{15-1}$$

节点位移分量列阵为

$$\boldsymbol{d}^e = [\boldsymbol{d}_1^e \quad \boldsymbol{d}_2^e \quad \cdots \quad \boldsymbol{d}_{20}^e]^{\mathrm{T}} \tag{15-2}$$

用单元体节点位移表示的单元位移模式为

$$\boldsymbol{u}(x,y,z) = \sum_{i=1}^{20} N_i(x,y,z)\boldsymbol{d}_i^e = \boldsymbol{N}(x,y,z)\boldsymbol{d}^e \tag{15-3a}$$

式中，$\boldsymbol{N}$为形函数矩阵，表达式如下：

$$\boldsymbol{N} = \begin{bmatrix} N_1 & 0 & 0 & N_2 & 0 & 0 & \cdots & N_{20} & 0 & 0 \\ 0 & N_1 & 0 & 0 & N_2 & 0 & \cdots & 0 & N_{20} & 0 \\ \underbrace{0 \quad 0 \quad N_1}_{\text{节点1}} & & & \underbrace{0 \quad 0 \quad N_2}_{\text{节点2}} & & & \cdots & \underbrace{0 \quad 0 \quad N_{20}}_{\text{节点20}} & & \end{bmatrix} \tag{15-3b}$$

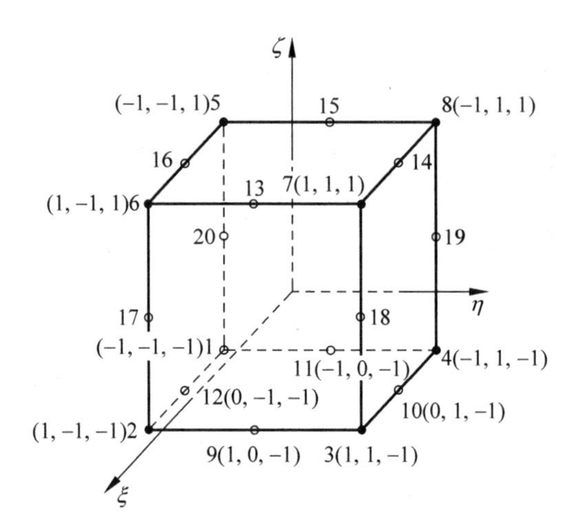

图 15-1 三维 20 节点高次单元示意图

因此有

$$\boldsymbol{u}=\begin{bmatrix}u\\v\\w\end{bmatrix}=\begin{bmatrix}N_1&0&0&N_2&0&0&\cdots&N_{20}&0&0\\0&N_1&0&0&N_2&0&\cdots&0&N_{20}&0\\0&0&N_1&0&0&N_2&\cdots&0&0&N_{20}\end{bmatrix}\begin{bmatrix}u_1\\v_1\\w_1\\u_2\\v_2\\w_2\\\vdots\\u_{20}\\v_{20}\\w_{20}\end{bmatrix}\tag{15-4}$$

式中，$N_i(i=1,2,\cdots,20)$是插值多项式，即形状函数，其表达式为

$$N_i=\frac{1}{8}(1+\xi_i\xi)(1+\eta_i\eta)(1+\zeta_i\zeta)(\xi_i\xi+\eta_i\eta+\zeta_i\zeta-2),\quad 对于角节点\ i=1,2,\cdots,8\tag{15-4a}$$

$$N_i=\frac{1}{4}(1-\xi^2)(1+\eta_i\eta)(1+\zeta_i\zeta),\quad 对于中边节点\ i=10,12,14,16\tag{15-4b}$$

$$N_i=\frac{1}{4}(1-\eta^2)(1+\xi_i\xi)(1+\zeta_i\zeta),\quad 对于中边节点\ i=9,11,13,15\tag{15-4c}$$

$$N_i=\frac{1}{4}(1-\zeta^2)(1+\xi_i\xi)(1+\eta_i\eta),\quad 对于中边节点\ i=17,18,19,20\tag{15-4d}$$

式中，(ξ_i,η_i,ζ_i)是节点 i 的自然坐标。

15.2 应变矩阵、应力矩阵

15.2.1 应变矩阵

位移确定后，利用几何方程可求得用节点位移表示的应变为

$$\boldsymbol{\varepsilon} = \boldsymbol{B}\boldsymbol{d}^e \tag{15-5}$$

式中，$\boldsymbol{B}$ 为应变矩阵，可表示为

$$\boldsymbol{B} = [\boldsymbol{B}_1 \quad \boldsymbol{B}_2 \quad \cdots \quad \boldsymbol{B}_{20}] \tag{15-5a}$$

其中

$$\boldsymbol{B}_i = \begin{bmatrix} \partial N_i/\partial x & 0 & 0 \\ 0 & \partial N_i/\partial y & 0 \\ 0 & 0 & \partial N_i/\partial z \\ 0 & \partial N_i/\partial z & \partial N_i/\partial y \\ \partial N_i/\partial z & 0 & \partial N_i/\partial x \\ \partial N_i/\partial y & \partial N_i/\partial x & 0 \end{bmatrix} \quad (i = 1,2,\cdots,20) \tag{15-5b}$$

15.2.2 应力矩阵

将应变矩阵(15-5)代入物理方程可得应力矩阵为

$$\boldsymbol{\sigma} = \boldsymbol{D}\boldsymbol{\varepsilon} = \boldsymbol{S}^{-1}\boldsymbol{\varepsilon} = \boldsymbol{S}^{-1}\boldsymbol{B}\boldsymbol{d}^e \tag{15-6}$$

式中，$\boldsymbol{D}$ 为应力矩阵。

15.3 刚度矩阵

由应变矩阵 $\boldsymbol{B}$ 可得三维实体单元的刚度矩阵为

$$\boldsymbol{K}^e = \int_{V^e} \boldsymbol{B}^{\mathrm{T}}\boldsymbol{D}\boldsymbol{B}\,\mathrm{d}A \tag{15-7}$$

采用高斯积分法在三个方向上取样点计算求和，最终得到结构刚度矩阵。

结构刚度矩阵和结构结点载荷列阵是由单元刚度矩阵和等效节点荷载列阵集成而得，而集成是由单元结点转换矩阵 $\boldsymbol{G}$ 实现。

总刚度矩阵为：$\boldsymbol{K} = \sum_e \boldsymbol{G}^{\mathrm{T}}\boldsymbol{K}^e\boldsymbol{G}$

总荷载列阵为：$\bar{\boldsymbol{P}} = \sum_e \boldsymbol{G}^{\mathrm{T}}\bar{P}^e$

15.4 有限元格式

有限元离散模型系统势能为

$$\Pi_P = \sum_e \left([d^e]^{\mathrm{T}}\int_{V^e} \frac{1}{2}\boldsymbol{B}^{\mathrm{T}}\boldsymbol{D}\boldsymbol{B}\,\mathrm{d}V[d^e]\right) - \sum_e \left([d^e]^{\mathrm{T}}\int_V \boldsymbol{N}^{\mathrm{T}}\boldsymbol{f}\,\mathrm{d}V\right) - \sum_e \left([d^e]^{\mathrm{T}}\int_{S_\sigma} \boldsymbol{N}^{\mathrm{T}}\boldsymbol{T}\,\mathrm{d}S\right) \tag{15-8}$$

式中，$\boldsymbol{f}$ 为单元的体积力；$\boldsymbol{T}$ 为单元的面积力；S_σ为承受表面力的单元边界。

有限元求解方程为

$$\boldsymbol{K}\boldsymbol{d}^e = \boldsymbol{P} \tag{15-9}$$

式中，$\boldsymbol{K}$ 为刚度矩阵；$\boldsymbol{d}^e$为节点位移矩阵；$\boldsymbol{P}$ 为荷载矩阵。

15.5 不同模量材料本构模型的增量形式

在进行拉压不同模量问题的有限元求解时，由于材料应力应变关系的双线性反映在原点(中性点)后的非线性，则问题的关键是拉压分界点(中性点)事先无法确定，在进行每一增量步计算时，均需要对每一单元重新判定主应力符号，得到相应的弹性矩阵，这点与经典弹性问题有限元完全不同。

在温度作用下，不同模量结构总应变的增量形式为

$$d\boldsymbol{\varepsilon} = d\boldsymbol{\varepsilon}^{e} + d\boldsymbol{\varepsilon}^{T} \tag{15-10}$$

式中，$d\boldsymbol{\varepsilon}$、$d\boldsymbol{\varepsilon}^{e}$、$d\boldsymbol{\varepsilon}^{T}$分别为总应变增量向量、弹性应变增量向量、热应变增量向量。

$$d\boldsymbol{\varepsilon} = [d\varepsilon_{11} \quad d\varepsilon_{22} \quad d\varepsilon_{33} \quad d\gamma_{12} \quad d\gamma_{23} \quad d\gamma_{31}]^{T} \tag{15-10a}$$

$$d\boldsymbol{\varepsilon}^{e} = [d\varepsilon_{11}^{e} \quad d\varepsilon_{22}^{e} \quad d\varepsilon_{33}^{e} \quad d\gamma_{12}^{e} \quad d\gamma_{23}^{e} \quad d\gamma_{31}^{e}]^{T} \tag{15-10b}$$

$$d\boldsymbol{\varepsilon}^{T} = [\alpha dT \quad \alpha dT \quad \alpha dT \quad 0 \quad 0 \quad 0]^{T} \tag{15-10c}$$

设梁内应力增量向量为

$$d\boldsymbol{\sigma} = [d\sigma_{11} \quad d\sigma_{22} \quad d\sigma_{33} \quad d\tau_{12} \quad d\tau_{23} \quad d\tau_{31}]^{T} \tag{15-11}$$

则在弹性区域内，应力-应变的增量关系可表示为

$$d\boldsymbol{\sigma} = \boldsymbol{D} \cdot d\boldsymbol{\varepsilon}^{e} + d\boldsymbol{D} \cdot \boldsymbol{\varepsilon}^{e} = \boldsymbol{D} \cdot (d\boldsymbol{\varepsilon} - d\boldsymbol{\varepsilon}^{T}) + d\boldsymbol{D} \cdot (\boldsymbol{\varepsilon} - \boldsymbol{\varepsilon}^{T}) \tag{15-12}$$

式中，$\boldsymbol{D}$为弹性常数矩阵，即雅可比(Jacobian)矩阵。

$$\boldsymbol{D} = \begin{bmatrix} d_{11} & d_{12} & d_{13} & 0 & 0 & 0 \\ d_{21} & d_{22} & d_{23} & 0 & 0 & 0 \\ d_{31} & d_{32} & d_{33} & 0 & 0 & 0 \\ 0 & 0 & 0 & G & 0 & 0 \\ 0 & 0 & 0 & 0 & G & 0 \\ 0 & 0 & 0 & 0 & 0 & G \end{bmatrix} \tag{15-12a}$$

$$d_{ij} = \begin{cases} \dfrac{E_i}{-1+\mu_1\mu_2+\mu_2\mu_3+\mu_1\mu_3+2\mu_1\mu_2\mu_3}\left(-1+\prod_{j=1}^{3}\mu_j/\mu_i\right) & (i,j=1,2,3 \text{ 且 } i=j) \\ \dfrac{-E_i}{-1+\mu_1\mu_2+\mu_2\mu_3+\mu_1\mu_3+2\mu_1\mu_2\mu_3}\left(v_j+\prod_{j=1}^{3}\mu_j/\mu_i\right) & (i,j=1,2,3 \text{ 且 } i\neq j) \end{cases} \tag{15-12b}$$

$E_1, E_2, E_3, \mu_1, \mu_2, \mu_3$的取值根据主应力$\sigma_{11}, \sigma_{22}, \sigma_{33}$的符号而定。当主应力大于0时，弹性模量取拉伸弹性模量E_t，泊松比取拉伸泊松比μ_t。当主应力小于0时，弹性模量取压缩弹性模量E_c，泊松比取压缩泊松比μ_c，拉压泊松比取值与对应的拉压模量比相同。

剪切模量G取值引入刘相斌、张允真等人提出的加速收敛因子η，为大于零的主应力之和与3个主应力绝对值之和的比，$0 \leqslant \eta \leqslant 1$。

注意到材料的拉压模量和热膨胀系数均不随时间变化，因此有

$$d\boldsymbol{D} = \boldsymbol{0} \tag{15-13}$$

从而

$$
\begin{bmatrix} d\sigma_{11} \\ d\sigma_{22} \\ d\sigma_{33} \\ d\tau_{12} \\ d\tau_{23} \\ d\tau_{31} \end{bmatrix} = \begin{bmatrix} d_{11} & d_{12} & d_{13} & 0 & 0 & 0 \\ d_{21} & d_{22} & d_{23} & 0 & 0 & 0 \\ d_{31} & d_{32} & d_{33} & 0 & 0 & 0 \\ 0 & 0 & 0 & G & 0 & 0 \\ 0 & 0 & 0 & 0 & G & 0 \\ 0 & 0 & 0 & 0 & 0 & G \end{bmatrix} \begin{bmatrix} d\varepsilon_{11} - \alpha T \\ d\varepsilon_{22} - \alpha T \\ d\varepsilon_{33} - \alpha T \\ d\gamma_{12} \\ d\gamma_{23} \\ d\gamma_{31} \end{bmatrix} \tag{15-14}
$$

15.6 UMAT 子程序

用户材料子程序 UMAT 通过与 ABAQUS 主求解程序的接口实现与 ABAQUS 的数据交流，在输入文件中，使用关键字“* USER MATERIAL”表示定义用户材料属性。

UMAT 子程序具有强大的功能，使用 UMAT 子程序：

(1) 可以定义材料的本构关系，使用 ABAQUS 材料库中没有包含的材料进行计算，扩充程序功能。

(2) 几乎可以用于力学行为分析的任何分析过程，几乎可以把用户材料属性赋予 ABAQUS 中的任何单元。

(3) 必须在 UMAT 中提供材料本构模型的雅可比矩阵，即应力增量对应变增量的变化率。

(4) 可以和用户子程序 USDFLD 联合使用，通过 USDFLD 重新定义单元每一物质点上传递到 UMAT 中场变量的数值。

由于主程序与 UMAT 之间存在数据传递，甚至共用一些变量，因此必须遵守有关 UMAT 的书写格式。UMAT 中常用的变量在文件开头予以定义，通常格式为：

```
SUBROUTINE UMAT(STRESS,STATEV,DDSDDE,SSE,SPD,SCD,
     1 RPL,DDSDDT,DRPLDE,DRPLDT,
     2
STRAN,DSTRAN,TIME,DTIME,TEMP,DTEMP,PREDEF,DPRED,CMNAME,
     3
NDI,NSHR,NTENS,NSTATV,PROPS,NPROPS,COORDS,DROT,PNEWDT,
     4 CELENT,DFGRD0,DFGRD1,NOEL,NPT,LAYER,KSPT,KSTEP,KINC)
C
      INCLUDE 'ABA_PARAM.INC'
C
      CHARACTER*80 CMNAME
      DIMENSION STRESS(NTENS),STATEV(NSTATV),
     1 DDSDDE(NTENS,NTENS),DDSDDT(NTENS),DRPLDE(NTENS),
     2 STRAN(NTENS),DSTRAN(NTENS),TIME(2),PREDEF(1),DPRED(1),
     3 PROPS(NPROPS),COORDS(3),DROT(3,3),DFGRD0(3,3),DFGRD1(3,3)

     user coding to define DDSDDE, STRESS, STATEV, SSE, SPD, SCD
     and, if necessary, RPL, DDSDDT, DRPLDE, DRPLDT, PNEWDT
```

RETURN
END

UMAT中的应力矩阵、应变矩阵以及矩阵DDSDDE,DDSDDT,DRPLDE等,都是直接分量存储在前,剪切分量存储在后。直接分量有NDI个,剪切分量有NSHR个。各分量之间的顺序根据单元自由度的不同有一些差异,所以编写UMAT时要考虑到所使用单元的类别。下面对UMAT中用到的一些变量进行说明：

1) DDSDDE(NTENS,NTENS)

这是一个NTENS维的方阵,称作雅可比矩阵,即$\partial\Delta\boldsymbol{\sigma}/\partial\Delta\boldsymbol{\varepsilon}$,$\Delta\boldsymbol{\sigma}$是应力的增量,$\Delta\boldsymbol{\varepsilon}$是应变的增量。DDSDDE($I$,$J$)表示增量步结束时第$J$个应力分量的改变引起的第$I$个应力分量的变化。通常雅可比矩阵是一个对称矩阵,除非在“* USER MATERIAL”语句中加入“UNSYMM”参数。

2) STRESS(NTENS)

应力张量矩阵,对应NDI个直接分量和NSHR个剪切分量。在增量步开始时,应力张量矩阵中的数值通过UMAT和主程序之间的接口传递到UMAT中；在增量步结束时,UMAT将应力张量矩阵更新。对于包含刚体转动的有限应变问题,一个增量步调用UMAT之前就已经对应力张量进行了刚体转动,因此在UMAT中只需处理应力张量的共旋部分。UMAT中应力张量的度量为柯西(真实)应力。

3) STATEV(NSTATV)

用于存储状态变量的矩阵,在增量步开始时将数值传递到UMAT中,也可在子程序USDFLD或UEXPAN中先更新数据,然后在增量步开始时将更新后的数据传递到UMAT中。在增量步结束时必须更新状态变量矩阵中的数据。

和应力张量矩阵不同的是：对于有限应变问题,除了材料本构行为引起的数据更新以外,状态变量矩阵中的任何矢量或者张量都必须通过旋转来考虑材料的刚体运动。

4) NSTATV

状态变量矩阵的维数,等于关键字“* DEPVAR”中定义的数值。状态变量矩阵的维数通过ABAQUS输入文件中的关键字“* DEPVAR”定义,关键字下面数据行的数值即为状态变量矩阵的维数。

5) NPROPS

材料常数的个数,等于关键字“* USER MATERIAL”中“CONSTANTS”常数设定的值。

6) PROPS(NPROPS)

材料常数矩阵,矩阵中元素的数值对应于关键字“* USER MATERIAL”下面的数据行。

7) SSE,SPD,SCD

分别定义每一增量步的弹性应变能、塑性耗散和蠕变耗散。它们对计算结果没有影响,仅仅作为能量输出。

8) 其他变量

STRAN(NTENS)：应变矩阵；

DSTRAN(NTENS)：应变增量矩阵；

DTIME：增量步的时间增量；

NDI：直接应力分量的个数；

NSHR：剪切应力分量的个数；

NTENS：总应力分量的个数，NTENS＝NDI＋NSHR。

使用UMAT时需要注意单元的沙漏控制刚度和横向剪切刚度。通常减缩积分单元的沙漏控制刚度和板、壳、梁单元的横向剪切刚度是通过材料属性中的弹性性质定义的。这些刚度基于材料预处理得到剪切模量的值，通常在材料定义中通过“* ELASTIC”选项定义。但是使用UMAT时，ABAQUS对程序输入文件进行预处理时得不到剪切模量的数值，所以这时候用户必须使用“* HOURGLASS STIFFNESS”选项来定义具有沙漏模式的单元的沙漏控制刚度，使用“* TRANSVERSE SHEAR STIFFNESS”选项来定义板、壳、梁单元的横向剪切刚度。

15.7 编程实现

在利用UMAT子程序计算时，定义了拉伸模量、拉伸泊松比、压缩模量、压缩泊松比、热膨胀系数共5个材料参数，并设置一个状态变量用来存储和更新增量步结束时的总热应变增量。通过完成每个增量步的雅可比矩阵和应力的不断更新，得到不同模量结构在温度作用下的应力场，其计算流程图如图15-2所示。

表15-1 材料常数及状态变量定义

编号	物理含义	符号表示	单位
1	拉伸弹性模量	E_t	Pa
2	拉伸泊松比	μ_t	
3	压缩弹性模量	E_c	Pa
4	压缩泊松比	μ_c	
5	热膨胀系数	α	1/℃

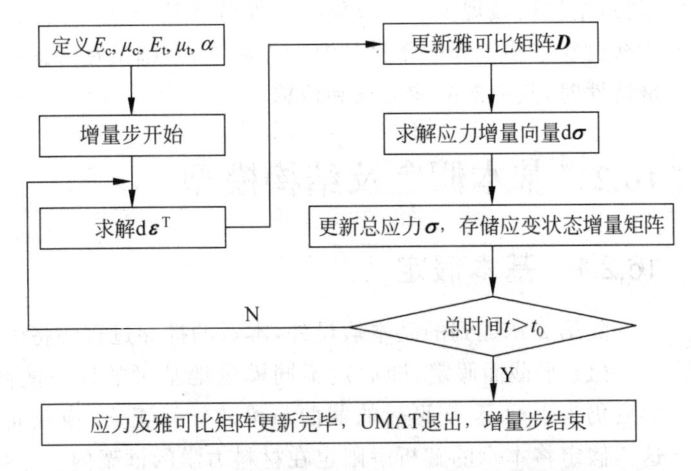

图15-2 不同模量结构温度应力程序计算流程图

线性温差下不同模量地基梁的应力分析

16.1 引言

基础梁作为结构工程中的基本构件，是上部结构和地基之间荷载传递的重要载体，处于复杂的地质或水质环境中，受到日光辐射、材料水化热的影响较为严重。因此，温度应力可能会导致梁内裂缝的形成，破坏结构的整体性，降低结构的耐久性。材料的拉、压不同模量特性使得基础梁温度应力分布呈现非线性的形状，对梁内的应力场和位移场有重要的影响。因此对双模量温克尔地基梁内温度应力分布的研究显得尤为必要。

工程结构的温度荷载是一个随时间变化的函数，且在几何上是多维的。温度作用的确定主要有等效稳态传热法[29]、指数曲线法[30]和线性分布法[31]等。等效稳态传热法需要正确确定太阳辐射强度、室内外气温、换热系数等气象参数和热工系数，再通过热传导方程和边界条件，求出过于保守的构件的平均温度和温差值，求解过程复杂，不便于工程应用。指数曲线法是一种半经验半理论的求解方法，桥梁工程中即采用指数型的温度分布进行箱型梁的设计[32-34]。线性分布法假定温度梯度是线性分布的，计算方便，被广泛应用于结构设计中，我国国家标准 GB 50009—2012《建筑结构荷载规范》[35]即采用线性分布法描述梁内温度场的分布。本章探讨在结构工程中常见的温度作用下，基础梁在考虑材料拉、压不同模量特性时，其内部的应力场和位移场。

16.2 基本假定及结构模型

16.2.1 基本假定

除第 2 章提到的基本假设外，本章的推导过程还将引入三项假定。

(1) 平截面假定，即假定不同模量地基梁的任一横截面在梁发生变形后仍为平面，且变形后的截面与梁的轴线正交，横截面只做相对转动。这一假定将本章的解析解限定在材料力学的框架内。

(2) 剪应力对拉、压的分界面（中性轴）的位置无贡献。作者在推导不同模量横力弯曲梁解析解时根据此假定得出了一个重要的结论：结构的中性轴与剪应力无关，因而可用正应力作为判据而得到中性轴位置的计算公式，简化了由主应力出发而定义的物理方程，从而方便了求解。

(3) 假定梁截面上的温度沿梁高呈直线变化，不计温度沿梁长的变化，同时假设地基为温克尔地基。

16.2.2 结构模型

设一温克尔地基上的基础梁，材料参数为：拉伸弹性模量 E_t、压缩弹性模量 E_c，拉伸泊松比 μ_t、压缩泊松比 μ_c、热膨胀系数 α；几何参数为：长度 $2l$，横截面尺寸 $b\times h$，沿横截面高度方向的温度分布为

$$T(y)=T_0+(\Delta T/h)y=T_0+G\cdot y \tag{16-1}$$

式中，T_0 为基础梁的下表面温度；ΔT 为基础梁上下表面温差(假设梁顶温度高于梁底)；G 为温度梯度。

结构模型如图 16-1 所示。

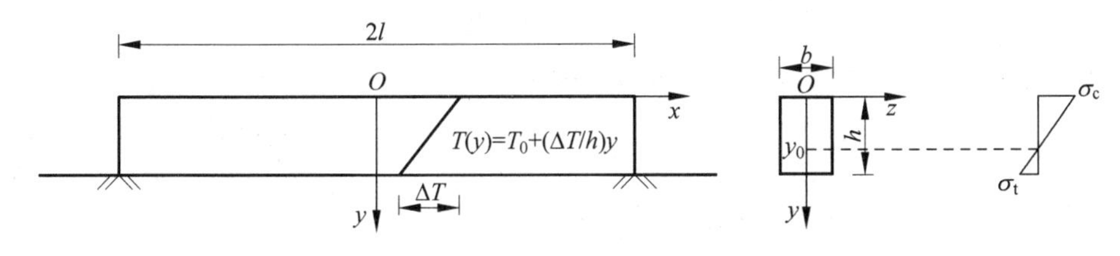

图 16-1 结构模型

16.3 控制方程的建立

由于基础梁及其所受的温度荷载关于 y 轴对称，故取一半为研究对象。采用平截面假设，设横截面正向应变为

$$\varepsilon_x=\alpha(A+B\cdot y) \tag{16-2}$$

式中，A,B 为待定常数。则梁的约束应变为

$$\varepsilon_x=\alpha(A+B\cdot y-T(y))=\alpha(A+B\cdot y-T_0-G\cdot y) \tag{16-3}$$

令式(16-3)为 0，可得中性轴位置 y_0 表达式为

$$y_0=\frac{T_0-A}{B-G} \tag{16-4}$$

如图 16-1 所示，先不考虑约束作用，基础梁在线性温度作用下，上部受压，下部受拉。在约束作用下，上部受拉，下部受压。从而可得基础梁应力为

$$\sigma_x=\begin{cases}\alpha E_c(A+B\cdot y-T_0-G\cdot y), & 0\leqslant y\leqslant y_0\\ \alpha E_t(A+B\cdot y-T_0-G\cdot y), & y_0<y\leqslant h\end{cases} \tag{16-5}$$

未知量有 A,B 和 y_0，需要补充轴力平衡方程和弯矩平衡方程。

采用温克尔假设，忽略地基对梁的水平约束，可得

$$N = \alpha E_c \int_0^{y_0} (A + B \cdot y - T_0 - G \cdot y) b\mathrm{d}y + \alpha E_t \int_{y_0}^{h} (A + B \cdot y - T_0 - G \cdot y) b\mathrm{d}y = 0 \tag{16-6}$$

$$M = \alpha E_c \int_0^{y_0} (A + B \cdot y - T_0 - G \cdot y) by\mathrm{d}y + \alpha E_t \int_{y_0}^{h} (A + B \cdot y - T_0 - G \cdot y) by\mathrm{d}y = 0 \tag{16-7}$$

16.4 正应变待定常数的推导

将式(16-4)代入式(16-6)中可得

$$A = T_0 + (G - B) \cdot h \cdot \frac{\sqrt{E_t}}{\sqrt{E_c} + \sqrt{E_t}} \tag{16-8}$$

将式(16-8)代入式(16-7)中并化简可得基础梁横截面的弯矩表达式为

$$M = -\frac{\alpha b h^3}{3}(G - B)\frac{E_c E_t}{(\sqrt{E_c} + \sqrt{E_t})^2} \tag{16-9}$$

取微元体如图16-2所示，由微元体的平衡可得

$$\frac{\mathrm{d}^2 M}{\mathrm{d}x^2} = p(x) \tag{16-10}$$

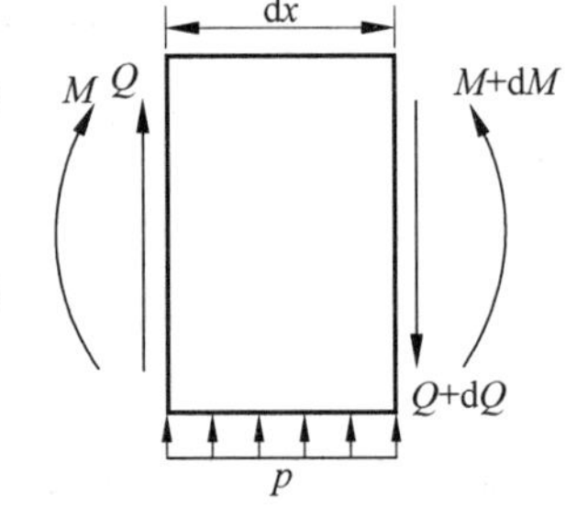

图16-2 微元体受力分析

采用温克尔地基假设可得（v 以向下为正）

$$p = -bkv \tag{16-11}$$

式中，k 为温克尔地基的地基抗力系数。

由几何方程

$$\begin{cases} \varepsilon_x = \dfrac{\partial u}{\partial x} = \alpha(A + B \cdot y) \\ \dfrac{\mathrm{d}v}{\mathrm{d}x} + \dfrac{\partial u}{\partial y} = 0 \end{cases} \tag{16-12}$$

可得

$$\frac{\mathrm{d}v}{\mathrm{d}x} = -\alpha \int_0^x B(x)\mathrm{d}x \tag{16-13}$$

将式(16-11)、式(16-13)代入式(16-10)中，可得

$$\frac{\mathrm{d}^3 M}{\mathrm{d}x^3} = \alpha bk \int_0^x B(x)\mathrm{d}x \tag{16-14}$$

对式(16-14)两边求导可得

$$\frac{\mathrm{d}^4 M}{\mathrm{d}x^4} = \alpha bkB(x) \tag{16-15}$$

再将式(16-9)代入式(16-15)，并简化可得

$$\frac{\mathrm{d}^4 B(x)}{\mathrm{d}x^4} - \lambda^4 B(x) = 0 \tag{16-16}$$

式中，$\lambda^4 = \dfrac{3k}{h^3}\dfrac{(\sqrt{E_c} + \sqrt{E_t})^2}{E_c \cdot E_t}$，$\lambda$ 的单位为1/m。

当 $E_c=E_t=E$ 时，$\lambda^4=\dfrac{12k}{h^3}$，式(16-16)可退回到经典同模量下正应变待定参数 B 的微分方程组。

由式(16-16)可得

$$B(x)=C_1\mathrm{e}^{\lambda x}+C_2\mathrm{e}^{-\lambda x}+C_3\cos\lambda x+C_4\sin\lambda x \tag{16-17}$$

式中，C_1，C_2，C_3，C_4 为待定常数。

联立式(16-14)和边界条件

$$\begin{cases} M(x=l)=0 \\ Q(x=l)=0 \Rightarrow \dfrac{\mathrm{d}M}{\mathrm{d}x}(x=l)=0 \\ v(x=l)=0 \Rightarrow \dfrac{\mathrm{d}^3M}{\mathrm{d}x^3}(x=l)=0 \end{cases} \tag{16-18}$$

可得

$$\begin{bmatrix} -1 & 1 & 0 & 1 \\ \mathrm{e}^{\lambda l} & \mathrm{e}^{-\lambda l} & \cos\lambda l & \sin\lambda l \\ \mathrm{e}^{\lambda l} & -\mathrm{e}^{-\lambda l} & -\sin\lambda l & \cos\lambda l \\ \mathrm{e}^{\lambda l} & \mathrm{e}^{-\lambda l} & -\cos\lambda l & -\sin\lambda l \end{bmatrix}\begin{bmatrix} C_1 \\ C_2 \\ C_3 \\ C_4 \end{bmatrix}=\begin{bmatrix} 0 \\ G \\ 0 \\ 0 \end{bmatrix} \tag{16-19}$$

求解方程(16-19)即可求出待定常数 C_1、C_2、C_3、C_4 表达式为

$$C_1=\frac{\mathrm{e}^{-\lambda l}(\sin\lambda l+\cos\lambda l)+1}{2(2\cos\lambda l+\mathrm{e}^{\lambda l}+\mathrm{e}^{-\lambda l})}G \tag{16-20a}$$

$$C_2=\frac{\mathrm{e}^{\lambda l}(\cos\lambda l-\sin\lambda l)+1}{2(2\cos\lambda l+\mathrm{e}^{\lambda l}+\mathrm{e}^{-\lambda l})}G \tag{16-20b}$$

$$C_3=\frac{\mathrm{e}^{\lambda l}(\cos\lambda l+\sin\lambda l)+\mathrm{e}^{-\lambda l}(\cos\lambda l-\sin\lambda l)+2}{2(2\cos\lambda l+\mathrm{e}^{\lambda l}+\mathrm{e}^{-\lambda l})}G \tag{16-20c}$$

$$C_4=\frac{-\mathrm{e}^{\lambda l}(\cos\lambda l-\sin\lambda l)+\mathrm{e}^{-\lambda l}(\cos\lambda l+\sin\lambda l)}{2(2\cos\lambda l+\mathrm{e}^{\lambda l}+\mathrm{e}^{-\lambda l})}G \tag{16-20d}$$

将式(16-20)分别代入式(16-17)、式(16-8)可得正应变待定常数 A，B 的表达式为

$$\begin{aligned} B(x)=&\frac{\mathrm{e}^{-\lambda l}(\sin\lambda l+\cos\lambda l)+1}{2(2\cos\lambda l+\mathrm{e}^{\lambda l}+\mathrm{e}^{-\lambda l})}G\cdot\mathrm{e}^{\lambda x}+\frac{\mathrm{e}^{\lambda l}(\cos\lambda l+\sin\lambda l)+\mathrm{e}^{-\lambda l}(\cos\lambda l-\sin\lambda l)+2}{2(2\cos\lambda l+\mathrm{e}^{\lambda l}+\mathrm{e}^{-\lambda l})}G\cdot\cos\lambda x+ \\ &\frac{\mathrm{e}^{\lambda l}(\cos\lambda l-\sin\lambda l)+1}{2(2\cos\lambda l+\mathrm{e}^{\lambda l}+\mathrm{e}^{-\lambda l})}G\cdot\mathrm{e}^{-\lambda x}+\frac{-\mathrm{e}^{\lambda l}(\cos\lambda l-\sin\lambda l)+\mathrm{e}^{-\lambda l}(\cos\lambda l+\sin\lambda l)}{2(2\cos\lambda l+\mathrm{e}^{\lambda l}+\mathrm{e}^{-\lambda l})}G\cdot\sin\lambda x \end{aligned} \tag{16-21}$$

$$\begin{aligned} A=&T_0+G\times \\ &\left[-\frac{\mathrm{e}^{-\lambda l}(\sin\lambda l+\cos\lambda l)+1}{2(2\cos\lambda l+\mathrm{e}^{\lambda l}+\mathrm{e}^{-\lambda l})}\mathrm{e}^{\lambda x}-\frac{\mathrm{e}^{\lambda l}(\cos\lambda l+\sin\lambda l)+\mathrm{e}^{-\lambda l}(\cos\lambda l-\sin\lambda l)+2}{2(2\cos\lambda l+\mathrm{e}^{\lambda l}+\mathrm{e}^{-\lambda l})}\cos\lambda x-\right. \\ &\left.\frac{\mathrm{e}^{\lambda l}(\cos\lambda l-\sin\lambda l)+1}{2(2\cos\lambda l+\mathrm{e}^{\lambda l}+\mathrm{e}^{-\lambda l})}\mathrm{e}^{-\lambda x}-\frac{-\mathrm{e}^{\lambda l}(\cos\lambda l-\sin\lambda l)+\mathrm{e}^{-\lambda l}(\cos\lambda l+\sin\lambda l)}{2(2\cos\lambda l+\mathrm{e}^{\lambda l}+\mathrm{e}^{-\lambda l})}\sin\lambda x+1\right]h\cdot \\ &\frac{\sqrt{E_t}}{\sqrt{E_c}+\sqrt{E_t}} \end{aligned} \tag{16-22}$$

16.5 正应力、弯矩和位移解析表达式的推导

将式(16-21)、式(16-22)代入式(16-5)可得正应力的表达式为

$$\sigma_x=\begin{cases}\alpha E_c\cdot\left(y-\dfrac{\sqrt{E_t}}{\sqrt{E_c}+\sqrt{E_t}}\cdot h\right)\cdot(C_1e^{\lambda x}+C_2e^{-\lambda x}+C_3\cos\lambda x+C_4\sin\lambda x-G), & 0\leqslant y\leqslant y_0\\ \alpha E_t\cdot\left(y-\dfrac{\sqrt{E_t}}{\sqrt{E_c}+\sqrt{E_t}}\cdot h\right)\cdot(C_1e^{\lambda x}+C_2e^{-\lambda x}+C_3\cos\lambda x+C_4\sin\lambda x-G), & y_0<y\leqslant h\end{cases}\tag{16-23}$$

将式(16-21)、式(16-22)代入式(16-9)可得弯矩的表达式为

$$M=\frac{\alpha bh^3}{3}\frac{E_cE_t}{(\sqrt{E_c}+\sqrt{E_t})^2}(C_1e^{\lambda x}+C_2e^{-\lambda x}+C_3\cos\lambda x+C_4\sin\lambda x-G)\tag{16-24}$$

将式(16-24)依次代入式(16-10)、式(16-11)可得梁挠度的表达式为

$$v=-\frac{\alpha}{3\lambda^2}(C_1e^{\lambda x}+C_2e^{-\lambda x}-C_3\cos\lambda x-C_4\sin\lambda x-G)\tag{16-25}$$

16.6 算例和结果

如图16-1所示,取基础梁长$2l=4.8$m,横截面尺寸$b\times h=0.3\text{m}\times0.6\text{m}$,材料的热膨胀系数为$8\times10^{-6}$/℃。

定义模量比系数$m_c=E_c/E_t$,$m_t=E_t/E_c$,这里分三种情况计算考虑材料拉压不同模量特性时基础梁内的温度应力:情形Ⅰ,$E_c=2.4\times10^7\text{kN/m}^2$,$m_c=1\sim5$;情形Ⅱ,$E_t=2.4\times10^7\text{kN/m}^2$,$m_c=1\sim5$;情形Ⅲ,$\bar{E}=(E_c/E_t)/2=2.4\times10^7\text{kN/m}^2$,$m_c(m_t)=1\sim5$。

沿梁长度方向均匀分布有$T(y)=T_0+(\Delta T/h)y=T_0+G\cdot y$的温度场,假设梁顶温度高于梁底,温度作用下梁内的应力分布仅与温度梯度有关,而与梁顶表面温度并无关联。因此,假设梁顶的温度保持为$T_0=60$℃。根据我国各城市近30年气温统计数据,得到温度梯度的取值范围是为17~72℃不等,如图16-3所示。本次研究中取$\Delta T=20$℃、30℃、45℃、60℃、70℃共五组温度梯度加以研究。

温克尔地基模型把地基视为刚性基座由一系列可用独立的弹簧模拟的侧面无摩擦的土柱组成。地基抗力系数是反映土体变形性能的重要参数,这里根据经验取值,选取$k=5\text{N/cm}^3$、20N/cm^3、25N/cm^3、50N/cm^3、75N/cm^3共五组地基抗力系数,分别对应研究松软土、黏土、砂土、人工桩基和密实土地基,并分析在温度作用下,且考虑材料拉压不同模量特性的基础梁的力学响应。

用本章推求的半解析解、数值计算程序和通用有限元软件模拟计算所得的中性轴位置坐标及最大拉、压应力及其误差的结果如表16-1、表16-2所示,仅列出部分计算结果。

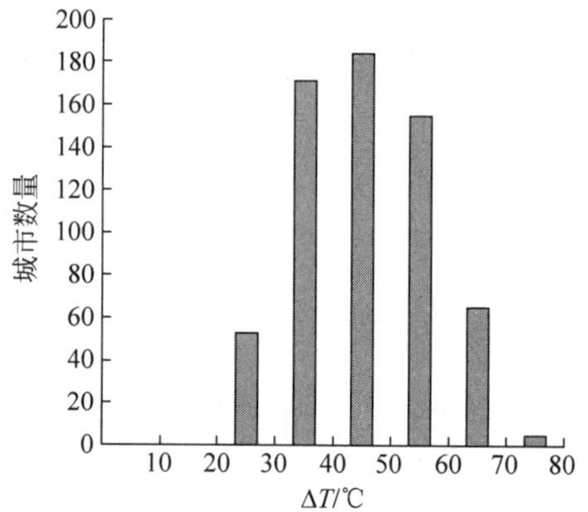

图16-3 我国635座城市近30年最大气温差统计分布图

表 16-1 保持压缩弹性模量 E_c = 24GPa 不变时，不同模量地基梁半解析解、数值计算程序解与通用有限元解

	表面温差 ΔT/℃	地基抗力系数 k/(N/cm³)	拉伸弹性模量 E_t/GPa	压拉模量比 m_n	中性轴位置坐标 y_0/m	最大拉应力 σ^t_{max}/(kN/m²)				最大压应力 σ^c_{max}/(kN/m²)			
						解析解	数值计算程序解	通用有限元解	三种方法误差/%	解析解	数值计算程序解	通用有限元解	三种方法误差/%
保持压缩弹性模量 E_c 为 24GPa 不变	30	5	24	1.0	0.300	135.990	135.972	135.941	0.036	135.990	135.972	135.941	0.036
			12	2.0	0.248	115.217	115.021	114.079	0.988	162.941	162.913	161.333	0.987
			8	3.0	0.219	105.759	105.256	104.583	1.112	183.180	182.825	181.141	1.113
			6	4.0	0.200	99.955	99.564	98.378	1.578	199.911	199.033	196.760	1.576
			4.8	5.0	0.185	95.873	95.006	93.721	2.245	214.379	212.960	209.570	2.243
	45	20	24	1.0	0.300	777.844	777.793	777.471	0.048	777.844	777.708	777.471	0.048
			12	2.0	0.248	645.497	643.031	638.364	1.105	912.870	909.605	902.783	1.105
			8	3.0	0.219	581.940	574.314	576.937	1.267	1007.950	1003.298	995.179	1.267
			6	4.0	0.200	541.029	532.081	534.326	1.704	1082.060	1074.412	1063.622	1.704
			4.8	5.0	0.185	511.014	507.362	508.826	2.652	1142.660	1129.996	1112.357	2.652
	60	50	24	1.0	0.300	2370.008	2368.752	2368.752	0.053	2370.008	2369.319	2368.752	0.053
			12	2.0	0.248	1897.706	1892.631	1873.074	1.298	2683.761	2673.587	2648.979	1.296
			8	3.0	0.219	1660.891	1655.789	1638.535	1.346	2876.748	2860.808	2838.056	1.345
			6	4.0	0.200	1504.423	1498.998	1474.289	2.003	3008.845	2979.777	2948.638	2.001
			4.8	5.0	0.185	1387.937	1376.601	1347.034	2.947	3103.521	3051.345	3012.184	2.943
	70	25	24	1.0	0.300	1489.228	1489.032	1488.468	0.051	1489.228	1488.872	1488.468	0.051
			12	2.0	0.248	1227.895	1224.225	1213.025	1.211	1736.506	1730.092	1715.494	1.210
			8	3.0	0.219	1100.952	1097.328	1086.441	1.318	1906.905	1897.114	1881.810	1.316
			6	4.0	0.200	1018.545	1011.011	998.928	1.926	2037.090	2020.331	1997.917	1.923
			4.8	5.0	0.185	957.715	945.978	930.660	2.825	2141.516	2111.876	2081.082	2.822

表 16-2 保持拉压弹性模量的平均值 $\bar{E}$=24GPa 不变时，不同模量地基梁半解析解、数值计算程序解与通用有限元解

	表面温差 ΔT/℃	地基抗力系数 k /(N/cm³)	拉伸弹性模量 E_t/GPa	压缩弹性模量 E_c/GPa	压拉模量比 m_n	中性轴位置坐标 y_0/m	最大拉应力 σ_{max}^t/(kN/m²)				最大压应力 σ_{max}^c/(kN/m²)			
							解析解	数值计算程序解	通用有限元解	三种方法误差/%	解析解	数值计算程序解	通用有限元解	三种方法误差/%
保持拉压弹性模量的平均值 $\bar{E}$ 为24GPa不变	30	5	40.0	8.0	0.2	0.300	218.009	216.110	213.123	2.241	97.496	96.647	95.311	2.241
			38.4	9.6	0.25	0.248	202.644	201.422	199.456	1.573	101.322	100.711	99.727	1.574
			36.0	12.0	0.33	0.219	185.030	184.144	182.967	1.115	106.827	106.316	105.635	1.116
			32.0	16.0	0.5	0.200	163.907	163.640	162.307	0.976	115.899	115.710	114.768	0.976
			24.0	24.0	1.0	0.300	135.990	135.974	135.941	0.036	135.990	135.974	135.941	0.036
			16.0	32.0	2.0	0.248	115.899	115.712	114.781	0.965	163.907	163.643	162.325	0.965
			12.0	36.0	3.0	0.219	106.827	106.325	105.651	1.101	185.030	184.162	182.991	1.102
			9.6	38.4	4.0	0.200	101.322	100.723	99.737	1.564	202.644	201.446	199.473	1.565
			8.0	40.0	5.0	0.185	97.496	96.655	95.313	2.239	218.009	216.128	213.126	2.240
	45	20	40.0	8.0	0.2	0.415	1215.224	1203.047	1182.522	2.691	543.465	538.019	528.846	2.690
			38.4	9.6	0.25	0.400	1137.889	1129.366	1116.554	1.875	568.945	564.684	558.277	1.875
			36.0	12.0	0.33	0.380	1046.609	1039.942	1032.961	1.304	604.260	600.411	596.380	1.304
			32.0	16.0	0.5	0.351	933.532	926.559	922.964	1.132	660.107	655.176	652.635	1.132
			24.0	24.0	1.0	0.300	777.844	777.793	777.471	0.048	777.844	777.793	777.471	0.048
			16.0	32.0	2.0	0.248	660.107	657.513	652.681	1.125	933.532	929.863	923.030	1.125
			12.0	36.0	3.0	0.219	604.260	600.459	596.411	1.299	1046.609	1040.026	1033.014	1.299
			9.6	38.4	4.0	0.200	568.945	564.729	558.516	1.833	1137.889	1129.457	1117.031	1.833
			8.0	40.0	5.0	0.185	543.465	538.041	528.944	2.672	1215.224	1203.120	1182.778	2.670

16.7 分析与讨论

16.7.1 模型验证及误差分析

由式(16-23)、式(16-24)和式(16-25)可知,当 $E_t = E_c$,$\mu_t = \mu_c$时,本章所推导的不同模量公式可完全退回到经典力学同模量公式。由表 16-1 和表 16-2 可知,本章所推求的不同模量理论半解析解与不同模量有限元数值解,两者的计算误差在 3%以内,误差源于有限元网格的划分、迭代、终端值以及近似模拟温克尔地基所采用的弹簧单元的密度等综合因素。

所采用的弹簧单元的密度是引起误差的主要因素。在本次有限元分析中,通过将梁实体剖分为许多小块,在梁底可以得到一定数量的节点。按照节点所处的位置,可以分为梁底角节点、梁底边节点和梁底中间节点。通过在相应节点上设置接地的弹簧单元,并使弹簧刚度方向与梁高方向一致,来近似模拟温克尔地基的作用。按照三种不同类型节点对地基刚度的"贡献面积",将梁底地基的总刚度分配到每个弹簧单元上,如图 16-4 所示。连接三种不同类型节点的弹簧单元的分配刚度可按下面的方法进行计算[36]。

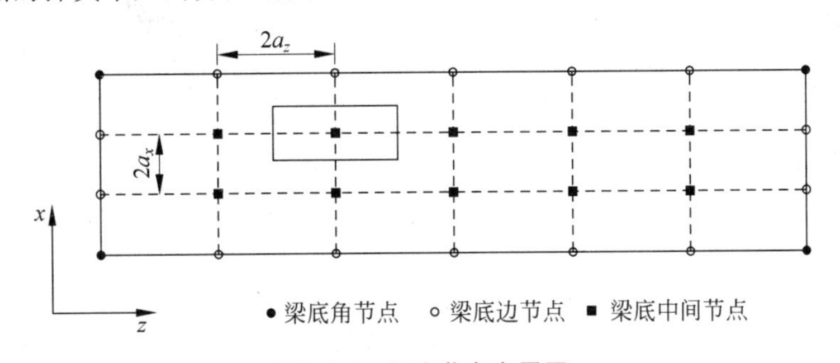

图 16-4 梁底节点布置图

三种类型节点的刚度贡献面积为:

梁底角节点:$S_c = a_x a_z$;

梁底边节点:$S_e = 2a_x a_z$;

梁底中间节点:$S_i = 4a_x a_z$。

梁底角节点、梁底边节点和梁底中间节点的贡献面积之比为 1∶2∶4,因此梁底角、梁底边和梁底中间节点的分配刚度可分别设为 k_0、$2k_0$ 和 $4k_0$。

地基抗力系数的大小与基础尺寸有着密切关系,基础尺寸越大,地基抗力系数就相应减小。对于黏性土,变形与基础的宽度基本上呈线性关系,地基抗力系数与基础的宽度基本上呈现反比关系[33]。在进行解析推导时取用的地基抗力系数 k 为当基础宽度为 1m 时的值,因此在进行有限元模拟时需要将地基抗力系数相应地增大为解析推导时的 $1/b$ 倍,b 为基础宽度。最后再按照梁底角、边和中间节点的"贡献面积"计算得到对应弹簧单元的刚度。

显然,实体梁被剖分得越细,地基的刚度分配就越均匀,计算误差将越小,但这又增加了建模和计算的时间。综合考虑,本章采用的有限元模型沿梁长度方向分为 30 等份,沿梁横截面宽度方向分为 4 等份,共产生梁底角节点弹簧 4 个,梁底边节点弹簧 64 个,梁底中间节点 87 个。其最大误差也仅小于 3%,因此满足计算所需的精度要求,从而验证了本章半解析模型及第 15 章中的有限元程序的可靠性。

16.7.2 不同模量与相同模量的差异

1. 中性轴

当材料的拉压模量改变时，基础梁的中性轴呈现有规律的变化，如图16-5、图16-6所示，作中性轴线，即$\sigma=0$线确定梁内的中性轴位置。随着E_c的增加，受压区减小，反之则增加；随着E_c/E_t的比值增加，中性轴偏移的速率逐渐减小。

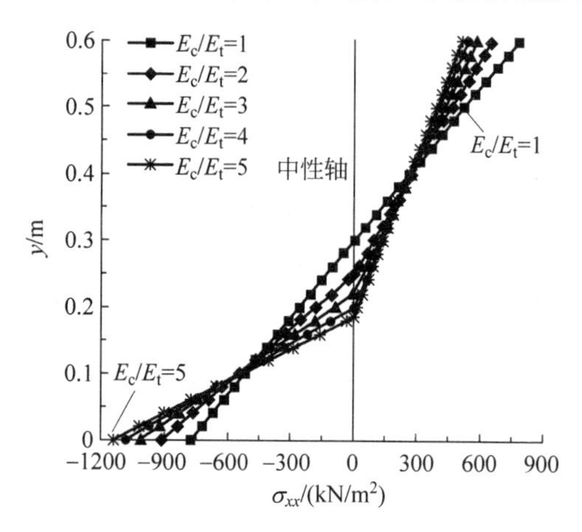

图16-5 情形Ⅰ基础梁横截面正应力响应图

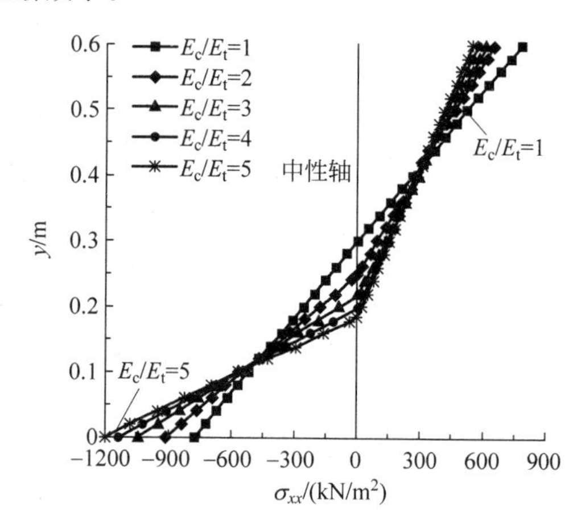

图16-6 情形Ⅲ基础梁横截面正应力响应图

2. 梁高度方向的应力分布

当计入材料的拉压不同模量特性时，基础梁横截面的正应力变化规律也不同于经典同模量理论计算所得的应力解。虽然在线性温度场(梁顶温度高于梁底)中，弹性地基梁的最大拉应力和最大压应力仍分别发生在梁底和梁顶，但同模量的正应力对称于中性轴，不同模量的正应力分布不对称于中性轴。以中性轴为界，不仅拉区的正应力面积不等于压区的正应力面积，且对应的拉区和压区相应点，其应力值并不相等，如图16-5、图16-6所示。

材料的拉、压不同模量特性对基础梁内最大拉、压应力有着重要影响。如图16-7所示，对于道路与桥梁工程中最为常见的混凝土材料，其压、拉模量比近似为2.5，采用不同模量计算所得的最大应力比同模量解增大近21%。此时若根据经典同模量理论进行路面设计将可能导致路面产生过大的裂缝，影响其正常使用。

如图16-8所示，对情形Ⅱ，最大拉应力随着E_c/E_t的增加而减小，说明压模量的增加将导致拉应力减小。类似地，增大拉模量将导致压应力的减小，如图16-9所示。

如图16-10所示，在$E_c/E_t=1\sim5$区域，随着E_c/E_t增大，E_c增大，导致σ_{max}^n增大；当$E_c/E_t=0.2\sim1$时，随着E_c与E_t差距的增大，E_c减小，σ_{max}^c减小，但截面刚度的不均匀性增大，综合平均刚度减小，导致内力减小，二者叠加后，曲线变陡(相比$E_c/E_t=1\sim5$区域)。在$E_c/E_t=1\sim5$区域，随E_c/E_t增大，E_t减小，σ_{max}^t减小，但曲线平缓(相比$E_c/E_t=0.2\sim1$区域)，如图16-11所示。但最终曲线反映出最大应力随着压拉模量比的改变而变化，即σ_{max}^t随着E_c/E_t的增加而减小，σ_{max}^c随着E_c/E_t的增加而增大，这一结果与刚度调整内力的规律完全吻合。

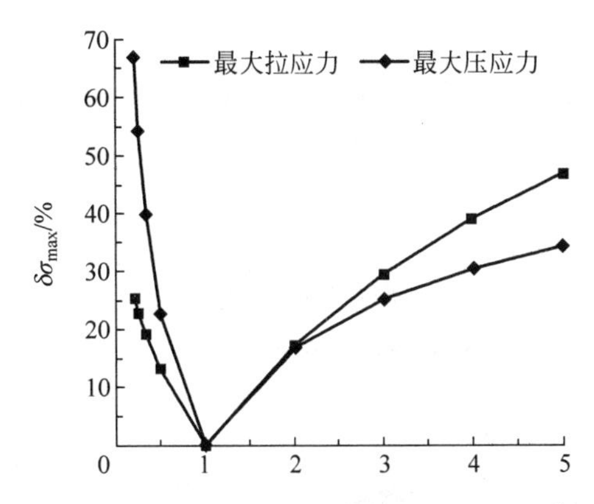

图 16-7 不同模量与相同模量两种方法计算正应力误差随 E_c/E_t 的变化

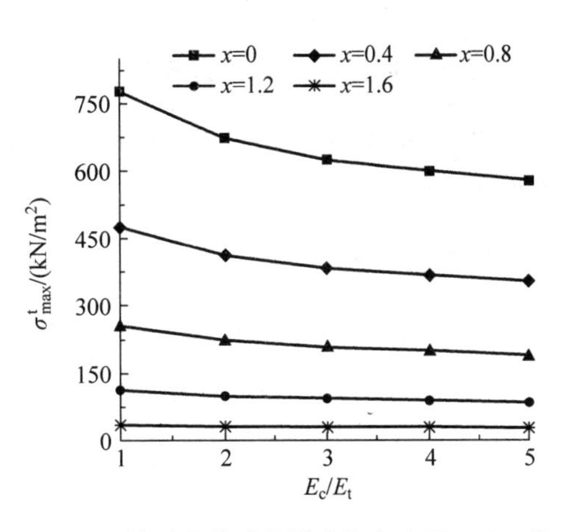

图 16-8 情形Ⅱ基础梁最大拉应力随 E_c/E_t 的变化

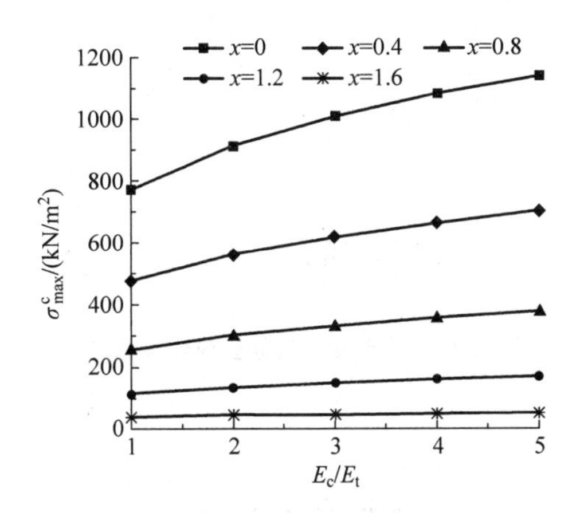

图 16-9 情形Ⅰ基础梁最大压应力随 E_c/E_t 的变化

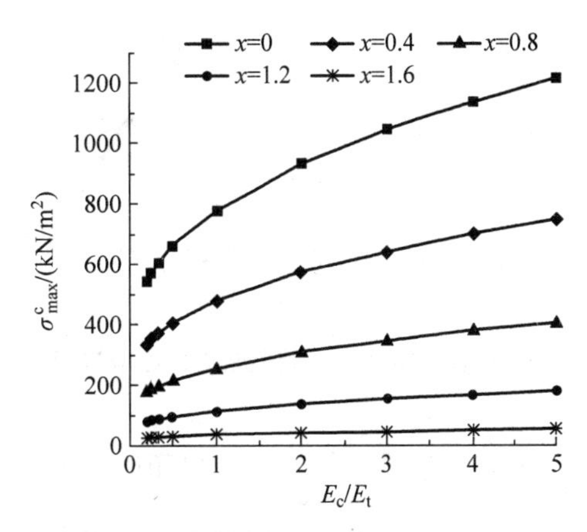

图 16-10 情形Ⅲ基础梁最大压应力随 E_c/E_t 的变化

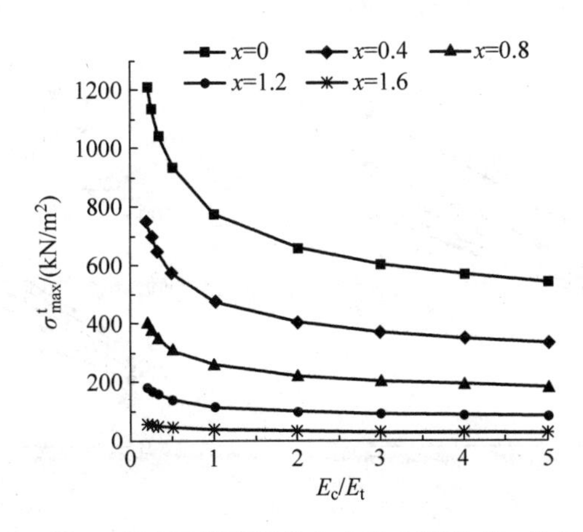

图 16-11 情形Ⅲ基础梁最大拉应力随 E_c/E_t 的变化

3. 梁长度方向的应力分布

如图16-8～图16-11所示，基础梁的最大应力出现在梁的跨中，沿梁的长度方向逐渐减小为0。

4. 梁的位移

当截面的总刚度不变，仅改变其分配，梁位移随着 E_c/E_t 的增大而增大，如图16-12及图16-13所示。说明计入拉压不同模量后，相对于经典同模量理论，截面刚度的不均匀将使位移增大，基础梁抵抗变形的能力降低。

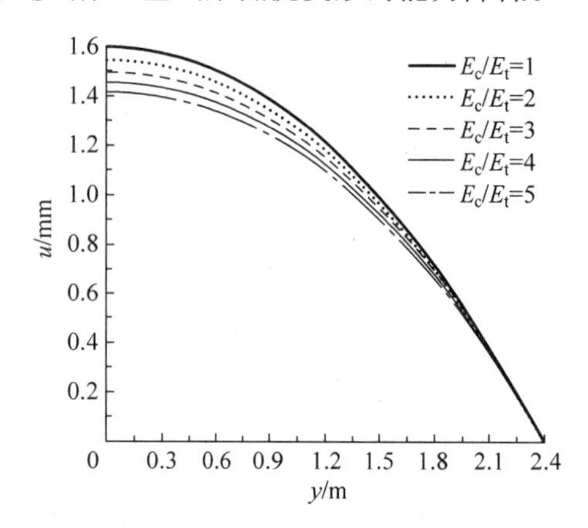

图16-12 情形Ⅰ基础梁竖向位移响应图

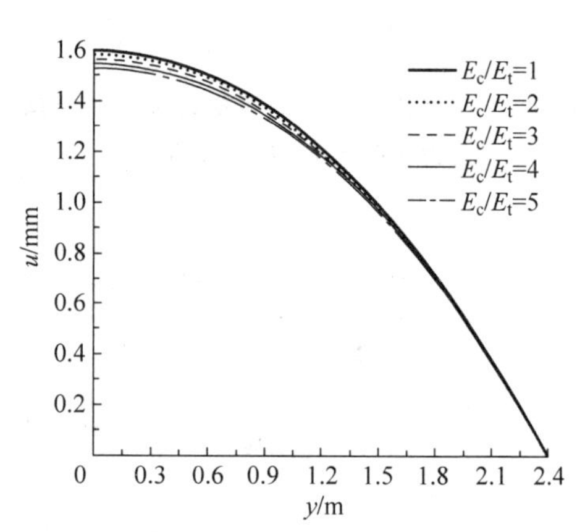

图16-13 情形Ⅲ基础梁竖向位移响应图

5. 温度梯度对梁内应力分布的影响

温度梯度是引起基础梁内力的直接原因，由式(16-20)和式(16-23)可得，基础梁内的应力随温度梯度的增加呈现线性的变化。同时，随着压、拉模量比的增加，最大应力增大的速率逐渐减小，如图16-14和图16-15所示。

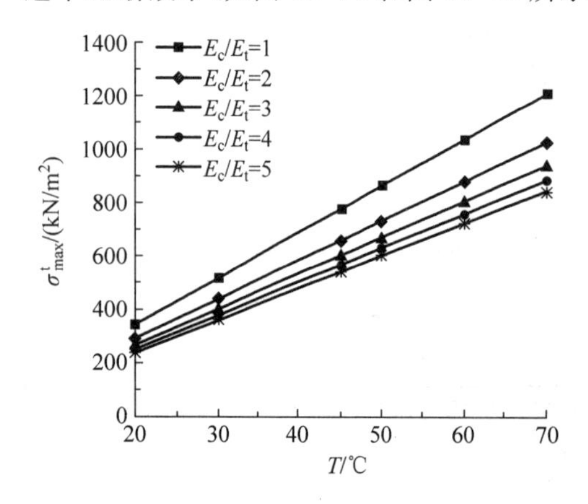

图16-14 情形Ⅲ基础梁最大拉应力随温度梯度的变化

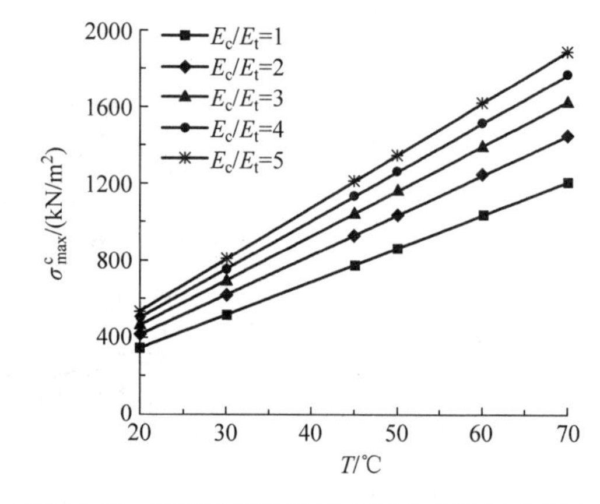

图16-15 情形Ⅲ基础梁最大压应力随温度梯度的变化

6. 地基抗力系数对梁内应力分布的影响

地基抗力系数对梁内应力分布有重要影响，如图 16-16～图 16-19 所示。在改变 E_c 与 E_t 但 $\bar{E}$ 减小和 $\bar{E}$ 不变两种情形下，基础梁的最大拉应力和最大压应力均随地基抗力系数的增加而增大，这是由于地基抗力系数越大，地基对梁的约束就越强，基础梁内的应力相应增加。如图 16-20 和图 16-21 所示，当 m_c 由 1 变为 5 时，最大拉应力和最大压应力的变化率随地基抗力系数而变化。可以发现，随地基抗力系数的增加，材料的不同模量性对拉应力的影响逐渐增加，对压应力的影响逐渐趋于稳定。因此，在刚性地基上设计柔度较大的基础梁时，可选用不同模量性较强的材料以减小梁内的拉应力。

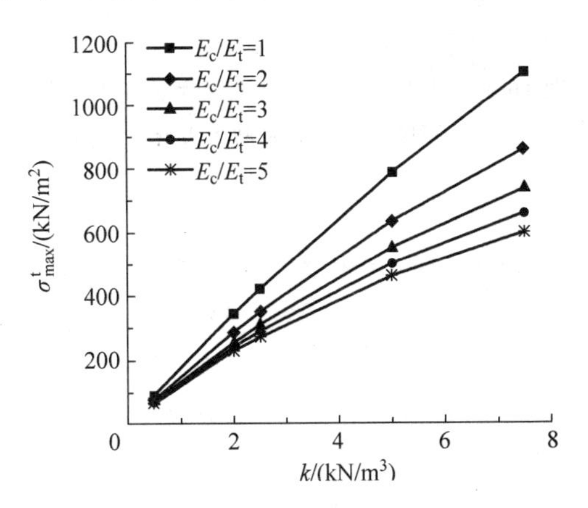

图 16-16 情形Ⅰ基础梁最大拉应力随地基抗力系数的变化

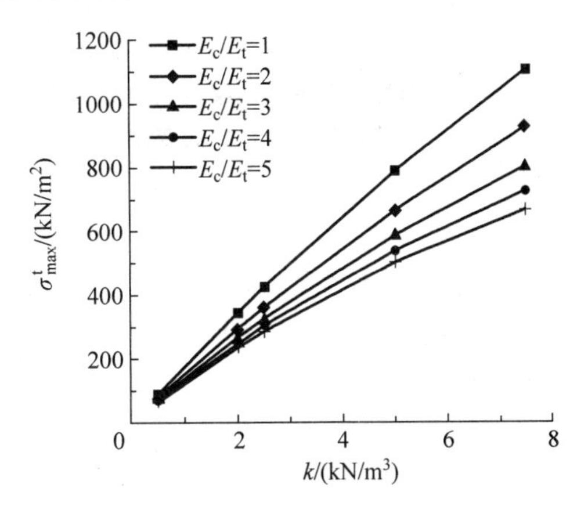

图 16-17 情形Ⅲ基础梁最大拉应力随地基抗力系数的变化

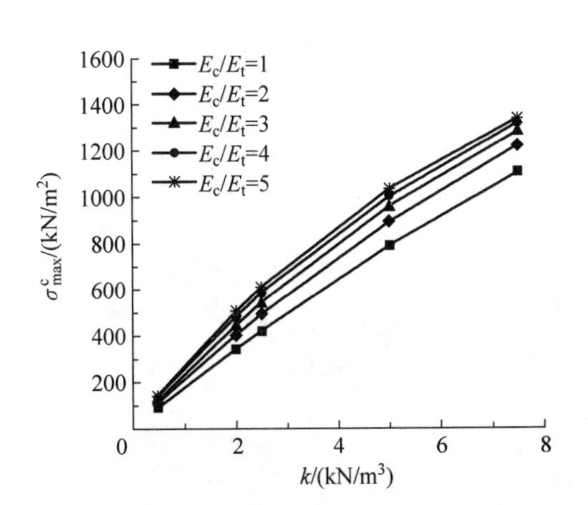

图 16-18 情形Ⅰ基础梁最大压应力随地基抗力系数的变化

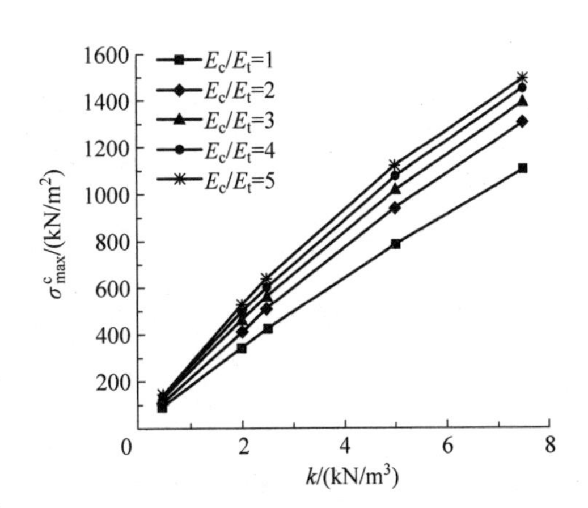

图 16-19 情形Ⅲ基础梁最大压应力随地基抗力系数的变化

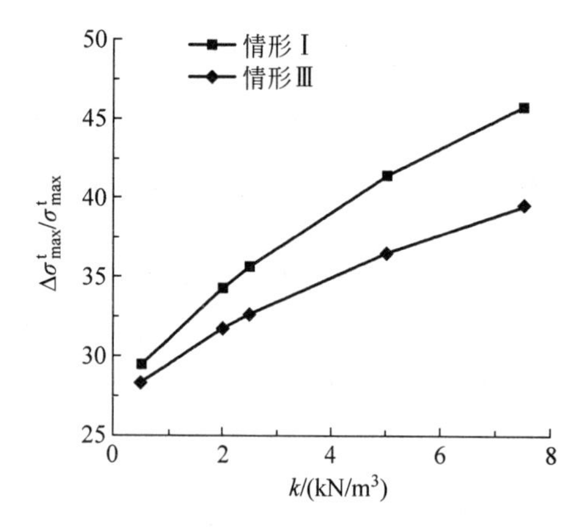

图 16-20　两种情形下基础梁最大拉应力变化率随地基抗力系数的变化

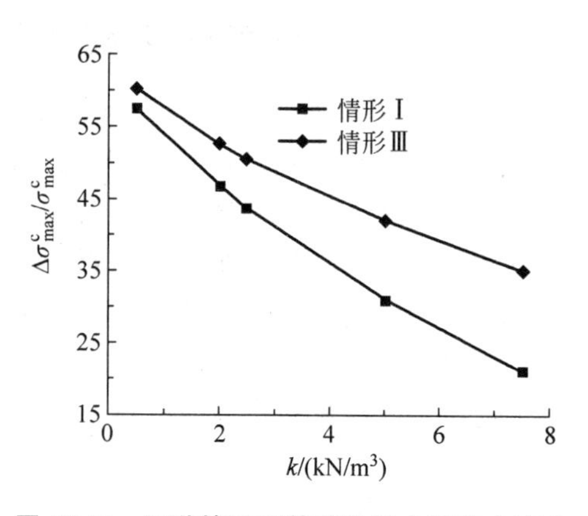

图 16-21　两种情形下基础梁最大压应力变化率随地基抗力系数的变化

非线性温差下不同模量地基梁的应力分析

17.1 引言

国内外学者在研究了众多道路与桥梁事故后认为，桥梁破坏的主要原因是太阳辐射、大气温度以及其他某些外界因素综合作用在道路与桥梁结构内产生的非线性温差引起的温度应力[37,38]。

如第16章所述，指数曲线法作为描述工程结构温度作用的常用方法，在道路与桥梁工程中有着广泛的应用。指数曲线法是一种半经验半理论的求解方法，它通过对一维半无限体在周期热作用下的热传导方程解(式(17-1))的简化而来：

$$T = A_0 \cdot \mathrm{e}^{-x\sqrt{\omega/2\alpha}} \sin\left(\omega\tau - x\sqrt{\omega/2\alpha}\right) \tag{17-1}$$

式中，A_0为表面温度幅度；α为结构表面日辐射热量吸收系数；ω为圆频率；τ为时间。

工业设计曾采用$A_x = A_0 \cdot \mathrm{e}^{-x\sqrt{\omega/2\alpha}}$(即外包络线)来代替最大温度分布曲线，是偏安全的。通过长期试验研究，引进温度差概念，梁内的温度分布主要考虑沿截面高度方向的变化，采用半理论半经验公式：

$$T(y) = T_0 \cdot \mathrm{e}^{-ay} \tag{17-2}$$

式中，T_0为梁上下表面温差；a为温度指数，随结构形式、部位方向、计算时刻等因素而异。

本章研究此种非线性温差作用下不同模量地基梁的力学响应。

17.2 基本假设和结构模型

17.2.1 基本假设

除引用四项不同模量理论的基本假设，沿用平截面假定和剪应力对中性轴的位置无贡献假定外，在本章中，采用指数曲线法近似描述梁内温度场的分布规律。假定梁截面上的温度从梁顶到梁底按式(17-2)描述的指数形式变化，不计温度沿梁长的变化，同时假设地基为温克尔地基。

17.2.2　结构模型

如图 17-1 所示为一平放于温克尔地基上的基础梁，梁的长度为 $2l$，横截面尺寸为 $b\times h$，梁的拉伸模量为 E_t，压缩模量为 E_c，拉伸泊松比为 μ_t，压缩泊松比为 μ_c，线膨胀系数为 α。取梁顶中点为坐标原点，梁长度方向为 x 轴，梁高方向为 y 轴，沿横截面高度方向预设有指数形式的温度作用，表达式见式(17-2)。

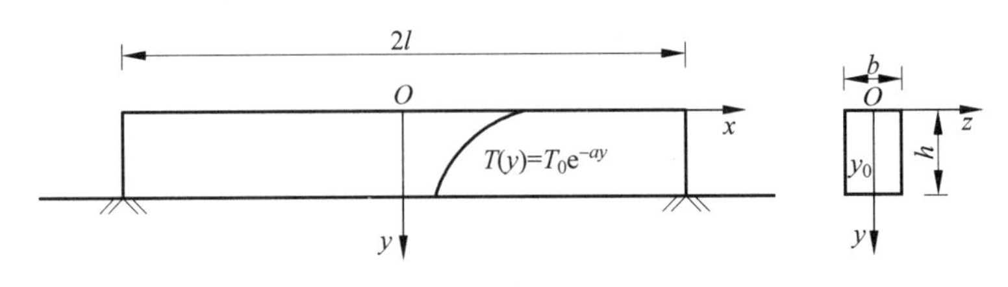

图 17-1　结构模型

17.3　中性轴的个数的确定(交线判别法)

由于基础梁及其所受的温度荷载关于 y 轴对称，故取一半为研究对象。采用平截面假设，设横截面正向应变为

$$\varepsilon_x^0=\alpha(A+By) \tag{17-3}$$

式中，A，B 为待定常数，则梁的约束应变为

$$\varepsilon_x=\alpha(A+By-T_0\mathrm{e}^{-ay}) \tag{17-4}$$

由于梁是受弯结构，必定存在受拉区与受压区，其分界面为中性面，即该处应变为 0。则令式(17-4)为 0，可得

$$A+By-T_0\mathrm{e}^{-ay}=0 \tag{17-5}$$

求解方程(17-5)可得中性轴位置，可以发现解的个数只可能有 0，1，2 三种，即梁内的中性轴可能有 0，1 或 2 条。以下提出“交线判别法”进行中性轴个数的判定，如图 17-1 所示。先不考虑约束作用，基础梁在非线性温度作用下发生自由变形，温度应变为图 17-2 和图 17-3 中的两条曲线；考虑内部约束作用，梁上部受拉，下部受压，地基梁的总应变为两条曲线的叠加。此时，如果外部约束作用较弱，表现为地基抗力系数较小，两条曲线将相交于两点，在该两点处梁内应变为 0，即该处为不拉不压点(中性点)。因此，梁内将存在两条中性轴，在两条中性轴之间的部分为受拉区，而在两条中性轴之外的部分为受压区，如图 17-2 所示。如果外部约束作用较强，表现为地基抗力系数较大，两条曲线仅交于一点，梁内仅存在一条中性轴，在中性轴上部为受拉区，下部为受压区，如图 17-3 所示。对温度作用下的温克尔地基梁，不存在水平方向的约束的作用，则不可能出现没有中性轴的情况。因此，以下求解过程将围绕梁内中性轴个数分别为 1 和 2 的情况展开。

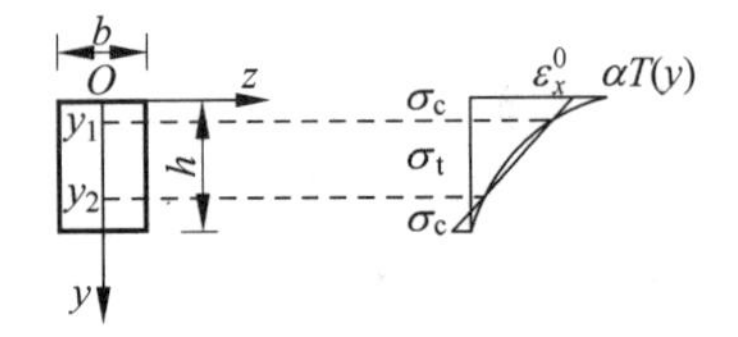

图 17-2　梁内存在两条中性轴时结构计算模型

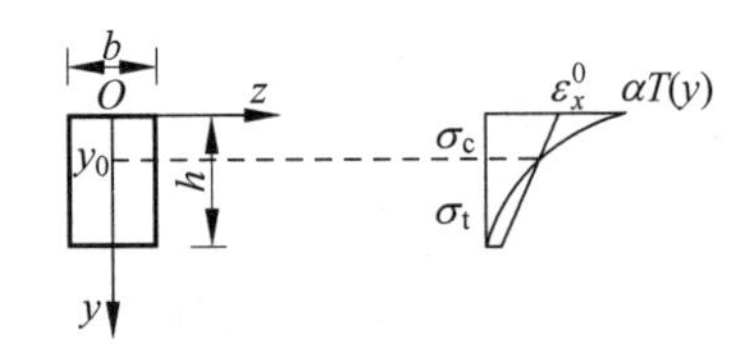

图 17-3　梁内存在一条中性轴时结构计算模型

17.4 中性轴位置坐标控制方程的建立与求解

17.4.1 假设梁内存在两条中性轴 y_1,y_2

中性轴位置坐标方程组为

$$\begin{cases} A + By_1 - T_0 e^{-ay_1} = 0 \\ A + By_2 - T_0 e^{-ay_2} = 0 \end{cases} \tag{17-6}$$

如图 17-2 所示,基础梁在非线性温度作用和较强的地基约束下,在两条中性轴之间梁内各点承受拉应力,在两条中性轴之外梁内各点承受压应力,梁的轴向应力为

$$\sigma_x = \begin{cases} \alpha E_c \cdot (A + By - T(y)), & 0 \leqslant y < y_1 \\ \alpha E_t \cdot (A + By - T(y)), & y_1 \leqslant y < y_2 \\ \alpha E_c \cdot (A + By - T(y)), & y_2 \leqslant y \leqslant h \end{cases} \tag{17-7}$$

未知量有 A,B,y_1,y_2,只有两个方程,需要用到轴力平衡方程和弯矩平衡方程。

在任意横截面上,梁的轴力和弯矩分别为

$$N = \alpha E_c \int_0^{y_1} (A + By - T_0 e^{-ay}) b\,dy + \alpha E_t \int_{y_1}^{y_2} (A + By - T_0 e^{-ay}) b\,dy + \alpha E_c \int_{y_2}^{h} (A + By - T_0 e^{-ay}) b\,dy \tag{17-8}$$

$$M = \alpha E_c \int_0^{y_1} (A + By - T_0 e^{-ay}) yb\,dy + \alpha E_t \int_{y_1}^{y_2} (A + By - T_0 e^{-ay}) yb\,dy + \alpha E_c \int_{y_2}^{h} (A + By - T_0 e^{-ay}) yb\,dy \tag{17-9}$$

采用温克尔假设,忽略地基对梁的水平约束,可得

$$N = 0 \tag{17-10}$$

即

$$\alpha E_c \int_0^{y_1} (A + By - T_0 e^{-ay}) b\,dy + \alpha E_t \int_{y_1}^{y_2} (A + By - T_0 e^{-ay}) b\,dy + \alpha E_c \int_{y_2}^{h} (A + By - T_0 e^{-ay}) b\,dy = 0 \tag{17-11}$$

取微元体进行受力分析,如图 17-4 所示,可得

$$\frac{d^2 M}{dx^2} = p(x) \tag{17-12}$$

采用温克尔地基假设可得($\boldsymbol{v}$ 以向下为正)

$$p = -bkv \tag{17-13}$$

式中,k 为温克尔地基的地基抗力系数。

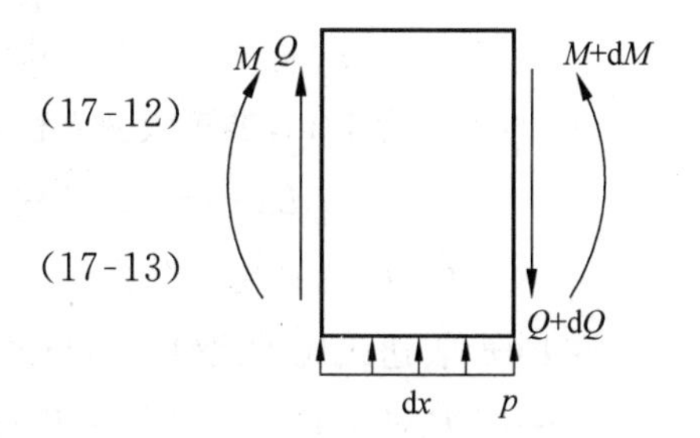

图 17-4 微元体受力分析

由几何方程 $\begin{cases} \varepsilon_x = \dfrac{\partial u}{\partial x} = \alpha(A + By) \\ \dfrac{dv}{dx} + \dfrac{\partial u}{\partial y} = 0 \end{cases}$ 可得

$$\frac{\mathrm{d}v}{\mathrm{d}x}=-\alpha\int_0^x B(x)\mathrm{d}x \tag{17-14}$$

将式(17-13)、式(17-14)代入式(17-12)中,可得

$$\frac{\mathrm{d}^3 M}{\mathrm{d}x^3}=\alpha bk\int_0^x B(x)\mathrm{d}x \tag{17-15}$$

对式(17-15)两边求导可得

$$\frac{\mathrm{d}^4 M}{\mathrm{d}x^4}=\alpha bkB(x) \tag{17-16}$$

再将式(17-9)代入式(17-16),并简化可得

$$\frac{E_c y_1^2+E_t(y_2^2-y_1^2)+E_c(h^2-y_2^2)}{2}\frac{\mathrm{d}^4 A}{\mathrm{d}x^4}+\frac{E_c y_1^3+E_t(y_2^3-y_1^3)+E_c(h^3-y_2^3)}{3}\frac{\mathrm{d}^4 B}{\mathrm{d}x^4}=kB(x) \tag{17-17}$$

将式(17-11)两边分别对 x 求四阶导数,并化简可得

$$[E_c y_1+E_t(y_2-y_1)+E_c(h-y_2)]\frac{\mathrm{d}^4 A}{\mathrm{d}x^4}+\frac{E_c y_1^2+E_t(y_2^2-y_1^2)+E_c(h^2-y_2^2)}{2}\frac{\mathrm{d}^4 B}{\mathrm{d}x^4}=0 \tag{17-18}$$

联立式(17-17)、式(17-18)可得

$$\left\{-\frac{[E_c y_1^2+E_t(y_2^2-y_1^2)+E_c(h^2-y_2^2)]^2}{4[E_c y_1+E_t(y_2-y_1)+E_c(h-y_2)]}+\frac{E_c y_1^3+E_t(y_2^3-y_1^3)+E_c(h^3-y_2^3)}{3}\right\}\frac{\mathrm{d}^4 B}{\mathrm{d}x^4}=kB(x) \tag{17-19}$$

令

$$H^4=\frac{k}{-\frac{[E_c y_1^2+E_t(y_2^2-y_1^2)+E_c(h^2-y_2^2)]^2}{4[E_c y_1+E_t(y_2-y_1)+E_c(h-y_2)]}+\frac{E_c y_1^3+E_t(y_2^3-y_1^3)+E_c(h^3-y_2^3)}{3}} \tag{17-20}$$

可得

$$\frac{\mathrm{d}^4 B(x)}{\mathrm{d}x^4}-H^4 B(x)=0 \tag{17-21}$$

式中,H 的单位为 1/m,求解微分方程(17-21)可得

$$B(x)=C_1\mathrm{e}^{Hx}+C_2\mathrm{e}^{-Hx}+C_3\cos Hx+C_4\sin Hx \tag{17-22}$$

式中,C_1,C_2,C_3,C_4 为待定常数。

将 $B(x)$ 表达式代入式(17-8)与式(17-10),可得

$$A(x)=-\frac{E_c y_1^2+E_t(y_2^2-y_1^2)+E_c(h^2-y_2^2)}{2[E_c y_1+E_t(y_2-y_1)+E_c(h-y_2)]}(C_1\mathrm{e}^{Hx}+C_2\mathrm{e}^{-Hx}+C_3\cos Hx+C_4\sin Hx)-\frac{T_0[E_c(\mathrm{e}^{-ay_1}-1)+E_t(\mathrm{e}^{-ay_2}-\mathrm{e}^{-ay_1})+E_c(\mathrm{e}^{-ah}-\mathrm{e}^{-ay_2})]}{a[E_c y_1+E_t(y_2-y_1)+E_c(h-y_2)]} \tag{17-23}$$

由式(17-9)可得

$$M=\alpha b\left\{\frac{E_c y_1^2+E_t(y_2^2-y_1^2)+E_c(h^2-y_2^2)}{2}A(x)+\frac{E_c y_1^3+E_t(y_2^3-y_1^3)+E_c(h^3-y_2^3)}{3}B(x)+\right.$$

$$\frac{T_0}{a}\left\langle E_c\left[\mathrm{e}^{-ay_1}\left(y_1+\frac{1}{a}\right)-\frac{1}{a}\right]+E_t\left[\mathrm{e}^{-ay_2}\left(y_2+\frac{1}{a}\right)-\mathrm{e}^{-ay_1}\left(y_1+\frac{1}{a}\right)\right]+\right.$$

$$\left.\left.E_c\left[\mathrm{e}^{-ah}\left(h+\frac{1}{a}\right)-\mathrm{e}^{-ay_2}\left(y_2+\frac{1}{a}\right)\right]\right\rangle\right\} \tag{17-24}$$

联立式(17-12)、式(17-15)、式(17-16)和边界条件可得

$$\begin{cases}\dfrac{\mathrm{d}^3M}{\mathrm{d}x^3}=\alpha bk\displaystyle\int_0^x B(x)\,\mathrm{d}x\\ M(x=l)=0\\ Q(x=l)=0\Rightarrow\dfrac{\mathrm{d}M}{\mathrm{d}x}(x=l)=0\\ v(x=l)=0\Rightarrow\dfrac{\mathrm{d}^2M}{\mathrm{d}x^2}(x=l)=0\end{cases} \tag{17-25}$$

将式(17-24)代入式(17-25)可得

$$\begin{bmatrix}-1 & 1 & 0 & 1\\ \mathrm{e}^{Hl} & \mathrm{e}^{-Hl} & \cos Hl & \sin Hl\\ \mathrm{e}^{Hl} & -\mathrm{e}^{-Hl} & -\sin Hl & \cos Hl\\ \mathrm{e}^{Hl} & \mathrm{e}^{-Hl} & -\cos Hl & -\sin Hl\end{bmatrix}\begin{bmatrix}D_1\\ D_2\\ D_3\\ D_4\end{bmatrix}=\begin{bmatrix}0\\ G\\ 0\\ 0\end{bmatrix} \tag{17-26}$$

其中

$$\begin{bmatrix}D_1\\ D_2\\ D_3\\ D_4\end{bmatrix}=\left\{-\frac{[E_c y_1^2+E_t(y_2^2-y_1^2)+E_c(h^2-y_2^2)]^2}{4[E_c y_1+E_t(y_2-y_1)+E_c(h-y_2)]}+\frac{E_c y_1^3+E_t(y_2^3-y_1^3)+E_c(h^3-y_2^3)}{3}\right\}\begin{bmatrix}C_1\\ C_2\\ C_3\\ C_4\end{bmatrix} \tag{17-27}$$

$$G=\frac{T_0}{a}\left\{\frac{[E_c(\mathrm{e}^{-ay_1}-1)+E_t(\mathrm{e}^{-ay_2}-\mathrm{e}^{-ay_1})][E_c y_1^2+E_c(h^2-y_2^2)]}{2[E_c y_1+E_t(y_2-y_1)+E_c(h-y_2)]+E_t(y_2^2-y_1^2)}-\right.$$

$$E_c\left[\mathrm{e}^{-ay_1}\left(y_1+\frac{1}{a}\right)-\frac{1}{a}\right]-E_t\left[\mathrm{e}^{-ay_2}\left(y_2+\frac{1}{a}\right)-\mathrm{e}^{-ay_1}\left(y_1+\frac{1}{a}\right)\right]-E_c\left[\mathrm{e}^{-ah}\left(h+\frac{1}{a}\right)-\right.$$

$$\left.\left.\mathrm{e}^{-ay_2}\left(y_2+\frac{1}{a}\right)\right]\right\} \tag{17-28}$$

求解方程(17-26)即可求出待定常数 D_1,D_2,D_3,D_4 的表达式为

$$D_1 = \frac{e^{-Hl}(\sin Hl + \cos Hl) + 1}{2(2\cos Hl + e^{Hl} + e^{-Hl})} G \tag{17-29a}$$

$$D_2 = \frac{e^{Hl}(\cos Hl - \sin Hl) + 1}{2(2\cos Hl + e^{Hl} + e^{-Hl})} G \tag{17-29b}$$

$$D_3 = \frac{e^{Hl}(\cos Hl + \sin Hl) + e^{-Hl}(\cos Hl - \sin Hl) + 2}{2(2\cos Hl + e^{Hl} + e^{-Hl})} G \tag{17-29c}$$

$$D_4 = \frac{-e^{Hl}(\cos Hl - \sin Hl) + e^{-Hl}(\cos Hl + \sin Hl)}{2(2\cos Hl + e^{Hl} + e^{-Hl})} G \tag{17-29d}$$

将式(17-28)及式(17-29)先后代入式(17-27)、式(17-23)、式(17-22)、式(17-6)，建立关于 y_1 和 y_2 的非线性方程组，见式(17-30)、式(17-31)，有

$$\begin{aligned}
&\left\{-\frac{E_c y_1^2 + E_t(y_2^2 - y_1^2) + E_c(h^2 - y_2^2)}{2[E_c y_1 + E_t(y_2 - y_1) + E_c(h - y_2)]} + y_1\right\} \\
&\left[\frac{e^{-Hl}(\sin Hl + \cos Hl) + 1}{2(2\cos Hl + e^{Hl} + e^{-Hl})}\frac{G}{K}e^{Hx} + \frac{e^{Hl}(\cos Hl + \sin Hl) + e^{-Hl}(\cos Hl - \sin Hl) + 2}{2(2\cos Hl + e^{Hl} + e^{-Hl})}\frac{G}{K}\cos Hx + \right. \\
&\left.\frac{e^{Hl}(\cos Hl - \sin Hl) + 1}{2(2\cos Hl + e^{Hl} + e^{-Hl})}\frac{G}{K}e^{-Hx} + \frac{-e^{Hl}(\cos Hl - \sin Hl) + e^{-Hl}(\cos Hl + \sin Hl)}{2(2\cos Hl + e^{Hl} + e^{-Hl})}\frac{G}{K}\sin Hx\right] - \\
&\frac{T_0[E_c(e^{-ay_1} - 1) + E_t(e^{-ay_2} - e^{-ay_1}) + E_c(e^{-ah} - e^{-ay_2})]}{a[E_c y_1 + E_t(y_2 - y_1) + E_c(h - y_2)]} - T_0 e^{-ay_1} = 0
\end{aligned} \tag{17-30}$$

$$\begin{aligned}
&\left\{-\frac{E_c y_1^2 + E_t(y_2^2 - y_1^2) + E_c(h^2 - y_2^2)}{2[E_c y_1 + E_t(y_2 - y_1) + E_c(h - y_2)]} + y_2\right\} \\
&\left[\frac{e^{-Hl}(\sin Hl + \cos Hl) + 1}{2(2\cos Hl + e^{Hl} + e^{-Hl})}\frac{G}{K}e^{Hx} + \frac{e^{Hl}(\cos Hl + \sin Hl) + e^{-Hl}(\cos Hl - \sin Hl) + 2}{2(2\cos Hl + e^{Hl} + e^{-Hl})}\frac{G}{K}\cos Hx + \right. \\
&\left.\frac{e^{Hl}(\cos Hl - \sin Hl) + 1}{2(2\cos Hl + e^{Hl} + e^{-Hl})}\frac{G}{K}e^{-Hx} + \frac{-e^{Hl}(\cos Hl - \sin Hl) + e^{-Hl}(\cos Hl + \sin Hl)}{2(2\cos Hl + e^{Hl} + e^{-Hl})}\frac{G}{K}\sin Hx\right] - \\
&\frac{T_0[E_c(e^{-ay_1} - 1) + E_t(e^{-ay_2} - e^{-ay_1}) + E_c(e^{-ah} - e^{-ay_2})]}{a[E_c y_1 + E_t(y_2 - y_1) + E_t(h - y_2)]} - T_0 e^{-ay_2} = 0
\end{aligned} \tag{17-31}$$

17.4.2 假设梁内存在一条中性轴 y_0

中性轴位置坐标方程为

$$A + By_0 - T_0 e^{-ay_0} = 0 \tag{17-32}$$

如图17-3所示，基础梁在非线性温度作用和地基约束下，上部受拉，下部受压，梁的轴向应力为

$$\sigma_x = \begin{cases} \alpha E_t(A + B \cdot y_0 - T_0 e^{-ay_0}), & 0 \leqslant y \leqslant y_0 \\ \alpha E_c(A + B \cdot y_0 - T_0 e^{-ay_0}), & y_0 < y \leqslant h \end{cases} \tag{17-33}$$

未知量有 A，B 和 y_0，只有一个方程，需要用到轴力平衡方程和弯矩平衡方程。

在任意横截面上，梁的轴力和弯矩分别为

$$N = \alpha E_{t}\int_{0}^{y_0}(A+By-T_0\mathrm{e}^{-ay})b\,\mathrm{d}y+\alpha E_{c}\int_{y_0}^{h}(A+By-T_0\mathrm{e}^{-ay})b\,\mathrm{d}y \tag{17-34}$$

$$M = \alpha E_{t}\int_{0}^{y_0}(A+By-T_0\mathrm{e}^{-ay})yb\,\mathrm{d}y+\alpha E_{c}\int_{y_0}^{h}(A+By-T_0\mathrm{e}^{-ay})yb\,\mathrm{d}y \tag{17-35}$$

根据温克尔假设，忽略地基对梁的水平约束，可得

$$N = 0 \tag{17-36}$$

再将式(17-35)代入式(17-16)，并简化可得

$$\frac{E_{t}y_0^2+E_{c}(h^2-y_0^2)}{2}\frac{\mathrm{d}^4A}{\mathrm{d}x^4}+\frac{E_{t}y_0^3+E_{c}(h^3-y_0^3)}{3}\frac{\mathrm{d}^4B}{\mathrm{d}x^4}=kB(x) \tag{17-37}$$

将式(17-36)两边分别对 x 求四阶导数，并化简可得

$$[E_{t}y_0+E_{c}(h-y_0)]\frac{\mathrm{d}^4A}{\mathrm{d}x^4}+\frac{E_{t}y_0^2+E_{c}(h^2-y_0^2)}{2}\frac{\mathrm{d}^4B}{\mathrm{d}x^4}=0 \tag{17-38}$$

联立式(17-37)、式(17-38)可得

$$\left\{-\frac{[E_{t}y_0^2+E_{c}(h^2-y_0^2)]^2}{4[E_{t}y_0+E_{c}(h-y_0)]}+\frac{E_{t}y_0^3+E_{c}(h^3-y_0^3)}{3}\right\}\frac{\mathrm{d}^4B}{\mathrm{d}x^4}=kB(x) \tag{17-39}$$

令

$$H^4=\frac{k}{-\dfrac{[E_{t}y_0^2+E_{c}(h^2-y_0^2)]^2}{4[E_{t}y_0+E_{c}(h-y_0)]}+\dfrac{E_{t}y_0^3+E_{c}(h^3-y_0^3)}{3}} \tag{17-40}$$

可得

$$\frac{\mathrm{d}^4B(x)}{\mathrm{d}x^4}-H^4B(x)=0 \tag{17-41}$$

式中，H 的单位为 1/m，故可得

$$B(x)=C_1\mathrm{e}^{Hx}+C_2\mathrm{e}^{-Hx}+C_3\cos Hx+C_4\sin Hx \tag{17-42}$$

式中，C_1，C_2，C_3，C_4 为待定常数。

将 $B(x)$ 表达式代入式(17-34)与式(17-36)，可得

$$A(x)=-\frac{E_{t}y_0^2+E_{c}(h^2-y_0^2)}{2[E_{t}y_0+E_{c}(h-y_0)]}(C_1\mathrm{e}^{Hx}+C_2\mathrm{e}^{-Hx}+C_3\cos Hx+C_4\sin Hx)-\frac{T_0[E_{t}\mathrm{e}^{-ay_0}+E_{c}(\mathrm{e}^{-ah}-\mathrm{e}^{-ay_0})]}{a[E_{t}y_0+E_{c}(h-y_0)]} \tag{17-43}$$

由式(17-35)可得

$$M=\alpha b\left\{\frac{E_{t}y_0^2+E_{c}(h^2-y_0^2)}{2}A(x)+\frac{E_{t}y_0^3+E_{c}(h^3-y_0^3)}{3}B(x)+\frac{T_0}{a}\left\langle E_{t}\left[\mathrm{e}^{-ay_0}\left(y_0+\frac{1}{a}\right)-\frac{1}{a}\right]+E_{c}\left[\mathrm{e}^{-ah}\left(h+\frac{1}{a}\right)-\mathrm{e}^{-ay_0}\left(y_0+\frac{1}{a}\right)\right]\right\rangle\right\} \tag{17-44}$$

同理，将式(17-44)代入式(17-25)可得

$$\begin{bmatrix} -1 & 1 & 0 & 1 \\ e^{Hl} & e^{-Hl} & \cos Hl & \sin Hl \\ e^{Hl} & -e^{-Hl} & -\sin Hl & \cos Hl \\ e^{Hl} & e^{-Hl} & -\cos Hl & -\sin Hl \end{bmatrix} \begin{bmatrix} D_1 \\ D_2 \\ D_3 \\ D_4 \end{bmatrix} = \begin{bmatrix} 0 \\ G \\ 0 \\ 0 \end{bmatrix} \tag{17-45}$$

其中

$$\begin{bmatrix} D_1 \\ D_2 \\ D_3 \\ D_4 \end{bmatrix} = \left\{ -\frac{[E_t y_0^2 + E_c(h^2 - y_0^2)]^2}{4[E_t y_0 + E_c(h - y_0)]} + \frac{E_t y_0^3 + E_c(h^3 - y_0^3)}{3} \right\} \begin{bmatrix} C_1 \\ C_2 \\ C_3 \\ C_4 \end{bmatrix} \tag{17-46}$$

$$G = \frac{T_0}{a} \left\{ \frac{[E_t(e^{-ay_0} - 1) + E_c(e^{-ah} - e^{-ay_0})][E_t y_0^2 + E_c(h^2 - y_0^2)]}{2[E_t y_0 + E_c(h - y_0)]} - \right.$$
$$\left. E_t\left[e^{-ay_0}\left(y_0 + \frac{1}{a}\right) - \frac{1}{a}\right] - E_c\left[e^{-ah}\left(h + \frac{1}{a}\right) - e^{-ay_0}\left(y_0 + \frac{1}{a}\right)\right]\right\} \tag{17-47a}$$

求解方程(17-45)，即可求出待定常数 D_1, D_2, D_3, D_4，即

$$D_1 = \frac{e^{-Hl}(\sin Hl + \cos Hl) + 1}{2(2\cos Hl + e^{Hl} + e^{-Hl})} G \tag{17-47b}$$

$$D_2 = \frac{e^{Hl}(\cos Hl - \sin Hl) + 1}{2(2\cos Hl + e^{Hl} + e^{-Hl})} G \tag{17-47c}$$

$$D_3 = \frac{e^{Hl}(\cos Hl + \sin Hl) + e^{-Hl}(\cos Hl - \sin Hl) + 2}{2(2\cos Hl + e^{Hl} + e^{-Hl})} G \tag{17-47d}$$

$$D_4 = \frac{-e^{Hl}(\cos Hl - \sin Hl) + e^{-Hl}(\cos Hl + \sin Hl)}{2(2\cos Hl + e^{Hl} + e^{-Hl})} G \tag{17-47e}$$

将式(17-47a)先后代入式(17-46)、式(17-43)、式(17-42)、式(17-32)建立关于 y_0 的非线性方程组为

$$\left\{ -\frac{E_t y_0^2 + E_c(h^2 - y_0^2)}{2[E_t y_0 + E_c(h - y_0)]} + y_0 \right\}$$
$$\left[\frac{e^{-Hl}(\sin Hl + \cos Hl) + 1}{2(2\cos Hl + e^{Hl} + e^{-Hl})} \frac{G}{K} e^{Hx} + \frac{e^{Hl}(\cos Hl + \sin Hl) + e^{-Hl}(\cos Hl - \sin Hl) + 2}{2(2\cos Hl + e^{Hl} + e^{-Hl})} \frac{G}{K} \cos Hx + \right.$$
$$\left. \frac{e^{Hl}(\cos Hl - \sin Hl) + 1}{2(2\cos Hl + e^{Hl} + e^{-Hl})} \frac{G}{K} e^{-Hx} + \frac{-e^{Hl}(\cos Hl - \sin Hl) + e^{-Hl}(\cos Hl + \sin Hl)}{2(2\cos Hl + e^{Hl} + e^{-Hl})} \frac{G}{K} \sin Hx \right] -$$
$$\frac{T_0[E_t e^{-ay_0} + E_c(e^{-ah} - e^{-ay_0})]}{a[E_t y_0 + E_c(h - y_0)]} - T_0 e^{-ay_0} = 0 \tag{17-48}$$

17.5 方程的求解

为求得中性轴位置坐标 y，需对非线性方程组或非线性方程求解。本章利用 Matlab 编制牛顿法程序实现，注意到 $y_1, y_2 \in [0, h]$，分别选定一个合理的初值反复迭代最终求得 y_1，y_2 的值，计算流程图如图 17-5 所示。

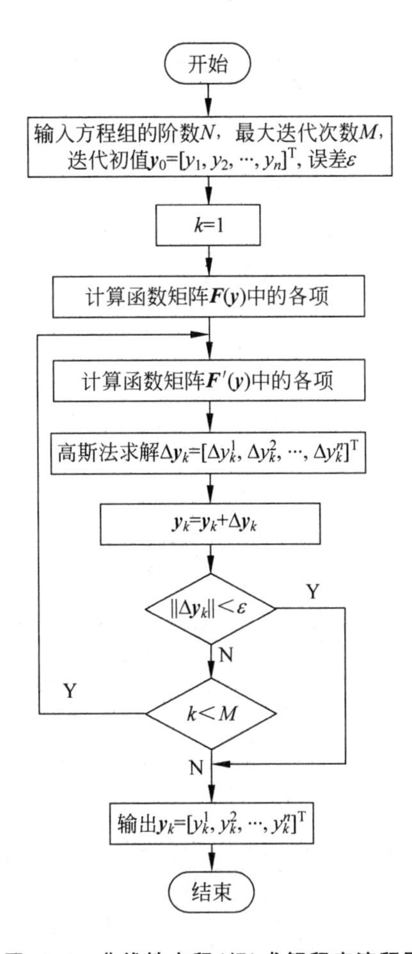

图 17-5 非线性方程(组)求解程序流程图

17.6 正应力、弯矩和位移半解析表达式的推导

对梁内存在两条中性轴的情况，将 y_1，y_2 的值代入式(17-22)、式(17-23)求解得到 $B(x)$，$A(x)$的表达式，再代回式(17-7)可得梁内各点处的应力表达式。另外，将 $A(x)$，$B(x)$代入式(17-9)、式(17-12)、式(17-13)可得基础梁弯矩和挠度的表达式。

对梁内仅有一条中性轴的情况，将 y_0 的值代入式(17-42)、式(17-43)求解得到 $B(x)$，$A(x)$的表达式，再代回式(17-33)可得梁内各点处的应力表达式。另外，将 $A(x)$，$B(x)$代入式(17-35)、式(17-12)、式(17-13)可得基础梁弯矩和挠度的表达式。

17.7 算例和结果

如图 17-1 所示，取基础梁长 $2l=4.8\text{m}$，横截面尺寸 $b\times h=0.3\text{m}\times0.6\text{m}$，材料的热膨胀系数为 $8\times10^{-6}/℃$，泊松比为 0.18。

这里分两种情况计算考虑材料拉、压不同模量特性时基础梁内的温度应力。

表 17-1 保持压缩弹性模量 $E_c=24$GPa 不变时，不同模量地基梁半解析解、数值计算程序解与通用有限元解

	温度指数 a	地基抗力系数 k/(N/cm³)	拉伸弹性模量 E_t/GPa	压拉模量比 m_n	中性轴位置坐标 y_1/m	中性轴位置坐标 y_2/m	最大拉应力 σ_{max}^t/(kN/m²)				最大压应力 σ_{max}^c/(kN/m²)			
							解析解	数值计算程序解	通用有限元解	三种方法误差/%	解析解	数值计算程序解	通用有限元解	三种方法误差/%
保持压缩弹性模量 E_c 为 24GPa 不变	6	20	120.0	0.2	0.17257	0.42292	964.972	956.586	943.154	2.261	1745.921	1730.749	1706.463	2.260
			96.0	0.25	0.16663	0.43198	865.822	860.618	852.029	1.593	1720.317	1709.978	1692.964	1.590
			72.0	0.33	0.15889	0.44429	749.080	745.417	740.585	1.134	1684.515	1676.278	1665.547	1.126
			48.0	0.5	0.14795	0.46286	604.538	603.510	598.559	0.989	1629.158	1626.388	1613.095	0.986
			24.0	1.0	0.12980	0.49825	407.023	406.958	406.860	0.040	1524.815	1524.571	1524.205	0.040
			12.0	2.0	0.11337	0.54096	264.808	264.345	262.197	0.986	1418.996	1416.513	1405.019	0.985
			8.0	3.0	0.10540	0.57711	204.637	203.653	202.343	1.121	1370.817	1364.223	1355.532	1.115
			6.0	4.0	0.10135		176.062	175.023	173.278	1.581	1366.112	1358.052	1344.568	1.577
			4.8	5.0	0.09743		158.125	156.779	154.553	2.259	1355.522	1343.987	1324.969	2.254
	6	50	120.0	0.2	0.20179	0.47695	919.900	908.061	893.195	2.903	2017.606	1991.639	1959.116	2.899
			96.0	0.25	0.19595	0.48909	827.937	822.439	811.246	2.016	1999.303	1986.028	1959.097	2.011
			72.0	0.33	0.18837	0.50639	720.129	717.673	710.076	1.396	1974.232	1967.500	1946.770	1.391
			48.0	0.5	0.17775	0.53465	587.988	586.118	580.432	1.285	1937.298	1931.137	1912.442	1.283
			24.0	1.0	0.16084		415.933	415.875	415.700	0.056	1885.396	1885.132	1884.340	0.056
			12.0	2.0	0.14552		319.289	318.267	315.208	1.278	1880.974	1874.955	1857.067	1.271
			8.0	3.0	0.13565		290.178	289.165	286.162	1.384	1889.379	1882.785	1863.268	1.382
			6.0	4.0	0.12812		279.118	276.969	273.538	1.999	1896.584	1881.980	1858.709	1.997
			4.8	5.0	0.12199		276.573	273.027	268.710	2.843	1900.977	1876.606	1847.008	2.839

表 17-2 保持拉压弹性模量的平均值 $\bar{E}$=24GPa 不变时，不同模量地基梁半解析解、数值计算程序解与通用有限元解

	温度指数 a	地基抗力系数 k/(N/cm³)	拉伸弹性模量 E_t/GPa	压缩弹性模量 E_c/GPa	压拉模量比 m_n	中性轴位置坐标 y_1/m	中性轴位置坐标 y_2/m	最大拉应力 σ_{max}^t/(kN/m²)				最大压应力 σ_{max}^c/(kN/m²)			
								解析解	数值计算程序解	通用有限元解	三种方法误差/%	解析解	数值计算程序解	通用有限元解	三种方法误差/%
保持拉压弹性模量的平均值 $\bar{E}$ 为24GPa不变	6	20	40.0	8.0	0.2	0.21018	0.49520	304.637	301.978	297.795	2.246	698.225	692.129	682.550	2.245
			38.4	9.6	0.25	0.19595	0.48912	331.175	329.168	325.949	1.578	799.717	794.871	787.105	1.577
			36.0	12.0	0.33	0.17930	0.48497	360.475	358.730	356.438	1.120	942.517	937.955	931.970	1.119
			32.0	16.0	0.5	0.15873	0.48533	395.028	394.380	391.153	0.981	1159.917	1158.015	1148.538	0.981
			24.0	24.0	1.0	0.12980	0.49825	407.023	406.962	406.864	0.039	1524.815	1524.586	1524.220	0.039
			16.0	32.0	2.0	0.10679	0.52107	354.737	354.145	351.289	0.972	1784.810	1781.829	1767.462	0.972
			12.0	36.0	3.0	0.09561	0.53781	304.665	303.218	301.289	1.108	1862.170	1853.325	1841.556	1.107
			9.6	38.4	4.0	0.08864	0.55156	266.392	264.796	262.199	1.574	1886.000	1874.703	1856.314	1.574
			8.0	40.0	5.0	0.06806	0.56412	237.110	235.050	231.785	2.246	1891.680	1875.241	1849.193	2.246
	6	50	40.0	8.0	0.2	0.26367		320.858	317.643	312.185	2.703	855.054	846.486	831.933	2.704
			38.4	9.6	0.25	0.24438		342.602	340.036	336.096	1.899	978.147	970.821	959.572	1.899
			36.0	12.0	0.33	0.22247		370.518	368.158	365.605	1.326	1152.674	1145.331	1137.401	1.325
			32.0	16.0	0.5	0.19625	0.59825	401.768	398.767	397.168	1.145	1420.907	1410.293	1404.652	1.144
			24.0	24.0	1.0	0.16084		415.933	415.906	415.733	0.048	1885.396	1885.272	1884.491	0.048
			16.0	32.0	2.0	0.13451		382.081	380.579	377.729	1.139	2276.360	2267.414	2250.455	1.138
			12.0	36.0	3.0	0.12206		351.665	349.453	347.072	1.306	2450.160	2434.748	2418.161	1.306
			9.6	38.4	4.0	0.11412		329.819	327.375	323.727	1.847	2549.360	2530.469	2502.248	1.848
			8.0	40.0	5.0	0.10832		314.221	311.085	305.765	2.691	2613.910	2587.875	2543.570	2.691

情况Ⅰ：保持 $E_c=2.4\times10^7$ kN/m^2 不变，改变 E_t 和 $\bar{E}=(E_c/E_t)/2$，取 $E_c/E_t=1/5$，1/4，1/3，1/2，1，2，3，4，5。

情况Ⅱ：保持 $\bar{E}=(E_c/E_t)/2=2.4\times10^7$ kN/m^2 不变，改变 E_t 及 E_c，取 $E_c/E_t=1/5$，1/4，1/3，1/2，1，2，3，4，5。

沿梁长度方向均匀分布有 $T=T_0\cdot e^{-ay}$ 的温度场，梁顶温度高于梁底，初始温度 T_0 与梁内温度应力呈线性的关系，指数 a 对日照温度应力有明显的影响。探讨不同 a 值对应的温度作用下梁内应力场的变化规律对于指导工程实践是很有必要的[39]。本章综合考虑结构形式、部位方向、计算时刻等多种因素，分别取 $a=6,7,8,9,10$ 描述梁内的温度场，同时假设梁顶的温度为 $T_0=20$℃。

同16.6节，选取 $k=5$kN/m^3，20kN/m^3，25kN/m^3，50kN/m^3，75kN/m^3 共五组地基抗力系数，分别对应研究松软土、黏土、砂土、人工桩基和密实土地基，并分析在温度作用下且考虑材料拉压不同模量特性基础梁的力学响应[40]。

用本章推求的半解析解、数值计算程序和通用有限元软件模拟计算所得的中性轴位置坐标及最大拉、压应力及其误差的结果见表17-1和表17-2，仅列出部分计算结果。

17.8 分析和讨论

17.8.1 模型验证及误差分析

由表17-1和表17-2可知，当 $E_t=E_c$，$\mu_t=\mu_c$ 时，本章所推导的不同模量公式可完全退回到经典力学同模量公式。同时，本章所推求的不同模量理论半解析解、数值计算程序解与通用有限元软件解，三者的计算误差在3%以内，误差源于有限元网格的划分、迭代、终端值以及近似模拟温克尔地基所采用的弹簧单元的密度等综合因素。本章采用的有限元几何模型同第15章，不同之处仅在于温度函数。因此，弹簧单元布置的密度是引起误差的主要原因。该有限元模型计算结果，其最大误差也仅小于3%，因此满足计算所需的精度要求，从而验证了本章半解析模型的可靠性，进一步验证了有限元程序的准确性。

17.8.2 不同模量与相同模量的差异

1. 中性轴

如图17-6所示，在非线性温度作用下，对基础梁的跨中截面，当 $E_c/E_t\leqslant3$ 时，梁内存在两条中性轴，中性轴把梁沿高度方向分为上下受压区和中间受拉区。随着 E_c/E_t 的增大，中性轴位置向梁的上下表面偏移，受拉区增大，受压区总高度减小，且上部受压区减小的速率大于下部受压区，中部受拉区向上偏移。当 $E_c/E_t>3$ 后，上部受压区高度减小为0，梁内仅存在着一条中性轴，中性轴上部为受拉区，下部为受压区，随着压拉模量比的增大，受拉区高度继续增大且增大速率越来越慢。

如图17-7所示，当考虑了温度的非线性分布后，沿着梁长度方向，中性轴位置不再保持一定值。当 $E_c/E_t>3$ 时，虽然在梁跨中仅有靠近梁底的一条中性轴存在，但偏离跨中方向，梁顶和梁底的中性轴均逐渐下移，梁顶各点的应力状态由受拉变为受压。

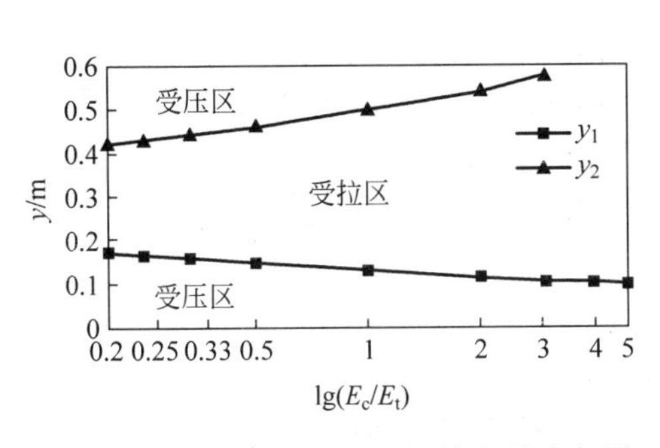

图 17-6 情形Ⅰ基础梁中性轴位置坐标随 E_c/E_t 的变化

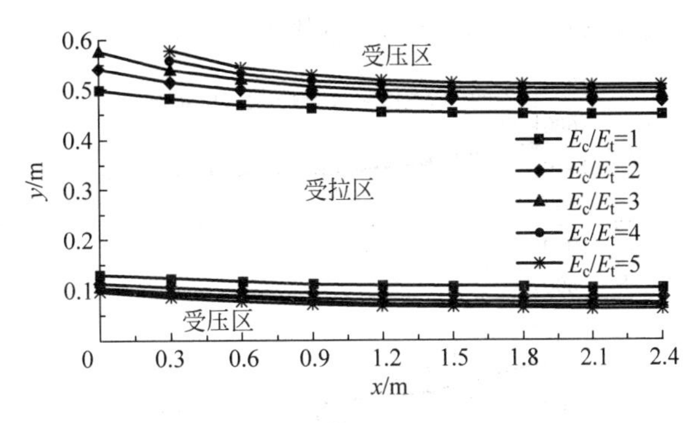

图 17-7 情形Ⅰ基础梁中性轴位置沿梁长度方向的变化

2. 梁高度方向的应力分布

如图 17-8～图 17-11 所示，由于温度沿梁的高度方向非线性分布，梁内的正应力沿梁的高度方向也呈现曲线分布形式，最大拉应力出现在距梁下表面(1/3～2/3)h 之间。受拉区的曲线随着 E_c/E_t 的增加由凸变缓，拉应力趋于平缓，最大拉应力逐渐减小。梁的最大压应力发生在梁的下表面。

如图 17-8、图 17-9 所示，在情形Ⅰ下，受压区的曲线曲率随着 E_c/E_t 的增大而减小。而在情形Ⅱ下，受压区的曲线曲率没有明显变化，说明压应力分布取决于 E_c。随着 E_c/E_t 的增大，曲线在正应力为 0 处出现明显的转折点，说明 E_c 与 E_t 差距的拉大，会导致应力分布的不连续。

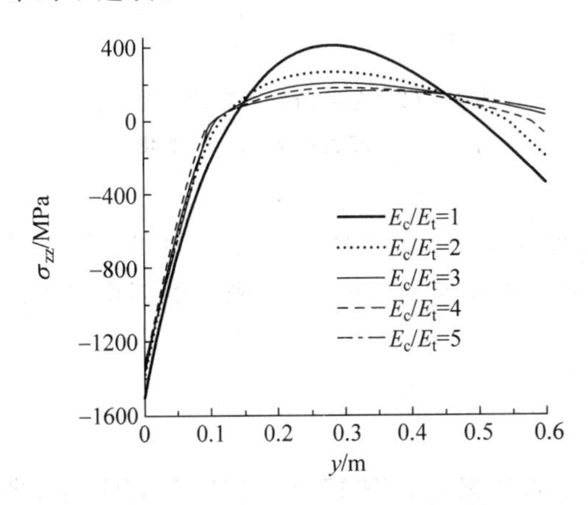

图 17-8 情形Ⅰ基础梁横截面正应力沿梁高分布图

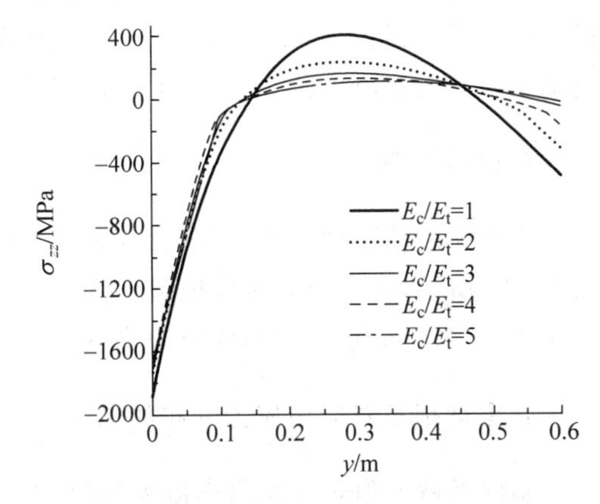

图 17-9 情形Ⅱ基础梁横截面正应力沿梁高分布图

如图 17-10 所示，对情形Ⅰ，随着 E_c/E_t 增加，基础梁内的最大压应力逐渐减小，说明减小平均模量将导致基础梁的最大压应力随之减小。如图 17-11 所示，对情形Ⅱ，当 $E_c<E_t$ 时，随着 E_c/E_t 增加，截面刚度不均匀性降低，导致 σ_{max}^c 的增加，同时 E_c 增加导致 σ_{max}^c 增大，二者叠加，σ_{max}^c 增大；当 $E_c>E_t$ 时，随着 E_c/E_t 继续增加，截面刚度不均匀性增大，导致 σ_{max}^c 减小，而 E_c 增大导致 σ_{max}^c 增加，二者叠加，σ_{max}^c 逐渐增大，说明压模量的增减将导致 σ_{max}^c 的增减，而改变 E_c/E_t 对 σ_{max}^c 的影响次之。

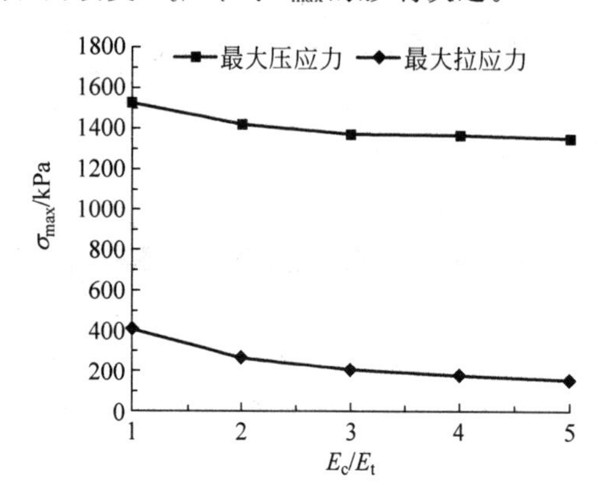

图 17-10 情形Ⅰ基础梁最大正应力随 E_c/E_t 的变化

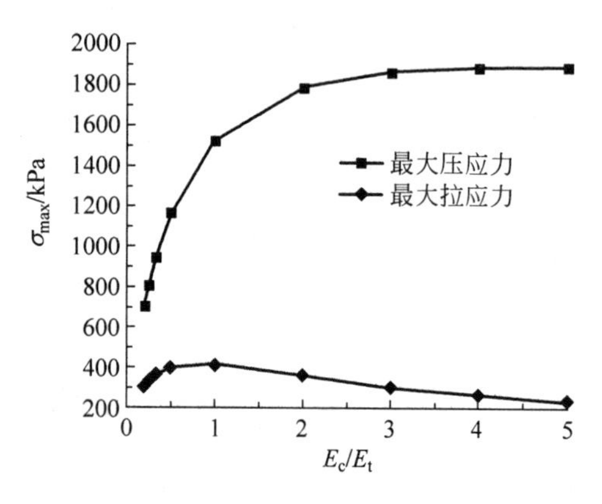

图 17-11 情形Ⅱ基础梁最大正应力随 E_c/E_t 的变化

与 σ_{max}^c 变化不同，如图 17-10 所示，σ_{max}^t 随 E_c/E_t 的减小较快，说明 σ_{max}^t 的大小不仅取决于平均模量 $\bar{E}$，也取决于 E_t。如图 17-11 所示，对情形Ⅱ，当 $E_c/E_t=1\sim1/5$ 时，随着 E_t 增加，E_c 减小，σ_{max}^t 减小，说明与线性温差和外力作用不同，非线性温差作用下基础梁的最大拉应力由截面刚度的不均匀性决定，而拉模量对其影响次之。对道路与桥梁工程中常见的混凝土材料，当其压拉模量比由 2 变为 4 时，可有效减小地基梁内最大拉应力达 30%，如图 17-12 所示。

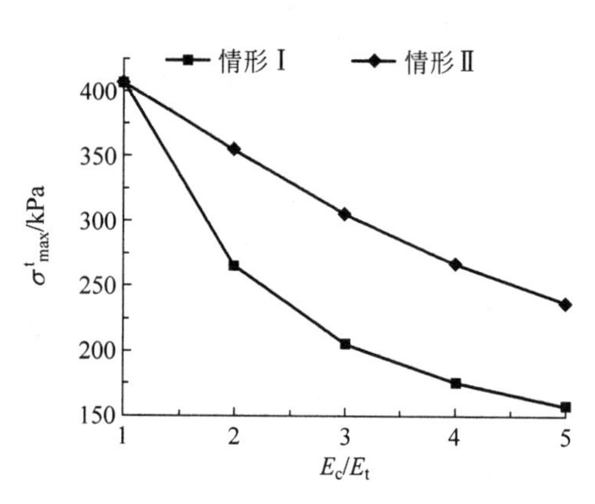

图 17-12 两种情形下基础梁最大拉应力随 E_c/E_t 的变化

3. 位移分布

当截面的总刚度不变，仅改变其分配。梁位移随着 E_c/E_t 的增大而增大，如图 17-13 及图 17-14 所示，说明计入拉压模量不同后，相对于经典同模量理论，截面刚度的不均匀将使位移增大，基础梁抵抗变形的能力降低。

4. 温度指数对梁内应力分布的影响

温度指数 a 值是反映梁内温度梯度大小的重要指标。如图 17-15～图 17-17 所示，当 E_c 与 E_t 变化时，保持梁顶初始温度 T_0 不变，沿 y 轴正向看，基础梁内上部受压区高度逐渐增大，下部受压区高度逐渐减小，但二者的变化速率基本一致，因此基础梁内受拉区的高度和受压区的总高度基本保持不变。梁内的最大拉应力和最大压应力均随温度指数 a 值的增加逐渐增大，符合温度梯度是引起基础梁内力的直接原因这一基本特征。对工程中常用的混凝土结构，当温度指数 a 值超过 8 时，基础梁内中性轴个数将由 1 条增加为 2 条。

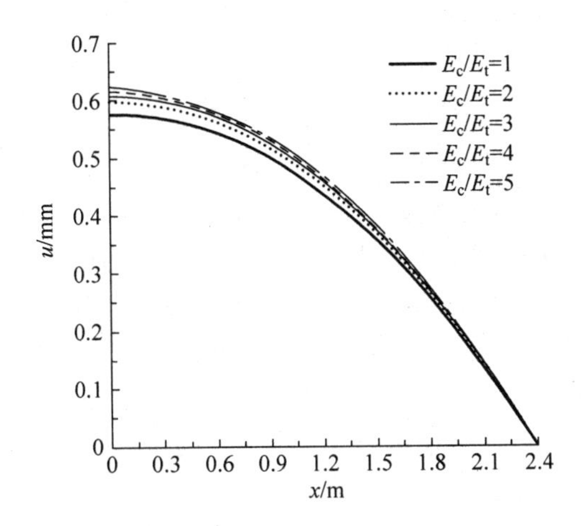

图 17-13 情形Ⅰ基础梁竖向位移响应图

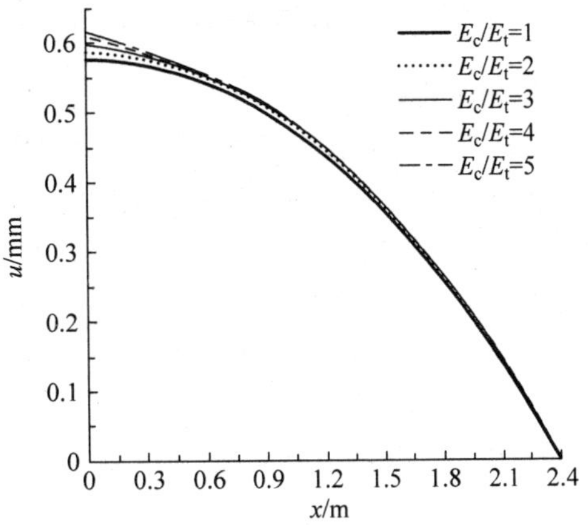

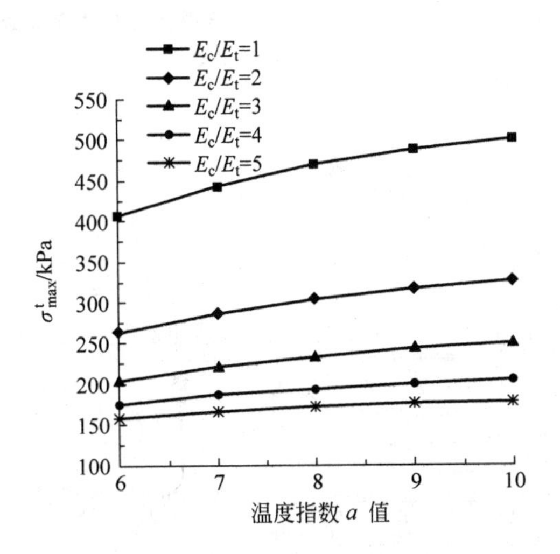

图 17-14 情形Ⅱ梁基础梁竖向位移响应图

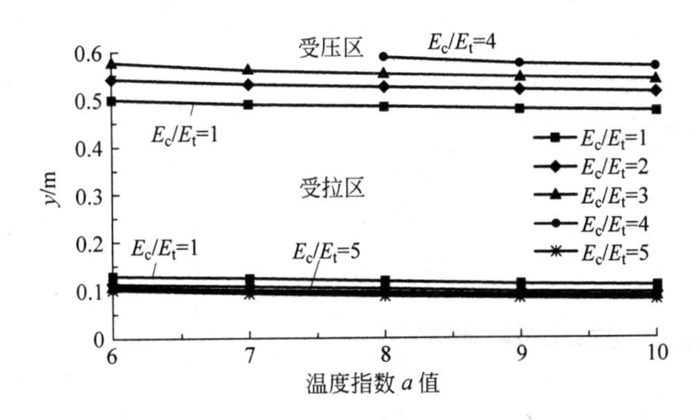

图 17-15 情形Ⅰ基础梁内拉压区分布随 a 值的变化

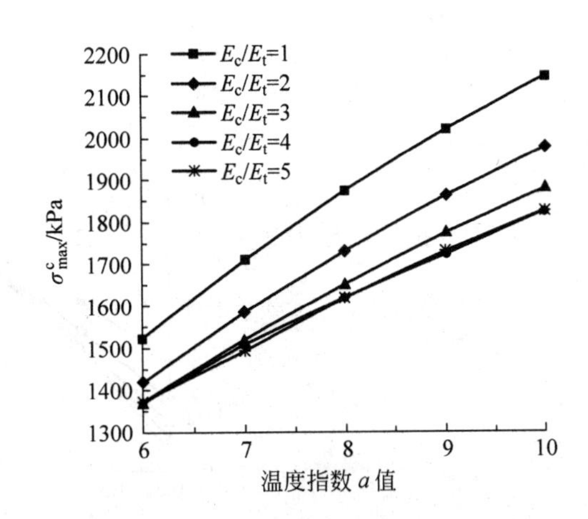

图 17-16 情形Ⅰ基础梁最大拉应力随温度指数的变化

图 17-17 情形Ⅰ基础梁最大压应力随温度指数的变化

5. 地基抗力系数对梁内应力分布的影响

地基抗力系数对梁内中性轴位置和应力分布也有不可忽视的影响，如图 17-18 和图 17-21 所示，当地基抗力系数 k 较小时，地基对梁的约束作用较小，梁内存在两条中性轴。当地基抗力系数增大时，沿 y 轴正向看，梁上部受压区高度逐渐减小，下部受压区高度逐渐增加，由于上部受压区高度减小的速率大于下部受压区高度增大的速度，因此，梁内的受拉区呈现出逐渐上移的趋势，其高度逐渐增大。当地基抗力系数继续增大时，地基对梁的约束作用较为明显，梁内中性轴的个数由两条减为一条，梁的上部为受拉区，下部为受压区。此时，随着地基抗力系数的继续增大，受拉区继续上移，呈现减小的趋势。相应地，梁内的最大拉应力和最大压应力会随着中性轴的变化和拉压模量数值的变化呈现出一定的变化。如图 17-19～图 17-20 和图 17-22～图 17-23 所示。尤其当地基抗力系数超过 5kN/m^3 时，当压拉模量比增大时，由于应力的非线性分布，最大压应力随着受压区高度的减小仍然继续增大，说明此时压模量增大导致的应力增加值大于受压区高度减小导致的应力减小值。

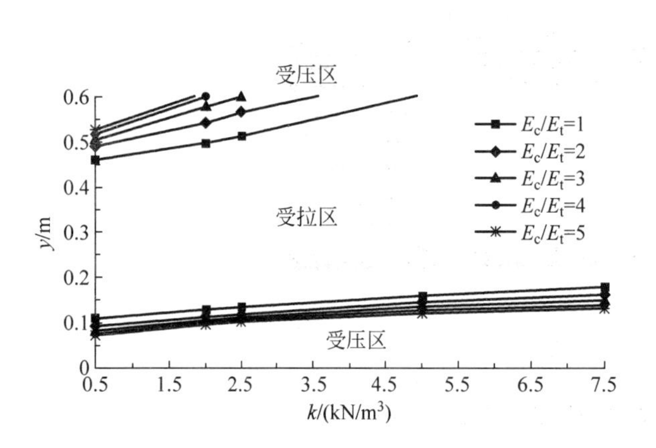

图 17-18 情形Ⅰ基础梁内拉压区分布随地基抗力系数 k 的变化

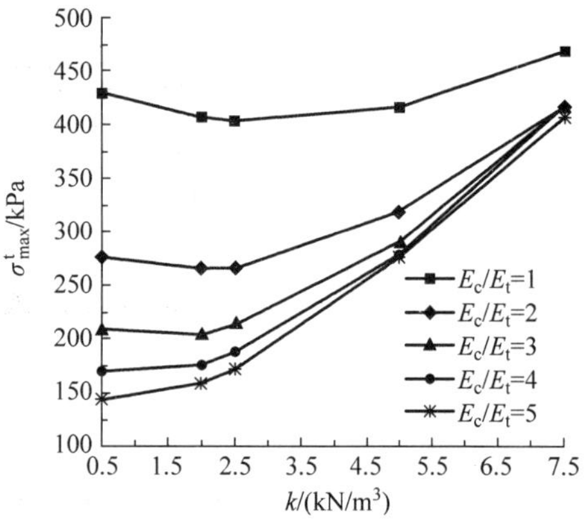

图 17-19 情形Ⅰ基础梁最大拉应力随地基抗力系数 k 的变化

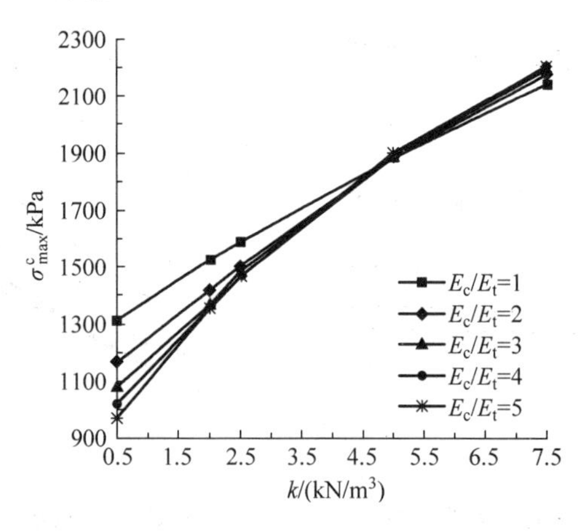

图 17-20 情形Ⅰ基础梁最大压应力随地基抗力系数 k 的变化

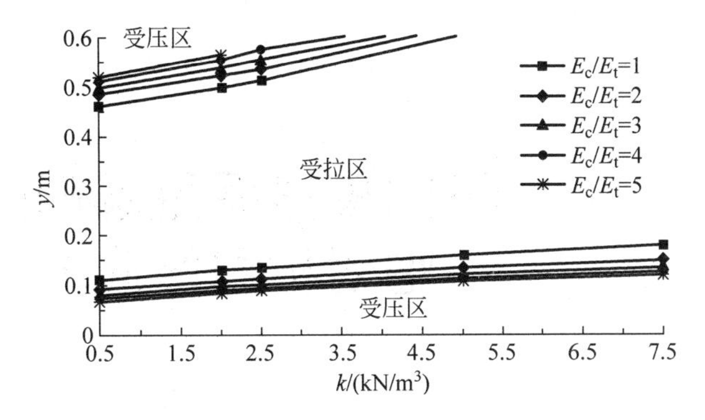

图 17-21 情形Ⅱ基础梁内拉压区分布随地基抗力系数 k 的变化

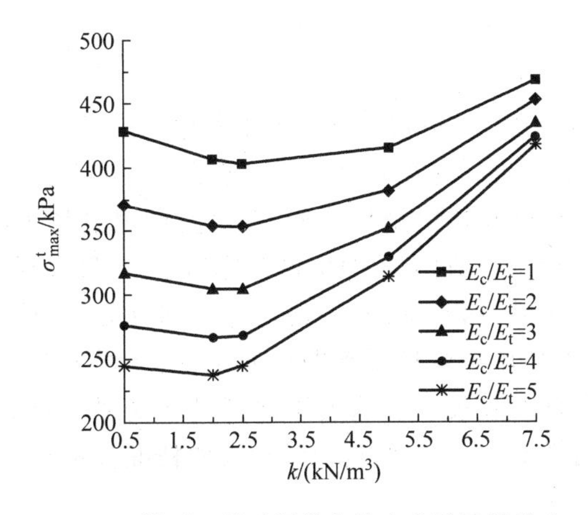

图 17-22 情形Ⅱ基础梁最大拉应力随地基抗力系数 k 的变化

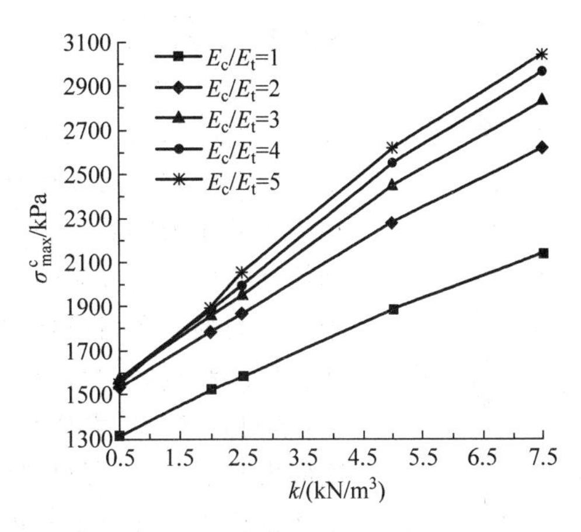

图 17-23 情形Ⅱ基础梁最大压应力随地基抗力系数 k 的变化

不同模量厚壁圆筒的轴对称温度应力

18.1 引言

厚壁圆筒结构在工程中有着广泛的应用,如土木工程中的隧道结构、水利水电工程中的筒形基础结构[41]、核电工程中的安全壳[42]、航空航天工程中的压力容器[43]等。与经典欧拉梁结构不同,在稳定的温度场中,圆筒结构内不同方向的主应力会在不同半径的位置上达到零。即根据各个主应力的分布,将得到多个中性层,相应地,结构内部被划分为不同方向上拉区和压区的组合。随着拉压不同模量差距的变化,中性层不断移动,结构内部的应力场和位移场相应变化。研究不同模量厚壁圆筒的温度应力问题,对挖掘材料的力学潜能、实现结构力学行为的精准分析和对结构进行安全评价意义重大。

1977 年,Kamyia 推导了不同模量圆筒结构在轴对称温度作用下位移的控制方程,通过求解含有 8 个未知数的超越方程组得到结构内的应力场和位移场[44]。然而对于某些复杂工况下的在役结构,由于材料的蠕变行为[45,46],控制方程中参数的量级差异可能达到 10^{-10}～10^{-20},严重影响了求解速度和精度。鉴于此,本章提出采用应力函数法求解不同模量圆筒的轴对称温度应力问题,简化求解步骤,提高求解精度,并进一步讨论不同模量理论计算结果与经典同模量理论计算结果的差异。

18.2 基本假定和结构模型

18.2.1 基本假设

本章沿用四项不同模量理论的基本假设,同时假设圆筒为无限长,将该问题视为平面应变问题。

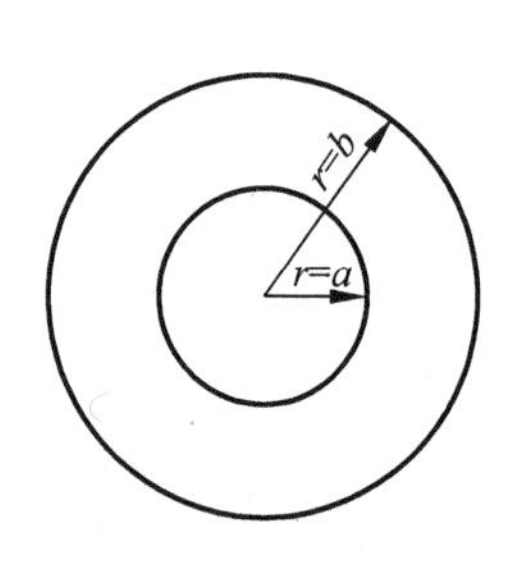

图 18-1 结构模型

18.2.2 结构模型

如图 18-1 所示,设有无限长圆筒,内半径为

a,外半径为 b,由不同模量材料制成,材料的拉伸弹性模量为 E_t,压缩弹性模量为 E_c,拉伸泊松比为 μ_t,压缩泊松比为 μ_c,热膨胀系数为 α,以圆筒的圆心为原点 O 建立极坐标系 O-$r\theta z$,圆筒发生轴对称变温 $T=T(r)$,沿长度方向均匀分布。

18.3 应力函数控制方程的建立

根据广义弹性定律,在主方向 r,θ 和 z 上,有

$$\varepsilon_{rr} = a_{11}\sigma_{rr} + a_{12}\sigma_{\theta\theta} + a_{13}\sigma_{zz} + \alpha T \tag{18-1a}$$

$$\varepsilon_{\theta\theta} = a_{21}\sigma_{rr} + a_{22}\sigma_{\theta\theta} + a_{23}\sigma_{zz} + \alpha T \tag{18-1b}$$

$$\varepsilon_{zz} = a_{31}\sigma_{rr} + a_{32}\sigma_{\theta\theta} + a_{33}\sigma_{zz} + \alpha T \tag{18-1c}$$

式中,

$$a_{11} = \begin{cases} a_{11}^{t} = 1/E_t\,(\sigma_{rr} > 0) \\ a_{11}^{c} = 1/E_c\,(\sigma_{rr} < 0) \end{cases},\quad a_{22} = \begin{cases} a_{22}^{t} = 1/E_t\,(\sigma_{\theta\theta} > 0) \\ a_{22}^{c} = 1/E_c\,(\sigma_{\theta\theta} < 0) \end{cases},\quad a_{33} = \begin{cases} a_{33}^{t} = 1/E_t\,(\sigma_{zz} > 0) \\ a_{33}^{c} = 1/E_c\,(\sigma_{zz} < 0) \end{cases}$$

假设 $-\dfrac{\mu_t}{E_t} = -\dfrac{\mu_c}{E_c}$,则有

$$a_{12} = a_{21} = a_{13} = a_{31} = a_{23} = a_{32} = -\frac{\mu_t}{E_t} = -\frac{\mu_c}{E_c}$$

作为平面应变问题,有

$$\varepsilon_{zz} = 0 \tag{18-2}$$

由式(18-1)和式(18-2)可得

$$\varepsilon_{rr} = b_{11}\sigma_{rr} + b_{12}\sigma_{\theta\theta} + b_{\alpha} T \tag{18-3a}$$

$$\varepsilon_{\theta\theta} = b_{21}\sigma_{rr} + b_{22}\sigma_{\theta\theta} + b_{\alpha} T \tag{18-3b}$$

式中,弹性系数为

$$b_{11} = \frac{a_{11}a_{33} - a_{12}^2}{a_{33}},\quad b_{22} = \frac{a_{22}a_{33} - a_{12}^2}{a_{33}},\quad b_{12} = b_{21} = a_{12}\left(1 - \frac{a_{12}}{a_{33}}\right),\quad b_{\alpha} = \alpha\left(1 - \frac{a_{12}}{a_{33}}\right)$$

对所研究的轴对称问题,几何方程可简化为

$$\varepsilon_{rr} = \frac{\partial u_{rr}}{\partial r} \tag{18-4a}$$

$$\varepsilon_{\theta\theta} = \frac{u_{rr}}{r} \tag{18-4b}$$

$$\tau_{r\theta} = 0 \tag{18-4c}$$

由式(18-4)可得应变连续方程为

$$r\frac{\mathrm{d}\varepsilon_{\theta\theta}}{\mathrm{d}r} + \varepsilon_{\theta\theta} - \varepsilon_{rr} = 0 \tag{18-5}$$

平衡方程可简化为

$$r\frac{\mathrm{d}\sigma_{rr}}{\mathrm{d}r} + \sigma_{rr} - \sigma_{\theta\theta} = 0 \tag{18-6}$$

在轴对称情形下,法向应力 σ_{rr} 和 $\sigma_{\theta\theta}$ 为主应力,与 θ 无关,仅是坐标 r 的函数,因此,引入应力函数 $\psi(r)$,使得

$$\sigma_{rr} = \frac{\psi}{r} \tag{18-7a}$$

$$\sigma_{\theta\theta} = \frac{\mathrm{d}\psi}{\mathrm{d}r} \tag{18-7b}$$

对平面应变问题，有

$$\sigma_{zz}=\begin{cases}\mu_t(\sigma_{rr}+\sigma_{\theta\theta})-\alpha E_t T, & \sigma_{zz}>0\\ \mu_c(\sigma_{rr}+\sigma_{\theta\theta})-\alpha E_c T, & \sigma_{zz}<0\end{cases} \tag{18-8}$$

将式(18-7)代入式(18-3)，再代入应变连续方程(18-5)，并考虑式(18-6)，可得应力函数的控制方程为

$$r^2\frac{\mathrm{d}^2\psi}{\mathrm{d}r^2}+r\frac{\mathrm{d}\psi}{\mathrm{d}r}-\frac{b_{11}}{b_{22}}\psi+\frac{b_\alpha}{b_{22}}r^2\frac{\partial T}{\partial r}=0 \tag{18-9}$$

18.4 含参应力表达式的推导

这里以稳定温度场为例，推导不同模量圆筒的轴对称温度应力。假设圆筒内周边($r=a$)上温度为$T_0>0$，外周边($r=b$)上温度等于0，在所选用的坐标系内其热传导方程为

$$\frac{1}{r}\frac{\mathrm{d}}{\mathrm{d}r}\left(r\frac{\mathrm{d}T}{\mathrm{d}r}\right)=0 \tag{18-10}$$

带有边界条件

$$当\ r=a\ 时，\quad T=T_0 \tag{18-11a}$$

$$当\ r=b\ 时，\quad T=0 \tag{18-11b}$$

此时，温度函数为

$$T=T_0\frac{\ln(b/r)}{\ln(b/a)} \tag{18-12}$$

对经典同模量问题，在此工况下，径向应力为压应力，即圆筒内任意一点均有$\sigma_{rr}<0$；环向应力$\sigma_{\theta\theta}$和轴向应力σ_{zz}在内周边($r=a$)上为压应力，在外周边($r=b$)上为拉应力，且是坐标r的连续函数，如图18-2所示。

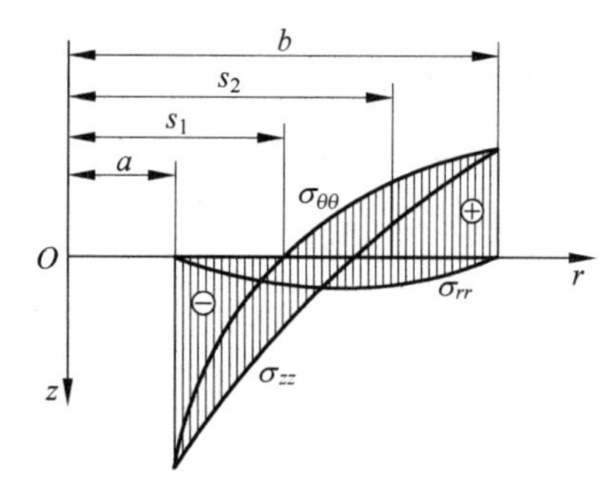

图18-2 经典同模量理论计算所得的圆筒内的应力分布

对不同模量材料，圆筒任意横截面上的所有点取$\sigma_{rr}<0$。环向应力$\sigma_{\theta\theta}$和轴向应力σ_{zz}的分布类似于同模量解，在圆筒区域内改变符号。在$r=s_1$时，$\sigma_{\theta\theta}=0$；在$r=s_2$时，$\sigma_{zz}=0$。且与同模量类似，有$a<s_1<s_2<b$。

因此，圆筒任意横截面将被分为三类区域：

第一类区域：$a<r<s_1$，有$\sigma_{rr}<0,\sigma_{\theta\theta}<0,\sigma_{zz}<0$；

第二类区域：$s_1<r<s_2$，有$\sigma_{rr}<0,\sigma_{\theta\theta}>0,\sigma_{zz}<0$；

第三类区域：$s_2<r<b$，有$\sigma_{rr}<0,\sigma_{\theta\theta}>0,\sigma_{zz}>0$。

对第一类区域：$a<r<s_1$，有$\sigma_{rr}<0,\sigma_{\theta\theta}<0,\sigma_{zz}<0$，因此

$$b_{11}^a=b_{22}^a=\frac{1}{E_c}(1-\mu_c^2),\quad b_{12}^a=-\frac{\mu_c(1+\mu_c)}{E_c},\quad b_\alpha^a=\alpha(1+\mu_c)$$

取$k_1=\sqrt{\dfrac{b_{11}^a}{b_{22}^a}}=1$。

应力函数的控制方程简化为

$$r^2\frac{\mathrm{d}^2\psi}{\mathrm{d}r^2}+r\frac{\mathrm{d}\psi}{\mathrm{d}r}-\psi-\frac{b_\alpha^a}{b_{22}^a}\frac{T_0 r}{\ln(b/a)}=0 \tag{18-13}$$

求解方程可得该部分的应力函数为

$$\psi(r)=C_1 r+\frac{C_2}{r}+\frac{b_\alpha^a}{2b_{22}^a}\frac{T_0}{\ln(b/a)}r\ln r \tag{18-14}$$

代入式(18-7)可得圆筒内各点的径向应力 σ_{rr} 和环向应力 $\sigma_{\theta\theta}$ 分别为

$$\sigma_{rr}=C_1+\frac{C_2}{r^2}+\frac{b_\alpha^a}{2b_{22}^a}\frac{T_0}{\ln(b/a)}\ln r \tag{18-15a}$$

$$\sigma_{\theta\theta}=C_1-\frac{C_2}{r^2}+\frac{b_\alpha^a}{2b_{22}^a}\frac{T_0}{\ln(b/a)}(1+\ln r) \tag{18-15b}$$

由式(18-8)可得

$$\sigma_{zz}=\mu_c\left[2C_1+\frac{b_\alpha^a}{2b_{22}^a}\frac{T_0}{\ln(b/a)}(1+2\ln r)\right]-E_c\alpha T_0\frac{\ln(b/r)}{\ln(b/a)} \tag{18-15c}$$

对第二类区域：$s_1<r<s_2$，有

$$b_{11}^b=\frac{1}{E_c}(1-\mu_c^2),\quad b_{22}^b=\frac{1}{E_t}(1-\mu_t^2),\quad b_{12}^b=-\frac{\mu_c(1+\mu_c)}{E_c},\quad b_\alpha^b=\alpha(1+\mu_c)$$

取 $k_2=\sqrt{\dfrac{b_{11}^b}{b_{22}^b}}=\sqrt{\dfrac{E_t}{E_c}\dfrac{(1-\mu_c^2)}{(1-\mu_t^2)}}$。

应力函数的控制方程简化为

$$r^2\frac{\mathrm{d}^2\psi}{\mathrm{d}r^2}+r\frac{\mathrm{d}\psi}{\mathrm{d}r}-k_2^2\psi-\frac{b_\alpha^b}{b_{22}^b}\frac{T_0 r}{\ln(b/a)}=0 \tag{18-16}$$

求解方程可得该部分的应力函数为

$$\psi(r)=C_3 r^{k_2}+C_4 r^{-k_2}+\frac{b_\alpha^b}{b_{22}^b}\frac{T_0}{\ln(b/a)}\frac{r}{1-k_2^2} \tag{18-17}$$

代入式(18-7)可得圆筒内各点的径向应力 σ_{rr} 和环向应力 $\sigma_{\theta\theta}$ 分别为

$$\sigma_{rr}=C_3 r^{k_2-1}+C_4 r^{-(k_2+1)}+\frac{b_\alpha^b}{b_{22}^b}\frac{T_0}{\ln(b/a)}\frac{1}{1-k_2^2} \tag{18-18a}$$

$$\sigma_{\theta\theta}=C_3 k_2 r^{k_2-1}-C_4 k_2 r^{-(k_2+1)}+\frac{b_\alpha^b}{b_{22}^b}\frac{T_0}{\ln(b/a)}\frac{1}{1-k_2^2} \tag{18-18b}$$

由式(18-8)可得

$$\sigma_{zz}=\mu_c\left[(1+k_2)C_3 r^{k_2-1}+(1-k_2)C_4 r^{-(k_2+1)}+\frac{b_\alpha^b}{b_{22}^b}\frac{T_0}{\ln(b/a)}\frac{2}{1-k_2^2}\right]-E_c\alpha T_0\frac{\ln(b/r)}{\ln(b/a)} \tag{18-18c}$$

对第三类区域：$s_2<r<b$，有

$$b_{11}^c=\frac{1}{E_c}(1-\mu_c^2),\quad b_{22}^c=\frac{1}{E_t}(1-\mu_t^2),\quad b_{12}^c=-\frac{\mu_t(1+\mu_t)}{E_t},\quad b_\alpha^c=\alpha(1+\mu_t)$$

取 $k_3=\sqrt{\dfrac{b_{11}^c}{b_{22}^c}}=\sqrt{\dfrac{E_t}{E_c}\dfrac{(1-\mu_c^2)}{(1-\mu_t^2)}}$。

应力函数的控制方程简化为

$$r^2\frac{\mathrm{d}^2\psi}{\mathrm{d}r^2}+r\frac{\mathrm{d}\psi}{\mathrm{d}r}-k_3^2\psi-\frac{b_\alpha^c}{b_{22}^c}\frac{T_0 r}{\ln(b/a)}=0 \tag{18-19}$$

求解方程可得该部分的应力函数为

$$\psi(r)=C_5r^{k_3}+C_6r^{-k_3}+\frac{b_\alpha^c}{b_{22}^c}\frac{T_0}{\ln(b/a)}\frac{r}{1-k_3^2} \tag{18-20}$$

代入式(18-7)可得圆筒内各点的径向应力σ_{rr}和环向应力$\sigma_{\theta\theta}$分别为

$$\sigma_{rr}=C_5r^{k_3-1}+C_6r^{-(k_3+1)}+\frac{b_\alpha^c}{b_{22}^c}\frac{T_0}{\ln(b/a)}\frac{1}{1-k_3^2} \tag{18-21a}$$

$$\sigma_{\theta\theta}=C_5k_3r^{k_3-1}-C_6k_3r^{-(k_3+1)}+\frac{b_\alpha^c}{b_{22}^c}\frac{T_0}{\ln(b/a)}\frac{1}{1-k_3^2} \tag{18-21b}$$

由式(18-8)可得

$$\sigma_{zz}=\mu_t\left[(1+k_3)C_5r^{k_3-1}+(1-k_3)C_6r^{-(k_3+1)}+\frac{b_\alpha^c}{b_{22}^c}\frac{T_0}{\ln(b/a)}\frac{2}{1-k_3^2}\right]-E_t\alpha T_0\frac{\ln(b/r)}{\ln(b/a)} \tag{18-21c}$$

对第一类区域,应满足如下边界条件:

$$当\ r=a\ 时,\quad \sigma_{rr}=0 \tag{18-22}$$

$$当\ r=s_1\ 时,\quad \sigma_{\theta\theta}^-=0 \tag{18-23}$$

分别将式(18-15a)、式(18-15b)代入式(18-22)、式(18-23),可得

$$C_1+\frac{C_2}{a^2}+\frac{b_\alpha^a}{2b_{22}^a}\frac{T_0}{\ln(b/a)}\ln a=0 \tag{18-24}$$

$$C_1-\frac{C_2}{s_1^2}+\frac{b_\alpha^a}{2b_{22}^a}\frac{T_0}{\ln(b/a)}(1+\ln s_1)=0 \tag{18-25}$$

联立方程(18-24)、式(18-25)可得

$$C_1=-\frac{b_\alpha^a}{2b_{22}^a}\frac{T_0}{\ln(b/a)}\left[\frac{s_1^2}{a^2+s_1^2}\left(1-\ln\frac{a}{s_1}\right)+\ln a\right] \tag{18-26}$$

$$C_2=\frac{b_\alpha^a}{2b_{22}^a}\frac{T_0}{\ln(b/a)}\frac{a^2s_1^2}{a^2+s_1^2}\left(1-\ln\frac{a}{s_1}\right) \tag{18-27}$$

同理,对第二类区域,应满足如下边界条件:

$$当\ r=s_1\ 时,\quad \sigma_{\theta\theta}^+=0 \tag{18-28}$$

$$当\ r=s_2\ 时,\quad \sigma_{zz}^-=0 \tag{18-29}$$

分别将式(18-18b)、式(18-18c)代入式(18-28)、式(18-29),可得

$$C_3k_2s_1^{k_2-1}-C_4k_2s_1^{-(k_2+1)}+\frac{b_\alpha^b}{b_{22}^b}\frac{T_0}{\ln(b/a)}\frac{1}{1-k_2^2}=0 \tag{18-30}$$

$$(1+k_2)C_3s_2^{k_2-1}+(1-k_2)C_4s_2^{-(k_2+1)}+\frac{b_\alpha^b}{b_{22}^b}\frac{T_0}{\ln(b/a)}\frac{2}{1-k_2^2}=\frac{E_c\alpha T_0}{\mu_c}\frac{\ln(b/s_2)}{\ln(b/a)} \tag{18-31}$$

联立方程式(18-30)、式(18-31)可得

$$C_3=-\frac{b_\alpha^b}{b_{22}^b}\frac{T_0}{\ln(b/a)}\frac{1}{1-k_2^2}\frac{1}{k_2}\frac{(1-k_2)s_1^{k_2+1}+2k_2s_2^{k_2+1}}{(1+k_2)s_2^{2k_2}+(1-k_2)s_1^{2k_2}}+\frac{E_c\alpha T_0}{\mu_c}\frac{\ln(b/s_2)}{\ln(b/a)}\frac{s_1^{-(k_2+1)}}{(1+k_2)s_1^{-(k_2+1)}s_2^{k_2-1}+(1-k_2)s_1^{k_2-1}s_2^{-(k_2+1)}} \tag{18-32}$$

$$C_4=\frac{b_\alpha^b}{b_{22}^b}\frac{T_0}{\ln(b/a)}\frac{1}{1-k_2^2}\frac{1}{k_2}\frac{(1+k_2)s_1^{k_2+1}s_2^{2k_2}-2k_2s_1^{2k_2}s_2^{k_2+1}}{(1+k_2)s_2^{2k_2}+(1-k_2)s_1^{2k_2}}+$$

$$\frac{E_c\alpha T_0}{\mu_c}\frac{\ln(b/s_2)}{\ln(b/a)}\frac{s_1^{k_2-1}}{(1+k_2)s_1^{-(k_2+1)}s_2^{k_2-1}+(1-k_2)s_1^{k_2-1}s_2^{-(k_2+1)}}\tag{18-33}$$

同理,对第三类区域,应满足如下边界条件:

$$当\ r=s_2\ 时,\quad \sigma_{zz}^{+}=0\tag{18-34}$$

$$当\ r=b\ 时,\quad \sigma_{rr}=0\tag{18-35}$$

分别将式(18-21c)、式(18-21a)代入式(18-34)、式(18-35),可得

$$(1+k_3)C_5s_2^{k_3-1}+(1-k_3)C_6s_2^{-(k_3+1)}+\frac{b_\alpha^c}{b_{22}^c}\frac{T_0}{\ln(b/a)}\frac{2}{1-k_3^2}=\frac{E_t\alpha T_0}{\mu_t}\frac{\ln(b/s_2)}{\ln(b/a)}\tag{18-36}$$

$$C_5b^{k_3-1}+C_6b^{-(k_3+1)}+\frac{b_\alpha^c}{b_{22}^c}\frac{T_0}{\ln(b/a)}\frac{1}{1-k_3^2}=0\tag{18-37}$$

联立方程式(18-36)、式(18-37)可得

$$C_5=\frac{b_\alpha^c}{b_{22}^c}\frac{T_0}{\ln(b/a)}\frac{1}{1-k_3^2}\frac{(1-k_3)b^{k_3+1}-2s_2^{k_3+1}}{(1+k_3)s_2^{2k_3}-(1-k_3)b^{2k_3}}+$$

$$\frac{E_t\alpha T_0}{\mu_t}\frac{\ln(b/s_2)}{\ln(b/a)}\frac{b^{-(k_3+1)}}{(1+k_3)s_2^{k_3-1}b^{-(k_3+1)}-(1-k_3)s_2^{-(k_3+1)}b^{k_3-1}}\tag{18-38}$$

$$C_6=-\frac{b_\alpha^c}{b_{22}^c}\frac{T_0}{\ln(b/a)}\frac{1}{1-k_3^2}\frac{(1+k_3)s_2^{2k_3}b^{k_3+1}-2s_2^{k_3+1}b^{2k_3}}{(1+k_3)s_2^{2k_3}-(1-k_3)b^{2k_3}}-$$

$$\frac{E_t\alpha T_0}{\mu_t}\frac{\ln(b/s_2)}{\ln(b/a)}\frac{b^{k_3-1}}{(1+k_3)s_2^{k_3-1}b^{-(k_3+1)}-(1-k_3)s_2^{-(k_3+1)}b^{k_3-1}}\tag{18-39}$$

综上,圆筒内各点的应力表达式为

当 $a<r<s_1$ 时,有

$$\sigma_{rr}=\frac{b_\alpha^a}{2b_{22}^a}\frac{T_0}{\ln(b/a)}\left[\frac{s_1^2}{a^2+s_1^2}\left(1-\ln\frac{a}{s_1}\right)\left(\frac{a^2}{r^2}-1\right)-\ln\frac{a}{r}\right]\tag{18-40a}$$

$$\sigma_{\theta\theta}=\frac{b_\alpha^a}{2b_{22}^a}\frac{T_0}{\ln(b/a)}\left[\frac{s_1^2}{a^2+s_1^2}\left(1-\ln\frac{a}{s_1}\right)\left(-\frac{a^2}{r^2}-1\right)+\left(1-\ln\frac{a}{r}\right)\right]\tag{18-40b}$$

$$\sigma_{zz}=\frac{\mu_cb_\alpha^a}{2b_{22}^a}\frac{T_0}{\ln(b/a)}\left[-\frac{2s_1^2}{a^2+s_1^2}\left(1-\ln\frac{a}{s_1}\right)+\left(1-2\ln\frac{a}{r}\right)\right]-E_c\alpha T_0\frac{\ln(b/r)}{\ln(b/a)}\tag{18-40c}$$

当 $s_1<r<s_2$ 时,有

$$\sigma_{rr}=\left\{1+\frac{1}{k_2}\frac{[(1+k_2)s_1^{k_2+1}s_2^{2k_2}-2k_2s_1^{2k_2}s_2^{k_2+1}]r^{-(k_2+1)}-[(1-k_2)s_1^{k_2+1}+2k_2s_2^{k_2+1}]r^{k_2-1}}{(1+k_2)s_2^{2k_2}+(1-k_2)s_1^{2k_2}}\right\}\cdot$$

$$\frac{b_\alpha^b}{b_{22}^b}\frac{T_0}{\ln(b/a)}\frac{1}{1-k_2^2}+\frac{E_c\alpha T_0}{\mu_c}\frac{\ln(b/s_2)}{\ln(b/a)}\frac{s_1^{-(k_2+1)}r^{k_2-1}+s_1^{k_2-1}r^{-(k_2+1)}}{(1+k_2)s_1^{-(k_2+1)}s_2^{k_2-1}+(1-k_2)s_1^{k_2-1}s_2^{-(k_2+1)}}\tag{18-40d}$$

$$\sigma_{\theta\theta} = \left\{1 - \frac{[(1+k_2)s_1^{k_2+1}s_2^{2k_2} - 2k_2 s_1^{2k_2}s_2^{k_2+1}]r^{-(k_2+1)} + [(1-k_2)s_1^{k_2+1} + 2k_2 s_2^{k_2+1}]r^{k_2-1}}{(1+k_2)s_2^{2k_2} + (1-k_2)s_1^{2k_2}}\right\} \cdot$$

$$\frac{b_\alpha^b}{b_{22}^b}\frac{T_0}{\ln(b/a)}\frac{1}{1-k_2^2} + \frac{k_2 E_c\alpha T_0}{\mu_c}\frac{\ln(b/s_2)}{\ln(b/a)}\frac{s_1^{-(k_2+1)}r^{k_2-1} - s_1^{k_2-1}r^{-(k_2+1)}}{(1+k_2)s_1^{-(k_2+1)}s_2^{k_2-1} + (1-k_2)s_1^{k_2-1}s_2^{-(k_2+1)}}$$

(18-40e)

$$\sigma_{zz} = \left\{\frac{1}{k_2}\frac{[(1+k_2)s_1^{k_2+1}s_2^{2k_2} - 2k_2 s_1^{2k_2}s_2^{k_2+1}](1-k_2)r^{-(k_2+1)} - [(1-k_2)s_1^{k_2+1} + 2k_2 s_2^{k_2+1}](1+k_2)r^{k_2-1}}{(1+k_2)s_2^{2k_2} + (1-k_2)s_1^{2k_2}} + \right.$$

$$\left. 2\right\}\frac{b_\alpha^b}{b_{22}^b}\frac{T_0}{\ln(b/a)}\frac{\mu_c}{1-k_2^2} + E_c\alpha T_0\frac{\ln(b/s_2)}{\ln(b/a)}\frac{(1+k_2)s_1^{-(k_2+1)}r^{k_2-1} + (1-k_2)s_1^{k_2-1}r^{-(k_2+1)}}{(1+k_2)s_1^{-(k_2+1)}s_2^{k_2-1} + (1-k_2)s_1^{k_2-1}s_2^{-(k_2+1)}} - E_c\alpha T_0\frac{\ln(b/r)}{\ln(b/a)}$$

(18-40f)

当 $s_2<r<b$ 时，有

$$\sigma_{rr} = \left\{1 + \frac{[(1-k_3)b^{k_3+1} - 2s_2^{k_3+1}]r^{k_3-1} - [(1+k_3)s_2^{2k_3}b^{k_3+1} - 2s_2^{k_3+1}b^{2k_3}]r^{-(k_3+1)}}{(1+k_3)s_2^{2k_3} - (1-k_3)b^{2k_3}}\right\} \cdot$$

$$\frac{b_\alpha^c}{b_{22}^c}\frac{T_0}{\ln(b/a)}\frac{1}{1-k_3^2} + \frac{E_t\alpha T_0}{\mu_t}\frac{\ln(b/s_2)}{\ln(b/a)}\frac{b^{-(k_3+1)}r^{k_3-1} - b^{k_3-1}r^{-(k_3+1)}}{(1+k_3)s_2^{k_3-1}b^{-(k_3+1)} - (1-k_3)s_2^{-(k_3+1)}b^{k_3-1}} \tag{18-40g}$$

$$\sigma_{\theta\theta} = \left\{1 + k_3 \cdot \frac{[(1-k_3)b^{k_3+1} - 2s_2^{k_3+1}]r^{k_3-1} + [(1+k_3)s_2^{2k_3}b^{k_3+1} - 2s_2^{k_3+1}b^{2k_3}]r^{-(k_3+1)}}{(1+k_3)s_2^{2k_3} - (1-k_3)b^{2k_3}}\right\} \cdot$$

$$\frac{b_\alpha^c}{b_{22}^c}\frac{T_0}{\ln(b/a)}\frac{1}{1-k_3^2} + \frac{k_3 E_t\alpha T_0}{\mu_t}\frac{\ln(b/s_2)}{\ln(b/a)}\frac{b^{-(k_3+1)}r^{k_3-1} + b^{k_3-1}r^{-(k_3+1)}}{(1+k_3)s_2^{k_3-1}b^{-(k_3+1)} - (1-k_3)s_2^{-(k_3+1)}b^{k_3-1}} \tag{18-40h}$$

$$\sigma_{zz} = \left\{2 + \frac{[(1-k_3)b^{k_3+1} - 2s_2^{k_3+1}](1+k_3)r^{k_3-1} - [(1+k_3)s_2^{2k_3}b^{k_3+1} - 2s_2^{k_3+1}b^{2k_3}](1-k_3)r^{-(k_3+1)}}{(1+k_3)s_2^{2k_3} - (1-k_3)b^{2k_3}}\right\} \cdot$$

$$\frac{b_\alpha^b}{b_{22}^b}\frac{T_0}{\ln(b/a)}\frac{\mu_t}{1-k_3^2} + E_t\alpha T_0\frac{\ln(b/s_2)}{\ln(b/a)}\frac{(1+k_3)b^{-(k_3+1)}r^{k_3-1} - (1-k_3)b^{k_3-1}r^{-(k_3+1)}}{(1+k_3)b^{-(k_3+1)}s_2^{k_3-1} - (1-k_3)b^{k_3-1}s_2^{-(k_2+1)}} - E_t\alpha T_0\frac{\ln(b/r)}{\ln(b/a)}$$

(18-40i)

18.5 中性层位置控制方程的推导与求解

在不同区域的交界面上，应满足应力连续条件，即：当 $r=s_1$ 和 $r=s_2$ 时， 有

$$\sigma_{rr}^- = \sigma_{rr}^+ \tag{18-41}$$

将式(18-40a)、式(18-40d)、式(18-40g)分别代入式(18-41)并化简，可得关于 s_1 和 s_2 的超越方程组为

$$\frac{b_\alpha^b}{b_{22}^b}\frac{1}{1-k_2^2}\left\{1 + \frac{1}{k_2}\frac{(1+k_2)s_2^{2k_2} - (1-k_2)s_1^{2k_2} - 4k_2 s_1^{k_2-1}s_2^{k_2+1}}{(1+k_2)s_2^{2k_2} + (1-k_2)s_1^{2k_2}}\right\} + \frac{2E_c\alpha\ln(b/s_2)}{\mu_c} \cdot$$

$$\frac{1}{\left[(1+k_2)\left(\frac{s_2}{s_1}\right)^{k_2-1} + (1-k_2)\left(\frac{s_1}{s_2}\right)^{k_2+1}\right]} = \frac{b_\alpha^a}{2b_{22}^a}\left[\frac{a^2 - s_1^2}{a^2 + s_1^2}\left(1 - \ln\frac{a}{s_1}\right) - \ln\frac{a}{s_1}\right]$$

(18-42a)

$$\left\{\frac{b_\alpha^b}{b_{22}^b}\left[1 + \frac{2s_2^{k_2-1}s_1^{k_2+1} - 2s_1^{2k_2} - 2s_2^{2k_2}}{(1+k_2)s_2^{2k_2} + (1-k_2)s_1^{2k_2}}\right] - \frac{b_\alpha^c}{b_{22}^c}\left[1 + \frac{-2k_3 s_2^{k_3-1}b^{k_3+1} - 2s_2^{2k_3} + 2b^{2k_3}}{(1+k_3)s_2^{2k_3} - (1-k_3)b^{2k_3}}\right]\right\} \cdot$$

$$\frac{1}{1-k_2^2} = \frac{E_t\alpha\ln(b/s_2)}{\mu_t}\left[\frac{s_2^{2k_3} - b^{2k_3}}{(1+k_3)s_2^{2k_3} - (1-k_3)b^{2k_3}} - \frac{s_2^{2k_2} + s_1^{2k_2}}{(1+k_2)s_2^{2k_2} + (1-k_2)s_1^{2k_2}}\right]$$

(18-42b)

为求得中性轴位置 s_1,s_2的解,利用 17.5 节中基于 Matlab 编制的牛顿法程序求解上述非线性方程组。注意到 $s_1,s_2\in[1.5,2.5]$,分别选定一个合理的初值反复迭代最终求得 s_1,s_2的值,计算流程图如图 17-5 所示。

18.6 应力、应变及位移的求解

将 s_1,s_2的值代入式(18-40)求解得到应力的表达式,再代回式(18-1)可得圆筒内各点处的应变表达式,最后将应变表达式代入式(18-4)可得圆筒位移的表达式。

18.7 与经典同模量解的比较

当 $E_c=E_t=E$,$\mu_c=\mu_t=\mu$ 时,应力函数的控制方程为

$$r^2\frac{d^2\psi}{dr^2}+r\frac{d\psi}{dr}-\psi+\frac{\alpha E}{2(1+\mu)}\frac{T_0 r}{\ln(b/a)}=0 \tag{18-43}$$

求解方程得出含有未知参数的应力函数表达式,代入式(18-7)求得应力表达式,最后根据边界条件式(18-22)、式(18-35)求解未知参数,得到应力的表达式为

$$\sigma_{rr}=-\frac{E\alpha T_0}{2(1-\mu)}\left[\frac{\ln(b/r)}{\ln(b/a)}-\frac{(b/r)^2-1}{(b/a)^2-1}\right] \tag{18-44a}$$

$$\sigma_{\theta\theta}=-\frac{E\alpha T_0}{2(1-\mu)}\left[\frac{\ln(b/r)-1}{\ln(b/a)}+\frac{(b/r)^2+1}{(b/a)^2-1}\right] \tag{18-44b}$$

$$\sigma_{zz}=-\frac{E\alpha T_0}{2(1-\mu)}\left[\frac{2\ln(b/r)-1}{\ln(b/a)}+\frac{2}{(b/a)^2-1}\right] \tag{18-44c}$$

由此可见,不同模量圆筒的轴对称温度应力半解析解可完全退回到同模量解,验证了上述解法的正确性。

18.8 算例与结果

如图 18-1 所示,取圆筒的内半径 $a=1.5\text{m}$,外半径 $b=2.5\text{m}$,材料的拉伸弹性模量为 E_t,压缩弹性模量为 E_c,拉伸泊松比为 μ_t,压缩泊松比为 μ_c,材料的热膨胀系数为 $\alpha=8\times10^{-6}/℃$,圆筒内壁温度为 $T_0=60℃$。

这里分两种情况计算考虑材料拉压不同模量特性时厚壁圆筒内的温度应力:①$E_c=2.4\times10^7\text{kN/m}^2$,$E_c/E_t=1/5\sim5$;②$\bar{E}=(E_c/E_t)/2=2.4\times10^7\text{kN/m}^2$,$E_c/E_t=1/5\sim5$。

用本章推求的半解析解、数值计算程序和通用有限元软件模拟计算所得的中性轴位置坐标和最大拉、压应力及其误差的结果见表 18-1 和表 18-2,仅列出部分计算结果。

表 18-1 保持压缩弹性模量 E_c=24GPa 不变时，不同模量厚壁圆筒半解析解、数值计算程序解与通用有限元解

	半径 r	拉伸弹性模量 E_t/GPa	压拉模量比 m_n	中性轴位置坐标 s_1/m	中性轴位置坐标 s_2/m	径向应力 σ_{rr}/MPa			环向应力 $\sigma_{\theta\theta}$/MPa			轴向应力 σ_{zz}/MPa			三种方法误差/%
						解析解	数值计算程序解	通用有限元解	解析解	数值计算程序解	通用有限元解	解析解	数值计算程序解	通用有限元解	
保持压缩弹性模量 E_c 为 24GPa 不变	1.5	120.0	0.2	2.33663	2.36898	0	0	0	−14.358	−14.192	−13.955	−14.104	−13.941	−13.709	2.806
		96.0	0.25	2.22262	2.33487	0	0	0	−12.575	−12.479	−12.329	−13.783	−13.678	−13.514	1.954
		72.0	0.33	2.13896	2.33983	0	0	0	−11.227	−11.171	−11.074	−13.541	−13.475	−13.358	1.360
		48.0	0.5	2.06000	2.36336	0	0	0	−9.923	−9.870	−9.802	−13.306	−13.235	−13.144	1.222
		24.0	1.0	1.95814	2.40611	0	0	0	−8.200	−8.199	−8.196	−12.996	−12.994	−12.989	0.052
		12.0	2.0	1.87074	2.44065	0	0	0	−6.686	−6.662	−6.605	−12.724	−12.679	−12.571	1.207
		8.0	3.0	1.82412	2.45601	0	0	0	−5.866	−5.837	−5.787	−12.576	−12.515	−12.407	1.349
		6.0	4.0	1.79314	2.46484	0	0	0	−5.317	−5.277	−5.214	−12.477	−12.382	−12.237	1.931
		4.8	5.0	1.77040	2.47062	0	0	0	−4.912	−4.856	−4.776	−12.404	−12.262	−12.062	2.767
	1.8	120.0	0.2	2.33663	2.36898	−1.787	−1.766	−1.737	−7.556	−7.469	−7.344	−9.090	−8.985	−8.836	2.804
		96.0	0.25	2.22262	2.33487	−1.515	−1.503	−1.485	−6.046	−6.000	−5.928	−8.769	−8.702	−8.600	1.953
		72.0	0.33	2.13896	2.33983	−1.309	−1.303	−1.291	−4.903	−4.879	−4.836	−8.527	−8.485	−8.412	1.360
		48.0	0.5	2.06000	2.36336	−1.110	−1.104	−1.096	−3.799	−3.779	−3.753	−8.292	−8.248	−8.191	1.221
		24.0	1.0	1.95814	2.40611	−0.847	−0.847	−0.847	−2.339	−2.339	−2.338	−7.982	−7.981	−7.978	0.052
		12.0	2.0	1.87074	2.44065	−0.615	−0.613	−0.608	−1.057	−1.053	−1.044	−7.709	−7.682	−7.616	1.207
		8.0	3.0	1.82412	2.45601	−0.490	−0.488	−0.483	−0.362	−0.360	−0.357	−7.562	−7.525	−7.460	1.346
		6.0	4.0	1.79314	2.46484	−0.406	−0.403	−0.398	0.025	0.025	0.025	−7.477	−7.420	−7.333	1.928
		4.8	5.0	1.77040	2.47062	−0.347	−0.343	−0.337	0.087	0.086	0.085	−7.455	−7.369	−7.250	2.765

表 18-2 保持拉压弹性模量的平均值 $\bar{E}=24\text{GPa}$ 不变时，不同模量厚壁圆筒半解析解、数值计算程序解与通用有限元解

	半径 r	拉伸弹性模量 E_t/GPa	压缩弹性模量 E_c/GPa	压拉模量比 m_n	中性轴位置坐标 s_1/m	中性轴位置坐标 s_2/m	径向应力 σ_{rr}/MPa			环向应力 $\sigma_{\theta\theta}$/MPa			轴向应力 σ_{zz}/MPa			三种方法误差/%
							解析解	数值计算程序解	通用有限元解	解析解	数值计算程序解	通用有限元解	解析解	数值计算程序解	通用有限元解	
保持拉压弹性模量的平均值 $\bar{E}$ 为 24GPa 不变	1.5	40.0	8.0	0.2	2.33981	2.41805	0	0	0	−3.396	−3.357	−3.302	−4.044	−3.998	−3.932	2.777
		38.4	9.6	0.25	2.08307	2.41381	0	0	0	−3.975	−3.945	−3.898	−4.894	−4.857	−4.799	1.932
		36.0	12.0	0.33	2.10416	2.40914	0	0	0	−4.801	−4.778	−4.736	−6.192	−6.162	−6.109	1.345
		32.0	16.0	0.5	2.05122	2.40481	0	0	0	−6.073	−6.041	−6.005	−8.409	−8.364	−8.315	1.119
		24.0	24.0	1.0	1.95814	2.40611	0	0	0	−8.200	−8.199	−8.196	−12.996	−12.994	−12.989	0.052
		16.0	32.0	2.0	1.86830	2.41953	0	0	0	−9.557	−9.523	−9.451	−17.654	−17.592	−17.459	1.107
		12.0	36.0	3.0	1.81981	2.43138	0	0	0	−9.756	−9.709	−9.626	−19.914	−19.818	−19.650	1.328
		9.6	38.4	4.0	1.78783	2.44049	0	0	0	−9.623	−9.551	−9.440	−21.204	−21.044	−20.800	1.904
		8.0	40.0	5.0	1.76453	2.44754	0	0	0	−9.385	−9.278	−9.127	−22.015	−21.764	−21.411	2.746
	1.8	40.0	8.0	0.2	2.33981	2.41805	−0.401	−0.396	−0.390	−1.537	−1.519	−1.494	−2.586	−2.557	−2.514	2.772
		38.4	9.6	0.25	2.08307	2.41381	−0.464	−0.460	−0.455	−1.739	−1.726	−1.705	−3.122	−3.098	−3.062	1.928
		36.0	12.0	0.33	2.10416	2.40914	−0.550	−0.547	−0.543	−1.991	−1.981	−1.964	−3.933	−3.914	−3.880	1.343
		32.0	16.0	0.5	2.05122	2.40481	−0.675	−0.671	−0.667	−2.283	−2.271	−2.257	−5.294	−5.266	−5.235	1.118
		24.0	24.0	1.0	1.95814	2.40611	−0.847	−0.847	−0.847	−2.339	−2.339	−2.338	−7.982	−7.981	−7.978	0.052
		16.0	32.0	2.0	1.86830	2.41953	−0.876	−0.873	−0.866	−1.468	−1.463	−1.452	−10.440	−10.403	−10.324	1.107
		12.0	36.0	3.0	1.81981	2.43138	−0.806	−0.802	−0.795	−0.501	−0.499	−0.494	−11.465	−11.410	−11.313	1.327
		9.6	38.4	4.0	1.78783	2.44049	−0.723	−0.718	−0.709	0.078	0.077	0.077	−12.039	−11.948	−11.810	1.900
		8.0	40.0	5.0	1.76453	2.44754	−0.649	−0.642	−0.631	0.191	0.189	0.186	−12.485	−12.343	−12.142	2.744

18.9 分析与讨论

18.9.1 模型验证及误差分析

由18.7节、表18-1和表18-2可知，本章所推导的不同模量公式可完全退回到经典力学同模量公式。同时，本章所推求的不同模量理论半解析解与数值计算程序解以及采用通用有限元软件ABAQUS计算的结果，三者的计算误差在3%以内，误差源于有限元网格的划分、迭代、终端值等综合因素，从而验证了本章方法的可靠性。

18.9.2 不同模量与相同模量的差异

1. 径向应力分布

如图18-3～图18-5所示，当材料的拉压模量改变时，相对环向应力和轴向应力，圆筒内的径向应力变化明显，但数值很小。在设计时可忽略材料的拉压模量不同对结构内部径向应力的影响。

2. 轴向应力分布

如图18-4所示，当材料的拉压模量改变时，对圆筒内的轴向应力分布，中性轴（不拉不压点）的位置不发生明显变化。在进行结构设计时，可沿用同模量理论对轴向应力分布进行定性分析。

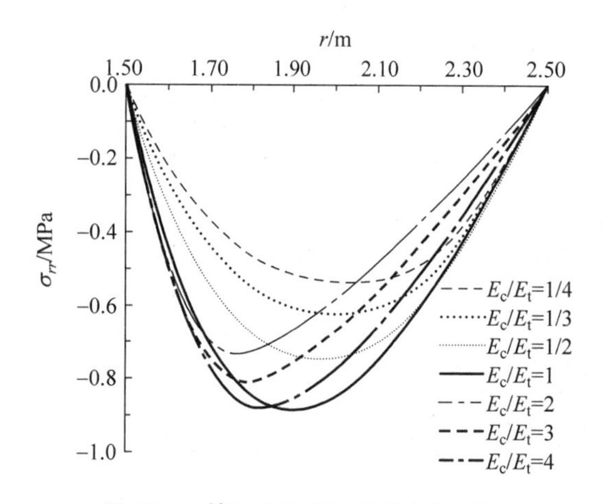

图18-3 情形Ⅱ圆筒径向应力分布图

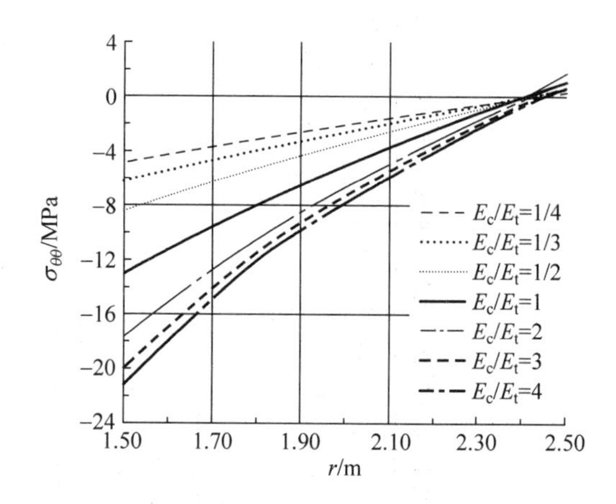

图18-4 情形Ⅱ圆筒内轴向应力分布图

3. 环向应力分布

如图18-5所示，当材料的拉压模量改变时，对圆筒内的环向应力分布，中性轴位置变化显著。当$E_c > E_t$时，随E_c/E_t的增大，中性轴逐渐向圆筒的内壁移动，受拉区增大，受压区减小，移动的速率逐渐减慢。因此，对工程中常见的混凝土材料，不同模量性将引起结构内部拉区增加。若沿用经典的同模量理论进行结构设计，将可能导致结构内部裂缝增多，从而影响正常使用。

4. 两种理论的计算误差

根据以上分析，在利用拉压不同模量理论进行圆筒结构设计时，应足够重视结构内部的环向应力。如图 18-6 和图 18-7 所示，随拉伸与压缩模量差距的增大，不同模量理论与同模量理论计算所得的环向应力误差逐渐增大。对于工程中常见的混凝土材料，其压拉模量比近似为 2.5。此时，两种理论的计算误差最大达到近 70%，利用不同模量理论进行结构设计可大量节约混凝土的用量。

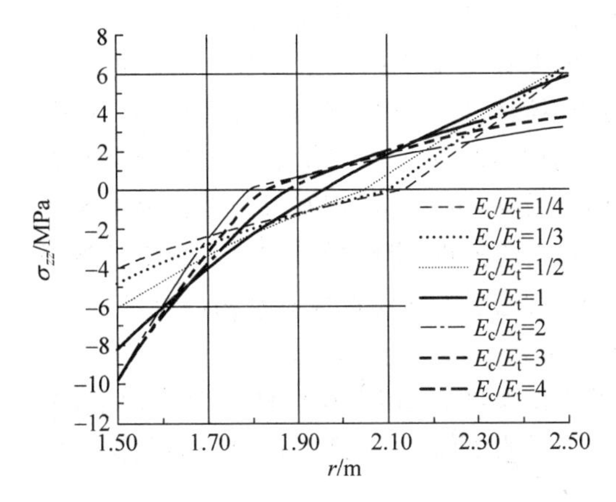

图 18-5 情形Ⅱ圆筒内环向应力分布图

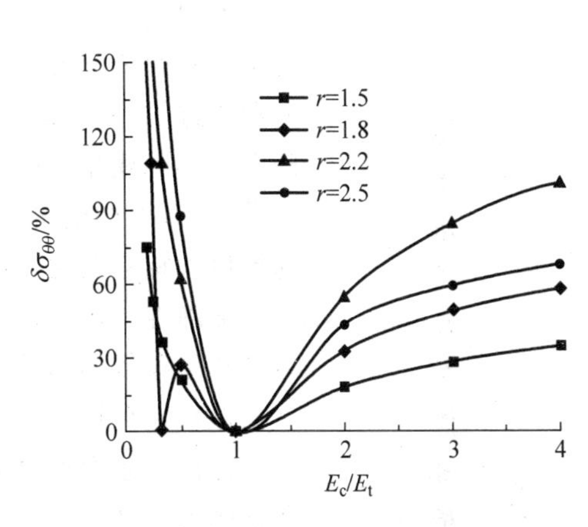

图 18-6 情形Ⅰ不同模量与同模量理论环向应力误差随 E_c/E_t 的变化

5. 径向位移

如图 18-8 所示，当截面的总刚度不变时，仅改变其分配。圆筒内各点的径向位移随着 E_c/E_t 的增大而增大，说明计入拉压模量不同这个因素后，相对于经典同模量理论，截面刚度的不均匀将使位移增大，圆筒抵抗变形的能力降低。

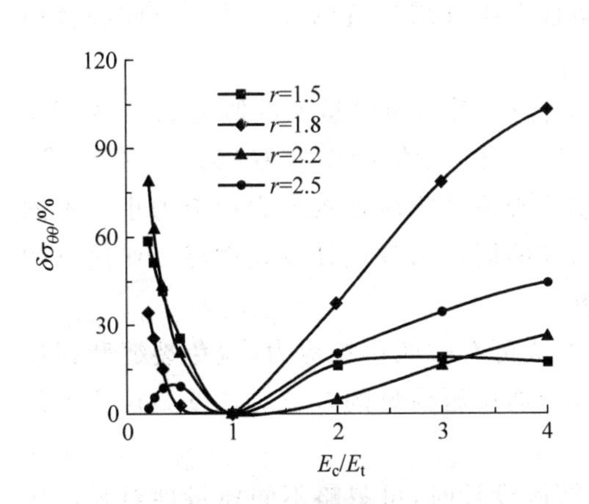

图 18-7 情形Ⅱ不同模量与同模量理论环向应力误差随 E_c/E_t 的变化

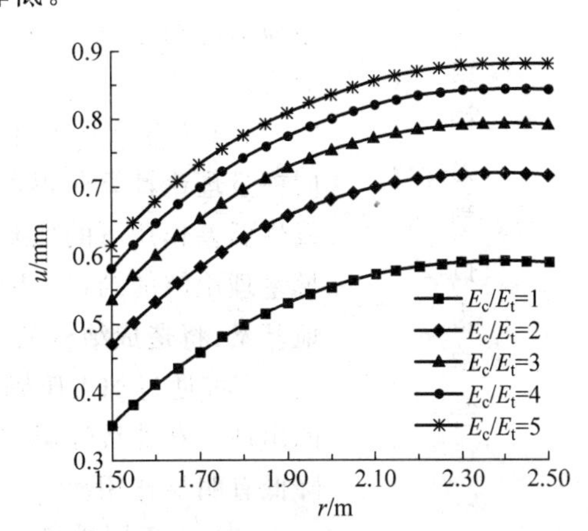

图 18-8 情形Ⅱ圆筒径向位移响应图

第 3 篇结论

本篇基于不同模量弹性理论，分别建立了线性温差作用下不同模量地基梁的解析计算模型、非线性温差作用下不同模量地基梁的半解析模型和改进的稳定轴对称温度场中不同模量圆筒的半解析计算模型。研制开发了不同模量结构温度应力计算程序，通过不同模量解可退回到经典同模量解，不同模量解析解、数值计算程序解和通用有限元软件模拟所得的数值解相互对比，验证本篇所建立的解析、半解析模型以及数值计算程序的准确性。最后通过实例分析，讨论了不同模量性对结构内中性层、应力场和位移场的影响。主要结论如下：

(1) 对不同模量地基梁，当梁顶温度较高时，在线性温差作用下，梁内仅存在一条中性轴，但不再位于梁的中面，从上到下被分为梁顶受压区和梁底受拉区。

(2) 在非线性温差作用下，对于绝大多数的工程材料，当 $E_c/E_t \leqslant 3$ 时，梁跨中截面存在两条中性轴，从梁顶至梁底依次划分为中部受拉区和两侧受压区；当 $E_c/E_t > 3$ 时，梁内中性轴的个数退化为一条，此时，与线性温差和外力作用下不同模量地基梁内中性轴的分布规律一致。

(3) 与同模量理论相同，在稳定的轴对称温度场中，不同模量圆筒内分别存在环向应力中性层和轴向应力中性层，沿径向被划分为不同拉压主应力的组合，材料的不同模量性对中性层位置的影响主要反映在环向应力。

(4) 对工程中常用的混凝土材料，其压拉模量比近似为 2.5，采用不同模量理论计算所得的温度应力与同模量解的误差为 20%～70%。对线性温差作用下的地基梁，同模量理论计算所得的最大拉应力小于不同模量理论解的结果。因此，用以往的同模量理论计算线性温差作用下的地基梁，将造成结构的安全隐患。

(5) 通过加大压缩模量的方法可有效减小拉应力，避免裂缝和损伤的出现。在非线性温差作用下，增加拉压模量的差异对地基梁拉应力的降低有明显作用。

(6) 对不同模量圆筒进行结构设计时，可忽略不同模量性对径向应力的影响，考虑到不同模量材料非线性对环向应力的影响，沿用经典同模量理论将造成巨大的材料浪费，无法充分挖掘混凝土材料的特性潜力。

(7) 对不同模量地基梁或者圆筒结构，当计入拉压不同模量后，结构刚度的离散性(不均匀性)加大,抵抗外力和变形的能力降低。

(8) 与以往通过反复迭代逼近的数值方法相比,本篇建立的地基梁解析和半解析计算模型耗时少,且简单易行,克服了以往数值算法稳定性差、不易收敛等缺点。基于应力函数法改进的圆筒结构半解析模型简化了超越方程组的个数、规整了方程系数。该三类模型为分析不同模量结构非线性力学行为提供了一种快速有效的解析方法。同时为计算分析其他不同模量结构的复杂受力问题提供了一种新的求解思路。

(9) 与以往的数值计算程序相比,本篇基于 ABAQUS 开发的不同模量结构温度应力计算程序简单、准确,适用于具有不规则几何外形的不同模量结构在复杂荷载及边界条件下温度应力的求解,可扩展性和可操作性强。

参考文献

[1] Wahba W E, George H S, Sunder H A, et al. Structural analysis of bimodular materials [J]. Journal of Engineering Mechanics, ASCE, 1989, 115(5): 963-981.

[2] Guo Z H, Zhang X Q. Investigation of complete stress-deformation curves for concrete in tension [J]. Aci Materials Journal, 1987, 84(4): 278-285.

[3] Gilbert G H J. The stress/strain properties of cast iron and Poisson's ratio in tension and compression [J]. British Cast Iron Research Association, 1961, 9: 347-363.

[4] Jeness J R, Kline D E. Comparison of static and dynamic mechanical properties of some epoxy matrix composites [J]. Journal of Testing and Evaluation, 1974, 2(6): 483-488.

[5] Rizzi E, Papa E, Corigliano A. Mechanical behavior of a syntactic foam: experiments and modeling [J]. International Journal of Solids and Structures, 2000, 37(40): 5773-5794.

[6] Zemlyakov I P. On the difference in the moduli of elasticity of polymides subjected to different kinds of deformation [J]. Polymer Mechanics, 1965, 1(4): 25-27.

[7] Medri G. A nonlinear elastic model for isotropic materials with different behavior in tension compression [J]. Journal of Engineering Materials and Technology, Transactions of the ASME, 1982, 104(1): 22-27.

[8] Patel H P, Turner J L, Walter J D. Radial tire cord-rubber composites [J]. Rubber Chemistry and Technology, Transactions of the ASME, 1976, 49(4): 1095-1110.

[9] Destrade M, Gilchrist M D, Motherway J A, et al. Bimodular rubber buckles early in bending [J]. Mechanics of Materials, 2010, 42(4): 469-476.

[10] Simkin A, Robin G. The mechanical testing of bone in bending [J]. Journal of Biomechanics, 1973, 6(1): 31-39.

[11] Exadaktylos G E, Vardoulakis I, Kourkoulis S K. Influence of nonlinearity and double elasticity on flexure of rock beam—Ⅰ. Technical theory [J]. International Journal of Solids and Structures, 2001, 38(22): 4091-4117.

[12] Exadaktylos G E, Vardoulakis I, Kourkoulis S K. Influence of nonlinearity and double elasticity on flexure of rock beam—Ⅱ. Characterization of Dionysos marble [J]. International Journal of Solids and Structures, 2001, 38(22-23): 4119-4145.

[13] Kratsh K M, Schutzler J C, Eitman D S. Carbon-carbon 3-D orthogonal material behavior [C]. AIAA/ASME/SAE 13th Structures, Structural Dynamics and Material Conference, San Antonio, Texas, 1972.

[14] Geim A K. Graphene: status and prospects [J]. Science, 2009, 324: 1530-1534.

[15] Tsoukleri G, Parthenios K, Papagelis R, et al. Subjecting a grapheme monolayer to tension and compression [J]. Small, 2009, 5(21):2397-2402.

[16] Ambartsumyan S. 不同模量弹性理论[M]. 邬瑞锋,张允真,译. 北京：中国铁道出版社，1986.

[17] Engesser F. Uber die knickfestigkeit gerader Stäbe [J]. Zeischrift für Architektur und Ingenieurwesen, 1889, 35(4): 455-562.

[18] Considère A. Résistance des pieces comprimées [M]. Paris: Congrès International des Procédés de Construction, Libraire Polytechnique, 1891.

[19] Shanley F R. The column paradox [J]. Journal of the Aeronautics Science, 1946, 13(12): 678.

[20] Bruno D, Lato S, Sacco E. Nonlinear analysis of bimodular composite plates under compression [J]. Computational Mechanics, 1994, 14(1): 28-37.

［21］ Lan T，Lin P D，Chen L W. Thermal buckling of bimodular sandwich beams ［J］. Composite Structures，2003，25(1-4)：345-352.

［22］ Bert C W，Ko C L. Buckling of columns constructed of bimodular materials ［J］. International Journal of Engineering Science，1985，23(6)：641-657.

［23］ Yao W J，Ye Z M. Analytical solution of bending beam subjected to lateral force with different moduli ［J］. Journal of Applied Mathematics and Mechanics，2004，25(10)：1107-1117.

［24］ 赵毅强.楔形杆件结构的弹性稳定计算［J］.建筑结构学报，1990，11(6)：58-68.

［25］ 卞敬玲，王小岗.变截面压杆稳定计算的有限元方法［J］.武汉大学学报(工学版)，2002，35(4)：100-104.

［26］ He J H. Variational iteration method-some recent results and new interpretaions ［J］. Journal of Computaional Applied Mathematics，2007，207(1)：3-17.

［27］ Timoshenko S，Gere J. Theory of elastic stability ［M］. 2nd Edtion. New York：McGraw Hill，1961.

［28］ 沈凤贤. Mathematic 手册——用 IBM PC 机处理数学问题通用软件包［M］.北京：海洋出版社，1992.

［29］ Ye Z M，Yu H G，Yao W J. A new elasticity and finite element formulation for different Young's modulus when tension and compression loadings ［J］. Journal of Shanghai University (English Edition)，2001，5(2)：89-92.

［30］ 李龙元.壳体的唯象理论及其有限元分析方法［J］.应用数学和力学，1990，11(4)：365-372.

［31］ El-Laithy A M. Finite element analysis of bi-modulus cross-anisotropic multi-layered systems ［D］. Columbns：Ohio State University，1982.

［32］ Bert C W. Models for fibrous composites with different properties in tension and compression ［J］. Journal of Engineering Materials and Technology. Transactions of the ASME，1977，99(4)：344-349.

［33］ Bert C W. Recent advances in mathematical modeling of the mechanics of bimodulus fibre-reinforced materials ［C］. Proceedings of 15th Annual Meeting，Society of Engineering Science，Gainesville，Fla.，1978：101-106.

［34］ Tabbador F. Two-dimensional finite element analysis of bi-modulus materials ［J］. Fibre Science and Technology，1981，14(3)：229-240.

［35］ 张根全，孙钰.双模量纤维复合材料的一种新材料模型［J］.太原工业大学学报，1992，26(2)：59-65.

［36］ 周正蜂，凌建明，袁捷.机场水泥混凝土道面接缝传荷能力分析［J］.土木工程学报，2009，42(2)：112-118.

［37］ 魏光坪.单室预应力混凝土箱梁温度场及温度应力研究［J］.西南交通大学学报，1989，(4)：90-97.

［38］ 凯尔别克 F.太阳辐射对桥梁结构的影响［M］.刘兴法，等译.北京：中国铁道出版社，1981.

［39］ 刘兴法.柔性墩温度应力计算(之二)——日照温度应力及简捷计算［J］.铁路标准设计通讯，1978，(1)：1004-2954.

［40］ Kamiya N. An energy method applied to large elastic deflection of a thin plate of bimodulus material ［J］. Journal of Structural Mechanics，2007，3(3)：317-329.

［41］ Zhang J，Yao W J. Numerical analysis of frictional resistance on embedded large-diameter cylinder ［J］. Advanced Materials Research，2013，680：243-246.

［42］ 刘云飞，王天运，贺锋.核反应堆预应力钢筋混凝土安全壳内爆炸数值分析［J］.工程力学，2007，24(8)：168-172.

［43］ Park S W，Ghasemi H，Shen J，et al. Simulation of the seismic performance of the Bolu Viaduct subjected to near-fault ground motions ［J］. Earthquake Engineering and Structural Dynamics，2004，

33(13): 1249-1270.

[44] Kamiya N. Thermal stress in a bi-modulus thick cylinder [J]. Nuclear Engineering and Design, 1977,40: 383-391.

[45] Li H, Fok S L, Marsden B J. An analytical study on the irradiation-induced stresses in nuclear graphite moderator bricks [J]. Journal of Nuclear Materials, 2008,372(2,3): 164-170.

[46] Fang X, Yu S Y, Wang H T, et al. The mechanical behavior and reliability prediction of the HTR graphite component at various temperature and neutron dose ranges [J]. Nuclear Engineering and Design, 2014,276(2): 9-18.